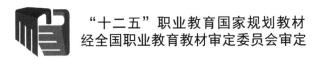

"十二五"职业教育国家规划教材
经全国职业教育教材审定委员会审定

浙江省高职院校"十四五"
重点立项建设教材

中外饮食文化

（第三版）

何 宏 编著

内容简介

本教材是一本特别适合于课堂教学的教材。全书分为16讲，每讲有3节。第1—3讲是饮食历史部分，主要讲述饮食文化的概念和人类对食物的选择历程。第4—12讲是区域饮食部分，分别对世界各地和中国各省份的饮食文化做一个概括的介绍。第13—16讲是文化表现部分，对节日食俗、烹食和进食、饮食文化交流以及饮食方面的非物质文化遗产项目进行全方位的介绍。

本教材体例独特，内容吸收众家之长，尽量做到简明实用，突出实用性，适合高等职业院校旅游、烹饪、食品等专业教学使用，也可作为其他专业选修教材，同时也是饮食文化研究者和饮食文化爱好者的参考书籍。

图书在版编目（CIP）数据

中外饮食文化 / 何宏编著. -- 3版. -- 北京：北京大学出版社，2024.9. --（21世纪职业教育规划教材）.

ISBN 978-7-301-35373-8

Ⅰ.TS971.2

中国国家版本馆 CIP 数据核字第 202461MF76 号

书　　　名	中外饮食文化（第三版） ZHONGWAI YINSHI WENHUA（DI-SAN BAN）
著作责任者	何　宏　编著
策划编辑	桂　春
责任编辑	桂　春　王　璠
标准书号	ISBN 978-7-301-35373-8
出版发行	北京大学出版社
地　　　址	北京市海淀区成府路205号　100871
网　　　址	http://www.pup.cn　新浪微博：@北京大学出版社
电子邮箱	编辑部 zyjy@pup.cn　总编室 zpup@pup.cn
电　　　话	邮购部 010-62752015　发行部 010-62750672　编辑部 010-62754934
印刷者	北京市科星印刷有限责任公司
经销者	新华书店
	787毫米×1092毫米　16开本　16印张　419千字 2005年9月第1版　2016年9月第2版 2024年9月第3版　2025年7月第3次印刷（总第37次印刷）
定　　　价	49.00元

未经许可，不得以任何方式复制或抄袭本书之部分或全部内容。
版权所有，侵权必究
举报电话：010-62752024　电子邮箱：fd@pup.cn
图书如有印装质量问题，请与出版部联系，电话：010-62756370

前　言

2005年，北京大学出版社的编辑到学校组稿，打算出版一套旅游类的高职教材，于是我也忝列其中，编写了《中外饮食文化》教材，并在2016年进行了修订，出版了《中外饮食文化（第二版）》。教材先后被列入"普通高等教育十一五国家规划教材""十二五职业教育国家规划教材"，重印三十余次。

近二十年过去了，我教了近百个班级四千多名学生，到后来，书上的内容讲得少了，补充的内容多了。也有一些使用这本教材的老师向我反映，在教学中内容的轻重不太容易把握。尤其是2017年中共教育部党组发布《关于加强高校课堂教学建设　提高教学质量的指导意见》，提出要坚持立德树人，强化课堂教学工作责任；规范课程管理，抓好课堂教学关键环节；深化教学改革，提高课堂教学质量；突出教师主体，完善课堂教学制度建设。这些都给了我很大启发。饮食文化课程是一门提高相关专业学生人文素质的课程，基本是靠课堂讲授为主，因此，我萌生了再编写一本适合高等职业院校课堂教学的教材的想法。

学校每学期一般有18周，本教材根据这一特点，把教材分为16讲（包括复习和法定假日放假机动），每周进行一讲的内容教学，每讲分为大致均等的三节，每节的知识内容尽可能从体量上保持相对一致。这样就避免了传统教材往往有些章节过长，而有些章节很短，教师在安排教学时往往有些地方讲得很详细，有些地方又很简略的问题。除了在每讲后面附了一定的练习题外，本教材还结合课程的特点，设置了体验题，让学生多方位地体验饮食文化的魅力。在实践过程中，有些优秀的学生因为参加各类比赛和社会实践、与国（境）外院校交流以及到国（境）外企业实习等，耽误了上课，教材的设置也有助于学生自主学习。本教材最初以校本讲义的形式编写，历经两年间四轮试讲的实践与检验，我明显感受到学生学习的积极性得到提高，参与授课的老师也觉得每堂课的内容相对比较完整，上起课来比较轻松。基于这些积极的反馈与经验积累，我最终编写了《中外饮食文化（第三版）》。

本教材是我近二十年教学经验的积累，但由于水平有限，错误和不足在所难免，恳请一起参与教与学的师生们予以指正。

感谢南京旅游职业学院邵万宽教授、山东旅游职业学院赵建民教授、四川旅游学院杜莉教授、河北师范大学冯玉珠教授、浙江工商大学周鸿承副教授等同侪，从你们的成果里我学到很多，多年的切磋可称得上亦师亦友。感谢贵州轻工职业技术学院吴茂钊大师，为本教材中有关贵州名食的内容贡献了诸多宝贵建议。感谢浙江旅游职业学院厨艺学院的同事们，是你们精湛的烹饪技艺让饮食文化课程如虎添翼，让我们一起合作开发的诸多主题宴席取得了良好的社会效益和经济效益，让饮食文化课程不仅是一门谈论吃喝的"闲"课，还是一门能够和餐饮、旅游等行业紧密结合，并在适当时刻转化为生产力的实用课程。

何 宏
2024 年 3 月于杭州钱江蓝湾

目 录

第1讲	**绪论**	**1**
1.1	文化	1
1.2	饮食	5
1.3	饮食文化	8
	同步练习	10
第2讲	**饮食文化的发展**	**13**
2.1	原始人的熟食：饮食文化的产生	13
2.2	现代人的生食：饮食文化的源头	15
2.3	饮食文化的发展阶段	17
	同步练习	22
第3讲	**食物的选择**	**25**
3.1	小麦、水稻、玉米的世界	25
3.2	成为肉食主角的牛、猪、鸡	29
3.3	调味品	31
	同步练习	35
第4讲	**饮食文化区域**	**37**
4.1	世界饮食文化区域概述	37
4.2	中国饮食文化区域概述	41
4.3	菜系	44
	同步练习	46
第5讲	**东亚、东南亚饮食特色**	**49**
5.1	东亚饮食：蒙古、韩国	49
5.2	东亚饮食：日本	52
5.3	东南亚饮食：越南、泰国、新加坡	54
	同步练习	59
第6讲	**南亚、西亚和中亚饮食特色**	**61**
6.1	南亚饮食：印度	61

  6.2 西亚饮食：土耳其、阿拉伯国家 …… 64
  6.3 伊朗及中亚饮食 …… 67
  同步练习 …… 70

第 7 讲　欧洲饮食特色　71

  7.1 西欧饮食：英国、法国 …… 71
  7.2 中欧、南欧饮食：德国、意大利、西班牙 …… 76
  7.3 北欧、东欧饮食：芬兰、俄罗斯 …… 82
  同步练习 …… 85

第 8 讲　美洲、大洋洲、非洲饮食特色　87

  8.1 北美、大洋洲饮食：美国、澳大利亚 …… 87
  8.2 拉美饮食：墨西哥、巴西、阿根廷 …… 92
  8.3 非洲饮食：埃塞俄比亚、南非 …… 97
  同步练习 …… 99

第 9 讲　中国北方饮食特色　101

  9.1 北京、天津、河北、内蒙古 …… 101
  9.2 山东、河南、山西 …… 107
  9.3 辽宁、吉林、黑龙江 …… 113
  同步练习 …… 118

第 10 讲　中国东部饮食特色　119

  10.1 上海、浙江 …… 119
  10.2 江苏、安徽 …… 123
  10.3 江西、福建、台湾 …… 127
  同步练习 …… 132

第 11 讲　中国南方饮食特色　133

  11.1 湖北、湖南 …… 133
  11.2 广东、香港、澳门 …… 137
  11.3 海南、广西 …… 142
  同步练习 …… 146

第 12 讲　中国西部饮食特色　147

  12.1 四川、重庆 …… 147
  12.2 贵州、云南、西藏、青海 …… 151
  12.3 陕西、甘肃、宁夏、新疆 …… 158

　　　　同步练习 ··· 164

第 13 讲　节日食俗　　165

13.1　节日和节令食品 ··· 165
13.2　中国节日食俗 ··· 167
13.3　外国节日食俗 ··· 171
　　　　同步练习 ··· 174

第 14 讲　烹食与进食　　177

14.1　烹食场所：厨房的演变 ··· 177
14.2　进食器具：中国古代的食具 ··· 181
14.3　进食方式：口食、手食、叉食和箸食 ··· 186
　　　　同步练习 ··· 190

第 15 讲　饮食文化交流　　191

15.1　中国各民族饮食文化的交流 ··· 191
15.2　中外饮食文化交流 ··· 195
15.3　世界饮食文化交流 ··· 201
　　　　同步练习 ··· 205

第 16 讲　饮食类非物质文化遗产　　207

16.1　文化遗产概述 ··· 207
16.2　人类非物质文化遗产 ··· 211
16.3　中国国家级非物质文化遗产 ··· 221
　　　　同步练习 ··· 228

附录　　229

附录 1　中国饮食文化类博物馆 ··· 229
附录 2　人类非物质文化遗产饮食类项目名录 ··· 238
附录 3　中国国家级非物质文化遗产饮食类项目名录 ··································· 240

参考文献　　245

第1讲 绪 论

物质资料的生产是人类社会存在和发展的基础和前提。饮食活动是人类生存和改造身体素质的首要物质基础，也是社会发展的前提。

1.1 文化

什么是文化？这一概念看似简单，但其实并不简单。1952年，美国文化学家艾尔弗雷德·路易斯·克罗伯和克莱德·克拉克洪发表《文化：概念和定义的批评考察》，对西方自1871年至1951年关于文化的160多种定义做了清理与评析。时至今日，仍然有许多人在根据自己的理解为"文化"下定义。

曾担任过美国哈佛大学校长的阿博特·劳伦斯·洛厄尔曾说，在这个世界上，没有别的东西比"文化"更加让人难以捉摸。我们不能分析它，因为它的成分无穷无尽；我们不能叙述它，因为它没有固定的形状。我们想用文字来框定它的意义，这正像要把空气抓在手里一样：当我们去寻找"文化"时，除了不在我们手里以外，它无处不在。

1.1.1 文化的由来

1. 中国传统对文化的诠释

"文化"一词在我国古已有之。《周易》的贲卦有所谓："观乎天文，以察时变；观乎人文，以化成天下。"这大概是中国人论述"文化"之始，但其中"文""化"两字尚未连结在一起。这里的"文"是由"纹理"之义演化而来。"人文"借指社会生活中的各种人际关系，如君臣、父子、夫妇、兄弟、朋友等交织构成复杂的网络，具有纹理的表象，故"人文"指人伦序列。而"观乎人文，以化成天下"，意即通过人伦教化，使人们自觉地行动。在中国人此时的观念中，"文化"的含义是通过了解人类社会的各种现象，用教育感化的方法治理天下。

到了汉朝，"文化"一词正式出现，其含义也与现在人们通常理解的不一样。西汉刘向的《说苑·指武》篇中说："凡武之兴，为不服也。文化不改，然后加诛。"西晋束皙的《补亡诗·由仪》也讲："文化内辑，武功外悠。"南齐王融的《三月三日曲水诗序》中有："设神理以景俗，敷文化以柔远。"这些都指的是与国家军事手段或天理相对的一个概念，即国家的文教治理手段。《说文解字》中讲，"文，错画也""化，教行也"。可见,古人把"文化"提到治理国家和教化人民的高度来认识,"文化"一词带有显著的国家政治色彩。

到了唐代,大学问家孔颖达则别有洞见地解释《周易》中的"文化"一词,认为:"言圣人观察人文,则诗书礼乐之谓。"这实际上是说,"文化"主要是指文学礼仪风俗等属于上层建筑的东西。古人对文化的这种规定性从汉唐时起一直影响到清代,因此,明末清初的大学问家顾炎武在《日知录》中说:"自身而至于家国天下,制之为度数,发之为音容,莫非文也。"即人自身的行为表现和国家的各种制度都属于"文化"的范畴。

在现代,一般语境中所说的"文化"是指运用文字的能力和一般的知识,如学习文化、文化水平等。我们习惯把受过良好教育、从事脑力劳动的知识分子称为"文化人",把目不识丁或仅靠体力谋生的人称为"没文化的老粗",等等。

2. 西方关于文化的内涵

1690年,法国学者安托万·菲雷蒂埃所编的《通用词典》中将西方语言中的"culture"定义为"人类为使土地肥沃,种植树木和栽培植物所采取的耕耘和改良措施",并有注释称"耕种土地是人类所从事的一切活动中最诚实、最纯洁的活动"。此时,西方人观念中的"文化"被用来隐喻人类的某种才干和能力,是表示人类某种活动形式的词汇。

西方所谓的"文化"由拉丁文"cultura"转化而来,在英文和法文中均为"culture",在德文中为"kultur"。拉丁文"cultura"原形为动词,本意为"耕种",16—17世纪逐渐由"耕种"引申为"对树木禾苗的培育",进而被指为对人类知识、情操、风尚、心灵的化育。在如今的英文中,"culture"的用途十分广泛,如"agriculture"(农业)、"sericulture"(蚕丝业)、"physical culture"(体育)、"cultured pearls"(人工培养的珍珠)等。可见,"culture"既有物质生产的含义,又有精神创造的含义。

1.1.2 文化的概念

大约19世纪中叶,"文化"一词作为一个体系完整的表达方式,成为术语。在这之后,文化和文明常被看作是同一事物的两个方面。学者们从人类学和社会学的角度探讨文化现象及其历史发展,给"什么是文化"做了许多解释。

如今,即使人们对文化的研究越来越深入,"文化"这一概念的内涵和外延还是有非常大的差异。因此,对于"文化"一词,学术界尚未有公认的定义。依据目前的研究成果而言,"文化"一词在定义上有广义和狭义两个层次上的差别。

广义的文化包括众多领域,诸如认识(语言、哲学、科学、教育),规范(道德、法律、信仰),艺术(文学、美术、音乐、舞蹈、戏剧),器用(生产工具、日用器皿以及制造它们的技术),社会(制度、组织、风俗习惯),等等,其涵盖面非常广泛,所以又被称作"大文化"。我国《辞海》对"文化"一词的解释为:文化是人类在社会历史发展过程中所创造的物质财富和精神财富的总和。

广义的文化与中国语言系统中的另一词汇"文明"更加贴切。"文明",从词源学上追溯，正如唐代孔颖达疏解《尚书·舜典》"睿智文明"时所说，"经天纬地曰文，照临四方曰明"，"文明"是从人类的物质创造（尤其是对火的利用）扩展到精神创造的一种过程。简言之，"文明"兼容物质创造和精神创造的双重意义，接近于如今人们通常所理解的广义文化。

但在使用时，文明和文化还是有区别的。文化无所谓好坏，凡是人类创造的都是文化。但文明是文化的高级形式，是在文字出现、城市形成和社会分工之后形成的，是有史以来沉淀下来的、有益增强人类对客观世界的适应和认知、符合人类精神追求、能被绝大多数人认可和接受的人文精神、发明创造以及公序良俗的总和。因此也可以说，文明是文化的内在价值，文化是文明的外在形式。

狭义的文化则专指精神文化，即社会意识形态以及与之相适应的典章制度、政治和社会组织、风俗习惯、学术思想、宗教信仰、文学艺术等。

综上所述，文化至今仍是一个相对模糊、争议较多的概念。但其中有一点是较为明确的，即文化是与自然相联系的一对概念。和文化相比，自然是指没有被人类改变和干扰的原始天然环境；而文化的核心是人，有人才能有文化，不同种族、不同民族的人有不同的文化，文化是由人创造的。

1.1.3 文化的层次和特性

1. 文化的层次

根据文化与自然的距离远近和联系的疏密程度，可以将文化分为三个层次，即物质文化、制度文化和精神文化。

（1）物质文化。

物质文化是指人类加工自然所创制的各种物质和可触知的具有物质实体的文化事物，是人类物质生产活动方式和产品的总和，是构成整个文化创造的物质基础。物质文化体现了一定生活方式的具体存在，如住宅、服饰等，它们是人的创造，也为人服务，看得见、摸得着，是一种表层次的文化。

（2）制度文化。

制度文化是指人类在社会实践中组建的各种社会规范，即在哲学理论和意识形态的影响下，在历史发展过程中形成的各种有形的、无形的制度和规范。它们或历代相沿，或不断变化，或兴或废，或长或短，既不是具体的存在物，又不是空洞、抽象的概念，是一种中层次的文化。

（3）精神文化。

精神文化是指人类在社会实践和意识活动中长期蕴化出来的价值观、审美情趣和思维方式，是文化的核心部分，包括了社会心理和社会意识形态。社会心理是指人们日常的精神状态和道德面貌，是尚未经过加工和艺术升华的流行的大众心态，如人们的要求、愿望、情绪、风尚等；社会意识形态是指经过系统加工的社会意识，它们往往是经过文化专家的处理，能够曲折而深刻地反映社会现实，并以物化形态（如书籍、绘画、雕塑、乐章等）固定下来，播于四海、传诸后世的精英文化。精神文化是一种深层次的文化。

以月饼为例，月饼本身属于物质文化的范畴，什么时候吃月饼属于制度文化的范畴，而吃月饼所代表的团圆意义则属于精神文化的范畴。

2. 文化的特性

从技术方面看，文化是人的生物器官和能力脱离遗传限制在肉体以外的延长和扩大；从价值方面看，文化是作为生物本能以外的力量，规范人的行为的第二天性。人的生物特性在人类种属的范围内是普遍存在的，但文化的内容和性质却因人类群体的不同而千差万别。大多数文化人类学家认为，文化一般具有以下特性。

（1）创造性。

文化是人类创造或衍生的。自然存在物不是文化，只有经过人类加工制作的东西才是文化。例如，水不是文化，但筑坝拦水形成的水库则是文化；石头不是文化，但经过打制或磨制的石器却是文化；天然生长在野外的稻谷不是文化，人工栽培的稻谷才是文化。

（2）共享性。

文化是一系列为一个群体内的所有人或至少是大多数人所共享的观念、价值体系和行为准则。通过这些观念、价值体系和行为准则，群体内的每一个成员都可以知晓自己在群体内应该有怎样的行为，群体也有了大家共同理解和接受的行为标准，并预知在特定条件下人们相应的举措或反应。文化的共享性还表现在一个社会的文化向外传播时，其中的文化要素可以为其他文化群体所吸纳或利用；反之，该文化群体也可以汲取外来文化中的营养和成分，为本群体的人们所用。

（3）习得性。

共享性是文化的重要特性，但为一个群体所共享的事物并不一定就是文化。例如，碧眼金发是北欧人所普遍拥有的特征，但这不是文化，因为它是由生物遗传基因所决定的；但梳什么发型、戴什么发饰却是地地道道的文化，因为这是后天习得的。文化具有超生理性和超个人性，是人们后天习得和创造的，不能通过生理来遗传。

（4）变迁性。

文化一经产生，就会被他人模仿和利用，从而发生纵向和横向的传递，这就是文化的传承和传播。由于自然条件的变化、不同文化之间的接触和交流，以及重大的技术发明、发现和创造，使得文化处于不断的变迁之中。文化具有时代性，不同的时代由于文化变迁展示出其独特的时代感；文化具有整合性，可以接受外来文化因子使其成为自身的一部分；文化具有适应性，具备调适自身以达到与外界环境和谐的明确而具体的机制。

（5）象征性。

特定人类群体的文化是以语言和符号为基础的，其中包含或反映了该群体的世界观、价值观、思想意识和情感，因而具有很强的象征性。对于同一个符号，不同的人类群体具有不同的理解，并用它来表达不同的情感，这是非常普遍的现象。

（6）区域性。

由于地理环境和自然条件的不同，经过长期的历史过程，文化背景产生了差异，从而形成了明显与地理位置有关的文化特征，这就是文化的区域性。文化的区域性最大的特点在于其固有的传统文化特色，这些特色使得不同的区域文化展现出独特的属性。

1.2 饮食

在《现代汉语词典（第7版）》里，"饮食"的义项有两个：一是名词性的，指"吃的和喝的东西"，强调的是名称；二是动词性的，指"吃东西和喝东西"，强调的是动作。

在英文中，饮食的概念可以有以下表达方法："food and drink"，意即"吃的和喝的东西"；"diet"，意即"通常所吃的食物"，也可以指"日常的膳食"；"bite and sup"，意即"吃东西和喝东西"。将"饮食文化"译成英文时，常用的是"food culture"和"dietary culture"。

从这些有关"饮食"的解释中，我们可以看出，"饮食"一词的基本语言学含义比较简单，无非就是吃、喝的东西或吃、喝的动作。但如果深究起来，"饮食"就变得复杂了。饮食如果仅仅是吃饱喝足，那为什么在吃饱喝足的同时，还有这么多的繁文缛节？为什么一种食物对一个地方的人来说是天赐美味，而对另一个地方的人来说则敬而远之，甚至有的地方的人更是避之不及呢？有人为吃什么而苦恼，而有人却为吃不饱而烦恼。饮食是人类的本能，而吃什么、如何吃、在哪里吃，则体现出不同人类群体的不同特点，体现出文化性。

1.2.1 饮食的文化含义

饮食是人类的一种本能，是自然的生理需要。从生理学和营养学的角度来说，食物是指能够为人体提供营养素和能量的物质。人体由蛋白质、脂肪、糖类、各种矿物质和水构成。为了维持生存和生长发育，人类必须从外界获得能够满足人体所需营养素和能量的食物。人类的主要食物是动物性食物和植物性食物，它们含有人体所需的蛋白质、脂肪、糖类、各种矿物质、维生素和水。

但实际上，人类所食用的绝大部分食物已经不是"自然"的，而是"文化"的。

1. 火的使用

事实上，人类区别于其他动物的重要标志就是火的使用。人类学会用火加热食物，使得食物更容易被人体消化吸收，这一行为促进了人类大脑的发育。人类创造了用火加热食物的过程，取得火、保存火、使用火的技巧可以在同一个族群内共享，后代可以通过学习获得这种技巧，并且可以传播到其他族群。可见，用火加热成熟的食物是"文化"的食物。

2. 食材的主动选择

在狩猎-采集阶段，人类所能获取的食材是自然界的馈赠。但当原始农业和原始畜牧业出现以后，人类就开始有意识地选择食材了。

据植物学家估计，现在地球上生长的可供人类食用的植物约有75 000种，但目前只有约3000种被人们尝试过，能够经过人工栽培利用的仅有200多种。在这200多种植物中，人类利用最多的、年总产量超过1000万吨的主要粮食作物只有7种，即小麦、水稻、玉米、大麦、马铃薯、甘薯和木薯。人类所需植物蛋白的95%来自30种农作物，50%以上的植物蛋白仅来自小麦、水稻、玉米这3种农作物。豆科植物约有10 000种，是植物世界最重要的蛋白质来源，而我们利用的仅仅是其中的大豆、花生等少数几种。我国已报道的可食用的野菜有400多种，目前已开发利用的仅占蕴藏量的3%左右。已经记载的真菌有46 000多种，可供食用的至少有2000种，其中我国已报道的食用菌有720多种，但是，目前人工栽培的食用菌不足50种，形成大规模商业性栽培的仅15种左右。已经记载的藻类植物有26 000多种，许多种类都具有开发利用价值，可供食用的藻类植物种类也较多，目前已利用的主要有10多种。

全球约95%的畜禽产品（肉、奶、蛋）来自猪、牛、羊、鸡、鸭这5种动物。全球已经记载的鱼类共有24 000多种，占脊椎动物数量的一半以上，但目前人类利用的只有500种左右，其中利用较多的也只不过10多种。而且鱼类同农作物和畜禽类不同的是，目前人类所消费的鱼类中有80%以上仍然来自天然捕捞，而非人工养殖。已经记载的甲壳动物有38 000种左右，昆虫有75 100种左右，软体动物有50 000种左右，其中有许多种类还没有被开发利用。

事实上，人类选用现有的食材既有偶然性，又有必然性。比如，在用火加热以前，水稻、小麦等粮食作物并不容易消化，有些食材在成熟前甚至有毒。最终，一些有营养且味道便于接受的食材成为人类食用的对象。

另外，主动寻找矿物质食材（如食盐）也是人类文化的一个表现。

3. 赋予食物文化意义

食物在人类社会中被赋予了文化意义，或者说，食物是一种文化的表达。事实上，食物的概念在不同的文化系统中具有完全不同的符号和意义表达。什么是食物？一种文化认为某种可食的动植物是食物，另一种可食的动植物不是食物。同一种动植物，在一种文化里是美味佳肴，在另一种文化里是不可食的禁忌。从文化的角度来看，人类的食物具有天然的文化性，食物并不完全是按营养价值来确定的，食物是被文化定义的，即人类认为能吃的东西才是食物。

从不同的文化展示的食物中，我们既可以看到食物是如何以不同的方式生产出来的，食物是在什么样的场景下被消费的，食物是如何被展示的；也可以看到食物是如何在特定社会中表达精神生活的重要方面的。人类的生老病死、婚丧嫁娶、岁时节庆、宗教仪式等场合都少不了食物的参与，因此饮食文化是文化体系中最易于被体验的一环。"吃"本身就是一种行为，它可以超越行为本身的意义，可以与其他社会行为交替、并置，并使其他社会行为的意义得以凸显。

1.2.2 饮食的功用

按一日三餐来计算，一个人每年要吃1095顿饭，其中每顿饭所涉及的食物原料、烹饪方法、进餐方式不尽相同。这些饮食在填饱我们肚子的同时，往往也会给我们带来种种的乐趣和饮食之外的功用。

1. 满足生理需要

美国心理学家马斯洛提出了著名的"需要层次论"。马斯洛将人类的需要依次分为生理需要、安全需要、归属和爱的需要、尊重需要和自我实现的需要。其中，生理需要是人类为维持和发展生命对外界条件不可缺少的需要。如维持生存需要空气、阳光、食物、水等，生理过程需要睡眠、御寒、新陈代谢等，为了种族保护和延续，需要建立并促进性爱关系等。在人类的一切需要中，生理需要是最基本的、最优先的需要。换句话说，如果一个人生活上的一切东西都缺乏或得不到满足时，其最重要的、最先被满足的可能是生理上的需要。例如，对于长期处在饥饿状态的人来说，他最向往的可能是丰富的食物，其他的需要就退于次要地位。

人类的生存与发展建立在基本生理需要被满足的基础之上。"食"使人类得以维持个体生命的存活，"性"使人类得以繁衍生命和后代。而"食"之所以始终处于首要的地位，是因为饮食带来了人体活动、发育、成长，以及恢复体力、产生能量所必需的各种营养物质，离开了这些营养物质，生命将无法存活。人们只有在满足了对饮食的需要之后，才谈得上追求其他的种种需要。

综观人类文明发展史，人类自诞生到目前的大多数时间里都在为基本的温饱而奋斗，即使历史发展到现在，世界上仍有数以亿计的人们还在为温饱发愁。因此，饮食的首要功用，也是基本功用，乃是满足人类的生理需要。

2. 满足心理需要

饮食除了满足人类的生理需要之外，对人类的心理活动和状态也有重要的影响。当一个人处于"吃了上顿没下顿"的状态时，其内心的忧虑是可想而知的，因此，充足的食物供给或保障可以使人得到心理上的安慰。在现实生活中，有些人由于经济或社会的原因，常常感受不到这种安慰，而整日忧心忡忡；有些人则由于富足的生活，未曾体会到这种忧虑的感觉。

饮食在很多情况下是一种商品，在特定的消费层面上，还是一种文化含量很高的"艺术品"。在饮食消费市场上，一定的饮食类型或品种往往成为某种身份、地位、价值、品位或文化的象征。有些食物具有公众化的特点，而有些食物则是为专门的消费群体所准备的。食客在饮食消费中，常常会感受到一种特有的成就感或价值感——食常人所难食。例如，鲍鱼在中国的饮食文化中是身份、地位的象征，因此其价格倍增。

此外，饮食还可以为人们带来快乐，在人们的心里留下美好的回忆。

3. 满足社交需要

在现实生活中，人情往来是极其自然的事情，一个没有朋友或是不被社会、环境所接受的人，其内心是非常痛苦的。人情往来不仅是个人之间的事情，在公务、商务交往中，情感的联络和沟通也是非常重要的。尽管人类已经发明了多种情感交流手段来满足社交需要，但毫无疑问的是，在这些手段之中，利用"饮食"进行情感交流和沟通仍然具有无可替代的重要作用和地位，美酒佳肴总能营造出一种良好的增进情感交流的氛围。一个特定的宴饮行为所涉及的场地、气氛、档次、服务、食物、特色以及出场的人员，既能表达出主人的某种意图，也能让客人体会到自己的价值、地位以及受尊敬的程度。无论是国宴的豪华、气派、庄重，还是街头咖啡厅的浪漫、轻松、自由，无一不透露出饮食所特有的"情感交流"作用。

1.3　饮食文化

1.3.1　饮食文化的概念

饮食文化是指特定的社会群体在食物原料开发利用、食品制作和饮食消费过程中的技术、科学、艺术，以及以饮食为基础的习俗、传统、思想和哲学，即人们饮食生活中的全部食事的总和。

在一个特定的社会群体（大至国家、民族，小如部落、村寨、家庭）中，人们的饮食行为受到特定的自然、社会环境因素的影响而形成了属于本群体的特色，这些特色也成了特定的社会群体的文化标识——与其他社会群体的不同之处。当以一个特定的社会群体作为人类文化的研究对象时，其饮食行为自然也就成了文化研究的基本内容之一。正是在这个意义上，人们常常将与人类饮食活动相关的诸事项称为"饮食文化"。但是，"文化"定义的复杂性使得要寻找一个能令大家都接受的关于"饮食文化"的定义显得颇为困难。

应该注意的是，饮食文化的研究分析一般是以特定的社会群体为对象而展开的，空泛地讨论"人类饮食文化"通常是没有什么实际价值的。

1.3.2　饮食文化的内容

当我们以一个特定的社会群体的饮食生活为文化分析对象时，首先感受到的是纷繁复杂的饮食现象，如各式各样的原料、名目繁多的食物、稀奇古怪的饮食习惯……对这些现象加以必要的分类处理将有助于我们更好地了解和认识这些现象所表达出的与众不同之处，否则，我们可能会被一些表面的现象所迷惑而不得要领。对饮食文化内在结构的分析有不同的视角和方法。就本书所涉及的内容而言，可以从以下几个层面对饮食文化的内在结构进行理解，即人类的食事活动包括以下内容。

1. 食物

食物是在分析饮食文化的内在结构时，必须了解的基本对象之一。但与营养学对食物研究的取向不同，饮食文化研究主要关注食物的以下几个方面。

（1）食物的获得。

食物的获得包括食物的来源（生产、交换），食物的发现与培植以及对食物获得的发展过程的研究等。在中国，动物性食物和植物性食物的发展历史都很悠久。各地各民族对食物的发现、认识、培植和利用方式很不相同。对于这些问题的探讨不仅能够使我们了解各民族饮食的状态，对解释各国饮食文化以及理解各民族文化也有着重要意义。

（2）食物的加工。

食物的加工是指食物从生到熟的发展过程。伴随着这一发展过程，人类创造了丰富的物质文明和精神文明，包括饮食器具、调味品、饮食仪式以及其中被赋予的文化意义等。

（3）食物的区域性和全球化。

食物的区域性是指某一区域由于环境因素的影响，形成独特风格的地域文化类型，该区域中包括食物在内的饮食文化也受其影响而形成区域性特征。俗话说："靠山吃山，靠水吃水。"人们总是从所生活的环境中获取食材。但环境和文化的关系不是任何单向型关系，不仅区域环境影响着文化，文化对区域环境也产生着不可低估的影响。一方面，技术和知识可以把荒漠改造成良田；另一方面，各人类群体的出现也给整个自然界带来了沧海桑田般的变迁。区域性的食物也会通过交流传向世界各地，呈现出全球化的色彩。

（4）食物的象征性。

食物的象征性是指食物的寓意。食物的象征性在仪式上表现得特别明显。仪式是体现一个民族文化中人与人、人与社会关系的根本内容。在所有仪式上，食物的使用都有一套规则和程序，其具体情景与族群文化密切相关。通过对仪式食物的研究，能解释族群文化的许多问题。比如，小孩满月时用的红鸡蛋，婚礼上用的花生、红枣、石榴，寿礼上用的长寿面等，都有族群所赋予的具体的文化象征意义，并反映出人与人之间的各种关系。

（5）食物的禁忌。

食物的禁忌是饮食文化重要的研究内容之一，它不仅反映了宗教意识和心理，还反映了族群对自然界和人类关系的一种认知和建构。如中国人不喜欢吃喜鹊，主要是认为喜鹊是一种能带来吉祥的小鸟，而且是一种非常忠诚的益鸟，人们在喜鹊身上寄托了对美好生活的期望。

2. 饮食的比较

饮食虽然是人类一种本能的、自然的生理需要，但是满足这种需要的过程却形成了复杂而高级的文化形式。每一个社会都有一套独特且复杂的饮食习惯，包括食物系统、烹饪方式和进食程序仪式等。尽管看起来很复杂的饮食文化满足的是人类的本能需要，但在满足这些需要的过程中，饮食文化得以发展，饮食文化的内涵得以丰富。随着文化的发展，尤其是经过不断的传承，饮食文化发生了巨大变迁，即文化的形式超过了本能需要，成为人类生活的重心。我们所学习的饮食文化不仅能够满足人类的本能需要，而且富含了一整套的文化体系和象征意义。所有的食物都充满了意义，所有的饮食行为都具有价值，其背后都隐藏着人类文化的秘密，都是饮食文化所要研究、学习的对象。

3. 饮食习俗

饮食习俗又称"食俗"，是指民众从古到今在食品的生产与消费过程中形成的行为传承和风尚。饮食习俗反映了族群饮食文化的状态。饮食习俗主要包括日常食俗、人生礼仪食俗、节庆食俗、宗教食俗、民族食俗等方面。

日常食俗是指广大民众在平时的饮食生活中形成的行为传承和风尚，基本上反映出一个国家或民族的主要饮食品种、饮食制度及进餐工具与方式等。

人生礼仪食俗是指民众在一生中各个重要阶级上的饮食习俗。

节庆食俗是指一年中被赋予特殊社会文化意义的节日饮食习俗。

宗教食俗是指在某些宗教的教义或戒律制约下形成的饮食习俗。

民族食俗是指不同民族有关饮食的风俗习惯。

4. 饮食文化的变迁和差异

饮食文化的变迁反映出一个族群基本生活的改善和发展的轨迹。不同的饮食文化由于种种原因，在食材的选择、烹饪的方法、口味的特色、餐具的选用、进餐的仪式等方面会表现出巨大的不同，这只是不同文化在变迁过程中表现出来的不同形式，并不能代表有优劣之分。

有些人在比较中西饮食差异时，喜欢以"中式烹饪方法多变"为例来印证中式烹饪在技术上比西式烹饪"高明"。因为常见的中式烹饪方法有30多种，在某些专家的研究结果中甚至多达上百种，但西式烹饪的常用方法只有10多种，两种烹饪方法的高低之别似乎不言自明，此类说法至今仍有余响。但我们应该清醒地认识到，文化学研究意义上的"差异"并不是水平"高低"的简单别称，"差异"主要表示的是相互间的不同之处。更何况，复杂的并不一定就是好的，简单的也并非没有价值。在我们对文化的"变迁性"特点有了基本的认识之后，应该不难理解这一问题。

5. 饮食文化与其他文化之间的关系

文化具有整体性，即文化的各部分之间是密不可分的，是有机地联系在一起的。当我们了解某一饮食文化现象时，要注意其与其他文化之间的联系，并在文化体系的框架内对这一饮食文化现象进行解释。了解饮食文化除了要关心饮食本身的问题，还要了解饮食与宗教、文学、艺术之间的关系，饮食与社会组织、社会结构之间的关系，饮食与经济、政治之间的关系，饮食与生态之间的关系，等等。

 同步练习

一、判断题

1. 我们现在所说的"文化"和古汉语"文化内辑，武功外悠"中的"文化"意思完全相同。（　　）

2. 同一种动植物，在一种文化里是美味佳肴，在另一种文化里就可能是不可食的禁忌。（　　）

二、单项选择题

1. 月饼作为中国传统食品，一般只在中秋节前后生产、销售、食用，这属于（　　）文化的范畴。

A. 物质　　　　B. 制度　　　　C. 行为　　　　D. 精神

2. 过生日的时候，人们会吃长寿面，这是饮食文化（　　）性的表现。
A. 创造　　　　B. 共享　　　　C. 象征　　　　D. 区域
3. 汉族不吃（　　），主要是认为它是一种能带来吉祥的小鸟。
A. 鸽子　　　　B. 鹌鹑　　　　C. 麻雀　　　　D. 喜鹊

三、多项选择题

1. 文化是指人类社会历史实践过程中所创造的（　　）财富的总和。
A. 物质　　　B. 货币　　　C. 个人　　　D. 家族　　　E. 精神
2. 不同的饮食文化会在（　　）方面表现出巨大的不同。
A. 食材的选择　　B. 烹饪的方法　　C. 口味的特色
D. 餐具的选用　　E. 进餐的仪式

四、简答题

1. 文化具有哪些特性？
2. 饮食文化对食物的研究包括哪些方面？

五、体验题

韩国电影《寄生虫》在2019年拿下戛纳国际电影节最佳影片金棕榈大奖后，2020年获第92届奥斯卡金像奖最佳影片奖、最佳国际影片奖等四项大奖。这部电影虽然不是饮食主题的影片，但影片中包含多达40处关于食物的细节，几乎没有一处是闲笔。观看电影《寄生虫》，体味饮食文化的特性。

第1讲　同步练习答案

【文化差异】

华人开店卖皮蛋遭扣查

在西方，皮蛋一直被舆论认为是"令人恶心"的食物。

凉拌皮蛋、尖椒皮蛋等中式美食在外国人眼中似乎不受欢迎。近日，意大利警方在一家华人商店查获了一批"不适合人类食用"的食物——皮蛋。

据意大利媒体Meridio News报道，这家店铺位于西西里岛卡塔尼亚省，警方在进行食品安全巡查期间，查扣了近800颗鸭蛋，其中包含皮蛋和咸鸭蛋。他们指出，虽然这些鸭蛋在中国是特色食品，但是在意大利是被禁止的，而且来源不明，两名华人已被通报并移交给卫生机构处理。这批鸭蛋被查扣的原因之一是来源非法，另一些原因很可能是缺少可追溯性。意大利卫生部门称，这批货物"并不适合人类食用"。

  皮蛋是中国传统食品之一。外国人初到中国时并不知道皮蛋是什么，他们认为必须储存很长时间才能使皮蛋变黑，所以皮蛋的英语为"世纪蛋"或"千年蛋"，并一直流传至今。

  有意思的是，在西方，皮蛋一直被舆论认为是"令人恶心"的食物。2011年6月，美国有线电视新闻网（CNN）曾将皮蛋评为"世界最恶心的食物"之一，此事件在网络上引起广泛议论。同年7月6日，CNN对此在网站上道歉。此后，在"世界十大恶心食品"的排行榜中，皮蛋一直榜上有名。

第 2 讲　饮食文化的发展

　　人类起源于大约 300 万年前生活在东非的南方古猿。从大约 200 万年前到大约 1 万年前，地球上同时存在多种人属物种。目前，人类是地球上仅存的人属物种，即智人。

　　"生"与"熟"是一对象征着"自然"与"文化"的对立概念，在人类饮食文化的发展过程中有着重要意义。我们从原始人的熟食中看到饮食文化的产生，又从现代人的生食中观察到人类饮食文化的源头。

2.1　原始人的熟食：饮食文化的产生

　　任何生命的维持都需要养分，每一种生命都采取各自的生存策略来获取养分，在不同的自然生态环境中选择适宜的生态位置，共同组成了复杂多样的生态景观。养分或能量交换就像一条环环相扣的链条，把各种生命形式按照循环递送、交错依存的方式组成自然生命系统。链条顶端的人类取食于自然生命系统，而又高于该系统。即人类饮食虽然源于自然生命系统，但是却经过文化和技术手段的改造，转化为人类有意识、有目的地选择和进食的行为，由此形成丰富多彩的饮食文化。

　　美国哈佛大学的科学家在 2011 年发表的研究表明，直立人中最早学会食用熟食的可以追溯到大约 190 万年前。这一结论的论据是直立人的臼齿比其他类人猿的小，这表示直立人可能只花费白天时间的 5%～7% 在进食上，而与此形成对比的是，黑猩猩把白天时间的 17%～22% 用于进食。只有通过烧熟食物，直立人才能利用这么小的臼齿缩短进食时间，以避免冗长乏味的咀嚼过程。烧煮食物也使直立人从食物中获得了更多的热量，并拓宽了他们的食物种类，这是人类演化的关键一步。

　　熟肉对于人类进化的意义是巨大的。它不仅提供了高品质蛋白质的可靠来源，而且作为偶然的副产品，使大脑发达成为可能。大脑神经组织的进化需要高级的营养，仅食用素食并不能满足大脑进化所需的营养，需要素食之外的肉食作为补充。一旦大脑进化成型，更需要高品质的蛋白质来保障其运行。在大脑进化的过程中，人类学会使用火把生肉变成熟肉，这对于人类进化的意义尤其重大。图 2-1 所示为原始人类钻木取火雕塑。

　　使用火可以说是人类在踏上食物链顶端的路上迈出的一大步。在大约 30 万年前，对于直立人、尼安德特人以及智人的祖先来说，用火已是家常便饭。那时，人类不仅将火视为可靠的光源和热源，还可以用它来抵御威胁。不久之后，人类甚至还刻意引火焚烧周围的环境,只要悉心控制火势,就能让原本难以通行、没有利用价值的丛林转变成适合猎取的开阔地。此外,只要等到火势停歇,这些石器时代的"创业者"就能在余烬中得到烤得香酥美味的动物、坚果和块茎。

图 2-1　原始人类钻木取火雕塑

　　火带来的最大好处在于人类能够开始食用熟食。有些食物在处于自然形态的时候无法为人类所消化吸收,例如小麦、水稻、马铃薯,但熟食技术能够让这些食物经过加工成为人类可以食用的主食。火不只会让食物产生化学变化,还会产生生物上的变化:经过烹调,食物中的病菌和寄生虫会被杀死。此外,对人类来说,就算经过烹调后吃的还是以往的食物(例如水果、坚果、昆虫和动物尸体),所需要的咀嚼和消化时间也能大幅缩减。

　　烹调技术的发明不仅能让人类摄取更多种类的食物,减少进食所需的时间,还能减少肠道的长度,进而促进大脑的发育。用火烹制而成的熟食改变了人类的进食方式和能量转化的效率,高品质的蛋白质促进了人类大脑在容量和复杂程度上的进化,使人类最终区别于古猿类和灵长类。分子生物学显示,灵长类与人类基因的相似度高达98%,二者的差别就在于大脑的容量和复杂程度。现代研究表明,黑猩猩对于肉类的摄取量不比人类少,当黑猩猩处于正常狩猎水平时,每天能够吃掉0.25磅[①]肉,这个水平甚至超过人类的平均数。因此,灵长类和人类之间的区别在于生食与熟食。人类的大脑是高耗能的器官,其重量仅占人体体重的2%~3%,而大脑活动却消耗了人体静息代谢消耗能量总量的20%。如果没有烹饪食物所获得的蛋白质和热量,人类只能像低等动物那样每天花费大量时间进食,没有空余时间制作工具和发展社会文化。因此,烹饪是人类进化的关键,尽管是初级烹饪,但其中也包含着肉类的切割、火候的掌握、烤制方式、分食方式等内容,这些内容已经构成最初的烹饪文化,是现代饮食文化必须述说的源头。

---

① 1磅≈0.45千克

2.2 现代人的生食：饮食文化的源头

2.2.1 现代人的生食

在中国人现在所食用的食材中，除了水果以及极少数的蔬菜外，大部分食材都是经过烹饪后再食用的。这是因为在中国的饮食文化中，熟食是文明的象征。甚至在中国的传统上，人们会根据野蛮部落的开化程度将他们分为"生番"和"熟番"，原因在于中国人发现熟食在一定程度上减少了疾病的发生和传播。但即便是生食，也非"自然"的食物了，我们所吃的水果、蔬菜都是经过千万年来一代代人类的精挑细选、改良培育的，就连直接从树上摘下来的野生浆果也不例外。

但有些文化中还存在一些"自然"的食物，例如：云南的基诺族会吃竹虫和花蜘蛛；韩国人会把章鱼肢解，蘸盐后直接食用；澳大利亚原住民爱吃木囊蛾幼虫，趁幼虫体内还有未完全消化的木髓，就将它们自橡胶树上刮下；北极圈内的涅涅茨人把从自己身上抓下来的虱子放进口中咀嚼；南苏丹的努尔人情侣则会互相喂食从头发中抓下来的虱子，彼此示爱；东非的马赛族人生饮从牛的伤口中挤出的鲜血；埃塞俄比亚人爱吃藏有幼蜂的蜂巢；欧洲人则生吃牡蛎。

在现代西方烹调中，除了几种食用菌和海藻以外，牡蛎其实可以说是最"自然"的食物了。牡蛎是经过自然淘汰过程留存下来的生物，其品种未经人类改良，会随着海域的不同而有显著的差异。英国人会在牛肉腰子派的馅料中加入牡蛎，裹上培根肉做成串烧。美国人会在牡蛎上浇上厚厚一层各种口味的奶酪酱汁，做成名为"洛克菲勒牡蛎"的菜肴；或将牡蛎剁碎了，作为小牛肉或其他大菜的填料。我国福建人会把牡蛎加入鸡蛋、番薯粉里，煎成著名的蚵仔煎。凡此种种的做法都是为了掩盖牡蛎本身的味道。

眼下，在自诩现代的文化中，我们所说的生食在上桌前已经过精心烹调。在描述生食时，我们必须采用"我们所说的生食"这一明确用语，因为"生"实为文化所塑造的概念，或至少是经文化修饰过的概念。我们一般在食用多种水果和某些蔬菜前，都尽量不加以烹调，我们理所当然地认为这些蔬果本就该生食，因为这在文化上是一件正常的事，没有人会说这是生苹果或生草莓。只有碰到一般是煮熟了吃，但生食亦无妨的食物，我们才会特别指出这是生胡萝卜或生洋葱等。

西方最经典的生肉菜肴就是鞑靼牛排（如图 2-2 所示）。菜名中的"鞑靼"二字来自古典地狱观念中的深渊"塔尔塔罗斯"。我们如今所知的这道菜正是经过"千锤百炼"的佳肴，生牛肉被绞碎，变得又软、又烂、又细，色泽鲜丽。这道菜在餐厅的烹调过程被演化为一整套的桌边仪式，侍者一板一眼、行礼如仪，把各式各样的佐味材料逐样拌进碎肉中，这些材料可能包括调味料、新鲜药草、青葱和洋葱嫩芽、酸豆、鳀鱼、腌渍胡椒粒、橄榄和鸡蛋等。淋上少许伏特加虽非正统做法，却能大大增添菜肴的口感，使其更加美味。文明社会所认可的其他生肉、生鱼菜肴，同样也经过精心烹调，完全失去了其天然状态。生火腿要经过盐腌及烟熏；意大利式生牛肉"卡巴乔"要以优雅的手法切成薄如蝉翼的肉片,还得淋上橄榄油,撒上少许胡椒和帕马干酪,这才入口;北欧式腌渍鲑鱼如今虽不再用掩埋法制作,但仍得抹上一层层的盐、莳萝和胡椒,并浸在鲑鱼本身的鱼汁中好几天才能食用。

图 2-2　鞑靼牛排

日本的寿司就以生鱼为材料,鱼肉要么没调味,要么只加了一点醋和姜;不过这道料理的主成分却是熟米饭,有时会撒上一些烤芝麻。"刺身"则比较复古,回到绝对的生鲜状态,但还是要经过悉心的烹调:生鱼片必须用利刃切得薄透纤美,摆盘务必高雅,这样一来,生食的状态反而更能令食客感觉到自己正在参与教化文明的过程;配菜必须分开来切成碎末、细丝或薄片,同时得附上好几样精心调配的酱汁。

法国美食家让·安泰尔姆·布里亚-萨瓦兰在《厨房里的哲学家》一书中提到,如果说我们的远祖吃的肉都是生的,那么我们尚未完全失去这一习性,最细腻的味蕾仍旧能品味和欣赏阿尔勒香肠、博洛尼亚香肠、烟熏汉堡牛肉、鳀鱼、新鲜的盐渍鲱鱼等,这些东西统统没有经过烧煮,却依然能勾起人的食欲。他的这本著作直到如今仍被美食家奉为《圣经》,被饕餮者当成自我辩护的依据。

2.2.2　原始的生食烹调形式

一般而言,烹饪不仅仅是指将食材加热成熟,还是指按照一定的方式将食材初步加工,将不同食物按照一定数量搭配,制作成特定口味的成熟食物。按照这一说法,有些适合人类食用,但没有经过刻意加工的食物就是所谓的原始烹调形式了。

有人认为,耕作本身就是一种烹调的形式,在烈日下暴晒泥土块,把土地变成烘烤种子的烤炉。在狩猎文化中,猎人在捕获猎物后,往往会犒赏自己一顿,大啖猎物胃里未完全消化的东西,这样一来,便可以即刻恢复他们在打猎时消耗的力气。唐代刘恂的《岭表录异》卷上有载:"容南土风,好食水牛肉,言其脆美。或炰或炙,尽此一牛。既饱,即以盐酪姜桂调齑而啜之。齑是牛肠胃中已化草,名曰圣齑,腹遂不胀。"可见,在唐代的中国南方地区,人们还有吃反刍动物食糜的习俗。这是一种既天然又原始的烹调形式,食糜也因此被视为迄今所知最早的加工食品。包括人类在内的许多物种都会把食物嚼碎了吐出来，喂给婴儿或老弱者食用。不论是将食物置于口腔中温热也好，用胃液加以分解也好，还是咬碎咀嚼也好，都经过了某种将食物加热或加工的过程。

一旦把柠檬汁挤在牡蛎上，便开始改造牡蛎，使其质地、口感和味道产生变化，广义来讲，或可称之为"烹调"。把食物腌制一段时间，就和加热或烟熏一样，也会使食物发生改变。把肉吊挂起来使其腐臭，或索性置于一旁任其腐败，都是加工法，其目的在于改良食物的质地，使之易于消化，这显然是早于用火烹调的古老技术。风干是一种特殊的吊挂技术，它能使食物产生彻底的生化改变。掩埋法也是如此，这种技法在以前很常见，能促使食物发酵，如今则少见于西方菜色中，不过北欧式腌渍鲑鱼这道菜的名字中倒还留有加工技法的痕迹，它字面上的意思正是"掩埋鲑鱼"。另外，有若干种奶酪也曾采用掩埋法进行制作，制作时须将奶酪埋进土里腌渍，如今则改用化学方法上色，使奶酪表面色泽暗沉。在漫长的旅途中，有些骑马的游牧民族会把肉块压在马鞍底下，利用马的汗液把肉块焖熟、焖烂，以便食用。搅拌牛奶以制作奶油的过程，仿佛一场奇妙的转化，从液态逐渐凝聚成柔软的固体，颜色也由纯白渐渐染上金黄的色泽。

这些狭义上的生食与其天然状态已经有了很大的不同，即便是我们想象中的人类祖先看到，可能也认不出这些食物是什么。人类开始用火烹调食物后，生食确实处于稀有状态。

2.3 饮食文化的发展阶段

智人在大约7万年前走出非洲，经过漫长的发展过程，最终处于地球上食物链的顶端。他们在利用环境维持生存的过程中形成了五大基本模式，这同时也是饮食文化发展的五个阶段，即狩猎-采集阶段、畜牧业阶段、粗放农业阶段、精耕农业阶段和工业化阶段。第一阶段是向自然界攫取和收集食物，后续阶段则逐渐转向食物的生产。这五个阶段中的每一个阶段内部又有细致具体的分类。在某些社会中，某一种饮食模式在一般情况下会作为主导性模式来利用环境，然而大多数社会并不是采用单一的饮食模式，而是把几种饮食模式综合为一体，配套使用，以满足需求。

2.3.1 狩猎-采集阶段

狩猎-采集亦称"搜寻食物"，是指依季节性规律采集野果、追捕猎物的生活方式。这是人类最古老的谋食方式，延续时间最长。据不完全统计，自古以来，地球上共诞生过近1200亿人，其中90%以上的人是靠狩猎-采集为生的。

到了20世纪初，世界上只剩下160余个狩猎-采集社会。而到了20世纪中叶，全球仅有南非桑人、澳大利亚原住民、北极地区因纽特人、中非及东南亚少数居民是狩猎-采集者。中国境内早已不存在狩猎-采集社会。鄂伦春人至迟在1915年即已"弃猎归农"，云南独龙族至迟在1909年已开始经营刀耕农业。但狩猎-采集作为一种谋食方式，在许多初级农业社会中仍占有很大的比重。例如，在20世纪50年代初，云南景颇族有些家庭的采集收入占全年收入的25%以上，采集植物多达近百种。云南傈僳族善于狩猎，猎物有时会成为当地人最主要的肉食来源。中国少数民族地区的狩猎-采集生计及有关习俗正是从古代传留下来的。

狩猎-采集属于一种谋食方式,二者不能分开。人们习惯上将"狩猎"列在前面,但实际上"采集"更为重要。以生活在非洲的昆人为例,男人每隔数天出外狩猎一次,成功率仅为2%,平均每小时可获能量约800卡[1];女人每天出外采集,每日都有收获,平均每小时可获能量约2000卡。此外,狩猎-采集生计中还包括捕鱼在内。有些地区(如北美西海岸的印第安人)主要靠捕鱼(包括海兽)取得丰富的食物,维持较高的生活水平。

狩猎-采集是早期人类发展史上非常重要的生活方式,男女分工(男狩猎、女采集),群体内食物平分等现象都是这种生活方式的重要内容。当代的狩猎-采集者固然可以提供有关认识原始人生活方式的重要材料,但无论如何已无法重现原始狩猎-采集者的原有风貌。因为当代狩猎-采集者的生活方式可以说是从原始狩猎-采集者中脱胎而来的一种崭新的生活方式,历史尘埃已把先民固有的生活风貌掩盖得面目全非了。

尽管同是狩猎-采集社会,生产力发展水平也很不平衡。古代的狩猎-采集者在生产技术低下的条件下随时都有陷入饥饿的危险,而当代狩猎-采集社会的生活水平则通过与不同文化的接触交流得到逐步改善,有些民族凭借着聪明灵巧的技艺和对生态环境的深刻认识,已生活得非常自在。研究桑人的人类学家多萝西·李曾经指出,桑人的生活水平实际上比其从事农业和牧牛业的邻族——赫雷罗人稳定。赫雷罗人养牛离不开水和牧场,一旦遇上干旱季节,他们的基本生活就无法保证。平原印第安人也过着比较和谐稳定的狩猎生活,尤其是在引进"马"这一物种以后,一些平原印第安人甚至放弃了原先的农业生活方式,转而从事更为实惠的狩猎生活。但是总体上看,狩猎-采集的生产水平比其他谋食方式的生产水平要差,人口养活率也低。例如,桑人每100平方英里[2]的土地仅能养活44个人。

狩猎是一种源远流长的谋食方式,只是到了近代,人们才逐渐把注意力转向对植物性食物的采集。对于许多狩猎-采集者来说,植物性食物已经成为日常饮食的主要组成部分(所占比例高达80%),是使得生活稳定安逸的主要因素。狩猎-采集这一谋食方式能够有效利用自然环境的各个层面,满足人均生存需要,因此成为一种普遍性的谋食方式。

狩猎-采集不像其他谋食方式那样程式化。这种方式能利用较少的时间获取较充足的食物,其实是一种方法简单、效率较高的谋食方式。美国人类学家马歇尔·萨林斯把狩猎-采集社会称为"最先富裕的社会"。人类学家詹姆斯·伍德伯恩在研究坦桑尼亚的哈扎人后作出估计,他们与邻近的务农部族相比,在劳动上花费的时间和精力较少,但却过着温饱自足的生活。多萝西·李认为,成年桑人的劳作时间是平均每天6小时,每周2.5天,女人一天采集的食物足够全家吃3天。

狩猎这一生活方式与社会有着一定的联系。一般来讲,狩猎者在猎物出没的地点四处跟踪巡视,属于游动性劳作者。狩猎活动也需要社会组织,其典型形式是由男性亲属组成猎队,每到狩猎旺季便集体出动。研究表明,近来猎队的成员结构比早期灵活得多,不是必须吸收亲戚,北美平原印第安人甚至接纳陌生人参加狩猎。除了北美西北海岸的

---

[1] 1卡 = 4.1868焦耳
[2] 1平方英里 ≈ 2.59平方千米

渔业狩猎-采集社会有较显著的例外，一般的狩猎-采集社会很少有职业化的社会分工，权威者与服从者之间的差异也很小。正常的社会是按照年龄老幼和男女两性来分工的，如女人采收植物性食物，男人猎取动物性食物。女人还可以从事缝制衣服、搬运食物、加工处理生食品等劳作。

2.3.2 畜牧业阶段

畜牧业主要是指饲养牲畜，是专门化的适应环境的生活方式。由于地形结构山峦起伏，气候干燥，土壤不适宜植物生长，这种生活方式并没有农业那样高的生产水平以维持人口的基本生活水准。畜牧业饲养的主要牲畜品种是牛、绵羊、山羊、骆驼等，以满足人们对于肉类和奶制品的需要。世界上主要的畜牧业区域是在东非（产牛），北非（产骆驼），西南非（产绵羊、山羊）和亚北极地区（产驯鹿）；在美洲大陆，不存在适于驯化家养的动物群，所以在那里，畜牧业不作为一种生活方式发展。

畜牧业的两大模式特征是迁移和游牧。迁移是指一年中牧人要定期赶着牲畜寻找海拔、气候、青草产量不同的草料丰富之所，一般是成年男人迁移牲畜，女人、儿童及一部分男人留在村子里；游牧是指男女老幼所有人口一年四季赶着牲畜游动放牧，无固定的村庄。

仅靠畜牧业本身是难以满足人的生活需求的，必须要有粮食来补充饮食。因此，畜牧业往往和农业种植并行发展，互相补充；或者畜牧业群体与农业群体开展贸易交换，以解决粮食缺乏的问题。关于畜牧业的社会组织问题，在大多数畜牧业群体里，女人结婚后随夫而居，牲畜家产父传子承。畜牧业和狩猎-采集一样，对自然环境缺少广泛深刻的认识是不行的，它是一种游动性生活方式，要认识畜牧业社会的文化特点，必须先认识畜牧业群体的这种运动模式。

2.3.3 粗放农业阶段

粗放农业是指采用粗放简作的经营方式进行生产，其特点是土地被开垦后不是年复一年地长期耕用，而是短期使用后即放弃耕用，另辟新域。粗放农业者用于耕耘的工具非常简单，如掘土棍、锄头之类，不用畜力，不使用犁铧，没有灌溉技术。粗放农业的粮食单位面积产量很低，投入的劳动力也很少，生产的粮食只够维持自己的基本需求，没有剩余的粮食可供扩大再生产或与非农业社会进行市场交换。粗放农业社会的人口密度普遍较低，每平方英里不超过150人。但是，各社会的生产力水平发展得不平衡，如在新几内亚高原地区，集中种植红薯可养活每平方英里500多人。

气候干燥地区也存在粗放农业，如住在美国亚利桑那州西南部的印第安人种植玉米、豆类、南瓜。但是粗放农业作为一种生产方式，主要存在于热带森林地区，如东南亚、撒哈拉沙漠以南的非洲、部分太平洋岛屿和南美洲亚马孙河流域。在这些地区，耕种的方式是刀耕火种，即砍倒树木，烧掉草木丛林，开辟出耕地，烧成灰的草末就势留在土地里，一是避免烈日将土壤晒干，二是可以作为肥料给土地增加养分。开垦出的耕地只用1～5年，然后休耕数年（多达20年），这样使森林重新覆盖起来，土地重新变得肥沃。刀耕火种式的粗放农业社会要求休耕地的面积应是在耕地的5～6倍。土地首先要经过较长时期的休耕以使林木重新生长，然后再耕用，这样可以保证生态环境不遭破坏。否则，土壤质量会降低，森林无法恢复，地面只会长出草木。西方观察家认为，正是这种生态平衡遭到不可逆转的破坏，才导致刀耕火种式的粗放农业变成一种产量低、对环境损害大的生产方式。

然而，有调查表明，刀耕火种式的粗放农业并不是无组织、无信息、无管理的生活方式，而是在伐木除草、烧荒开垦、土地施肥、轮耕休耕等过程中展现的很高明的技巧方法。非洲乔斯高原的粗放农业者把山坡改造成层层梯田，深翻土地，防止滑坡和水土流失。新几内亚的粗放农业者把多种作物合理安排在一块土地里，同时种植，如红薯种在地下，红薯叶覆盖地面，套种芋头，芋头枝叶高出红薯藤蔓，再上面种的是葵花和甘蔗之类，最高的是香蕉树。这种高低层次合理安排的套种生产方式使得植物枝叶能够最大限度地受到阳光的照射，保护土壤不会干裂，防止害虫滋长，保证多种作物同时丰收，即使出现某种作物歉收的情况，人们的生活也不受影响。

部分粗放农业者主要生产某一种作物，但大多数粗放农业者同时经营多种作物。单纯种庄稼所获的粮食并不能提供人体所需的全部蛋白质，因此有些粗放农业者还兼事狩猎、捕鱼和畜牧等活动。比如，在新几内亚，养猪吃肉是人们获取蛋白质的重要手段。

轮耕休耕的耕种方式决定了粗放农业者需要不断地更换耕地，其住所也随之不断迁移。但也有例外，有的粗放农业者建立了村庄，永久定居；他们的男女分工比较明确，男人烧林开荒、种植作物、扎篱笆，女人收获、运输、加工食物等；打猎是男人的任务，捕鱼则是男女都可以承担的工作，女人还负责养猪等家畜家禽。

粗放农业的社会制度也不尽相同。最基本的社会单位是由同一祖先演化而来的人们所组成的群体。这种家族群体有的以男系遗传为主，有的以女系遗传为主。事实上，在粗放农业社会中，女系遗传比较普遍，这与女人在田间生产和家务管理两方面所起的重要作用有直接关系。

粗放农业社会的人口密度很低，然而村庄人口则不算太少，一般规模为100～1000人。人们认为村庄人口密度越低，社会上人与人之间的关系就越平等，但相比于狩猎-采集社会，在刀耕火种式的粗放农业社会中，各群体之间的领导与服从关系更加形式化、正规化。

2.3.4 精耕农业阶段

精耕农业又称"集约农业"。犁铧、畜力的投入使用和水土管理的有效技术是精耕农业生产方式的主要特征。在精耕农业社会中，一块土地没有休耕期，会被人们永久耕种下去。犁铧是比掘土棍和锄头更先进的劳动工具，其挖土翻地的效率更高。用犁耕地可以深翻土壤，把底层的养料翻到地面，使土壤长期保持肥沃。灌溉是精耕农业的又一项重要措施，尽管粗放农业生产间或也使用简单的水利灌溉方法，但熟练的灌溉技术更是干旱地区精耕农业不可缺少的条件。在山区，水土流失现象严重，田地庄稼易被冲毁，发展精耕农业需要把山坡改造成平展的梯田，图2-3所示为世界文化遗产：红河哈尼梯田。

工业化前的精耕农业还采用自然施肥技术，有目的地选择畜禽和农作物品种，采用轮耕作业的方式，千方百计地提高生产力水平。为了适应人口增长的需要，粗放农业的劳动者扩大了耕种土地面积；而精耕农业的劳动者则是通过提高单位面积的土地利用率来增产增收，从而解决了由人口增长引起的供需矛盾问题。精耕农业还可以进一步提高单位面积产量，养活更多人口。经过对墨西哥的粗放农业和精耕农业的对比研究，结果表明，使用水利灌溉设施可以使一年有两季收获，其单位面积产量几乎是刀耕火种技术的14倍。

图 2-3　世界文化遗产：红河哈尼梯田

印度尼西亚既有刀耕火种式的粗放农业，也有精耕农业，二者生产力水平的差别非常之大。如爪哇岛的面积只占印度尼西亚全国总面积的9%，却供养了全国约三分之二的人口；其余岛屿的面积占全国面积的90%，而只能提供约三分之一人口的食粮。造成这种格局的原因是，这些被称为"外部列岛"的地区大都实行刀耕火种式的粗放农业生产方式。在爪哇岛，进行水稻种植的精耕农业在水利灌溉设施的助力下，平均每平方千米能够供养480人。在该岛人口密度较高的地区，人口密度高达每平方千米1000人，而粗放农业地区的人口密度仅为每平方千米50人，二者的差别巨大。

精耕农业的生产力水平之所以高，是因为精耕农业劳动者不仅拥有比较先进的生产技术，而且充分发挥了劳动力的作用。要提高粮食产量，精耕农业劳动者必须延长劳动时间，增加劳动强度。在灌溉农业生产中，需要开挖水渠并加以保护，修闸门，平整土地。据估计，粗放农业种植水稻每季需要241个劳动日，而灌溉农业却需要292个劳动日。此外，精耕农业比粗放农业的资金投入更多。在粗放农业生产中，基本劳动工具可能只是掘土棍，而在精耕农业生产中，不仅需要投入劳动力，还要购置农具、饲养牲畜。精耕农业劳动者尽管掌握比较新的粮食生产手段，但也存在易于遭受大自然侵袭的弱点。如由于集中于某一两种农作物的生产，一旦庄稼歉收，人们就会面临粮荒的威胁；牲畜也有可能害病死亡，生产者的生产能力随即受到削弱。

一般而言，精耕农业生产活动与稳定的村居生活以及其他复杂的社会组织形式联系比较紧密。纵观人类社会演变史，随着精耕农业的发展和人口增长，出现了城市的兴起、职业专门化、社会按照财富的多寡划分为不同阶层、权力集中化，以及国家的组建等富有历史意义的现象。精耕农业劳动者在国家组织的复杂结构中不可避免地充当一个功能部门，这就是所谓的农民。

从原则上讲，农民的生产活动也局限在保证家庭生存需求的层次上，但同时又参与国家一类较大规模的社会活动，因而与过去的精耕农业劳动者又有区别。精耕农业劳动者的生产目的是维持本土群体的基本生存，其生产土地归自己所有；而农民对土地只有使用权，没有所有权，其生产目的是供养生产人口。现代农民必须自己购置工具、牲畜和种子，因此要参加市场经济活动，这一点同样和精耕农业劳动者不同，和工业化社会的农场工人也不一样。例如在美国，农场工人对土地和其他生产资料没有所有权，其生产目的是在市场交换中最大限度地获取个人利润。正如美国人类学家埃里克·沃尔夫所说，美国农场工人经营的是企业，而农民经营的是家庭。

2.3.5 工业化阶段

工业化谋食方式包括现代化农业（以科学育种，机械耕作，使用化肥、农药及除草剂等为特征），使用科学方法的饲养业和水产养殖，以及利用现代机械捕鱼和狩猎，等等。它是现代化社会的生存基础。如今中国农村大多数地区仍以精耕农业为主要的谋食方式，但已普遍使用化肥和农药，引进良种，部分地区使用机械耕作土地，也算或多或少引入了工业化谋食方式。可以说，中国农村正处于从精耕农业向工业化谋食方式过渡的阶段。

与其他谋食方式相比，工业化谋食方式的效率空前提高。以现代化农业为例，在美国伊利诺伊州，1英亩①可以产81蒲式耳②的谷物，按此比例，只要有3%的人从事农业，即可养活美国全部人口。现代化农业虽然能供养日益增多的人口，但却以大量消耗地球蕴藏的能源为代价。此外，现代化农业还会造成空气污染，部分地区过度使用化肥和农药，还会使土壤恶化。至于以工业化方法进行其他方面的生产也有不良作用，如使森林中野生动植物灭绝，海洋中鱼类资源枯竭等。据加拿大因纽特人所说，使用履带式汽车和汽艇对海洋生物进行猎捕的行为，是造成当地动物数量锐减的主要原因。工业化谋食方式导致全球人口数量急剧增加，大量人口涌入城市，盲目迎合市场需求而进行的生产造成了资源的浪费。总之，工业化谋食方式有利有弊，从人类的长远利益考虑，它是不是一种完全成功的生存战略，尚待历史来证明。

同步练习

一、判断题

1. 灵长类和人类之间的区别在于生食与熟食。（　　）
2. 从树上摘下来的野生浆果是"自然"的食物。（　　）

二、单项选择题

1. 研究表明，人类最早在（　　）万年前就学会食用熟食了。
A. 30　　　　　　B. 80　　　　　　C. 150　　　　　　D. 190
2. 法国美食家（　　）所写的《厨房里的哲学家》是西方美食的经典著作。
A. 让·安泰尔姆·布里亚-萨瓦兰　　　　B. 伊丽莎白·戴维德
C. 茱莉亚·柴尔德　　　　　　　　　　D. 乔治斯·奥古斯特·埃斯科菲耶

---

① 1英亩≈4046.86平方米
② 1蒲式耳≈36.37升

3. 畜牧业的两大模式特征是迁移和（　　　）。
A. 采集　　　　B. 耕种　　　　C. 游牧　　　　D. 渔猎

三、多项选择题
1. 西方用生肉制作的菜肴有（　　　）。
A. 卡巴乔　　　　　　　　B. 北欧式腌渍鲑鱼　　　　　　C. 鞑靼牛排
D. 法式鹅肝　　　　　　　E. 卡布奇诺
2. 不用火加热的原始烹饪方法包括（　　　）。
A. 腌渍　　　　B. 烟熏　　　　C. 风干　　　　D. 掩埋　　　　E. 搅拌

四、简答题
1. 精耕农业生产方式的主要特征是什么？
2. 饮食文化经历了哪几个发展阶段？

五、体验题
除了水果和黄瓜、番茄，你还吃过哪些生食？有机会体验一下杭州名菜"醉虾"。

第 2 讲　同步练习答案

【杭州美食】

醉　　虾

　　醉虾又称"虾生"，是杭州有名的菜肴之一。袁枚在《随园食单》中写道："带壳用酒炙黄，捞起，加清酱、米醋煨之，用碗罔之。临食放盘中，其壳俱酥。"但此醉虾还是用酒做熟的，并不能算是虾生。到了夏曾传的《随园食单补证》，醉虾的吃法和民国时期几乎一样了："杭俗食醉虾，以活为贵。故用活虾放盘中，用碗盖住，临食，始下酱油、酒、葱、花椒等，甚至满盘跳跃，捉而啖之，以为快。予以为此法非惟太忍，亦且未曾入味，不若少候须臾。若必炙令壳黄，则太过矣。"

　　《清稗类钞》里对醉虾也有记录："醉虾者，带壳用酒炙黄，捞起，以醋、酱油、麻油浸之。进食时，盛于盘，以碟覆之。启覆，虾犹跳荡于盘中也。入口一嚼，壳去而肉至口矣。苏、沪之人亦食此，然大率为死虾，且或以腐乳卤拌之。"也许正因为辑录者徐珂是杭州人，他才会在不经意间流露出对杭州醉虾生吞活剥吃法的自豪感。

　　身兼实业家和鸳鸯蝴蝶派作家的杭州人陈栩，别号天虚我生，他对醉虾的自豪感最是明显："吾杭每以生虾去壳，不加烹调，但以油盐及姜米拌食之，谓之虾生。西湖之虾，尤为鲜美，迥非城市所能媲美者也。"

第3讲 食物的选择

最近一次的冰河时期发生在距今1万多年前,当时全球30%以上的陆地都由冰川覆盖。为了适应环境,智人发展了协同狩猎技术,用标枪围杀行动缓慢的兽群,为人类提供富含蛋白质的食物。在冰河时期,人类的食肉方式保持着用火烤制的传统。火不仅用于制作食物,更成为人类抵御严寒的外部能源。围绕火堆的人们发展出社会关系和组织,协同狩猎和火堆社会的交流产生出人类语言。经过社会合作的深化,冰河时期结束的时候,从山洞里走向世界各地的智人已经变成了现代人,他们不仅狩猎肉食、缝制服装、驯化动物,还开始培育植物、发展农业,给人类饮食带来巨大的转变。

3.1 小麦、水稻、玉米的世界

人类在摄入食物种类方面发生的转变被称为"广谱革命",这是由人类学家肯特·弗兰纳里提出的一种假说。冰河时期结束前,冰川逐渐后退,草地苔原显露在外,食草动物开始向北迁移,人类也随之向北迁移。随着大型哺乳动物的灭绝和气候变暖,植物生长繁茂,人类的食物种类也随之发生适应性改变。人们不再单纯食用某几种动物,而是开始食用更广泛的动物和植物,这些食物通常从狩猎、采集、捕捉、渔猎中获得。"广谱革命"的含义不仅体现在人类食物谱系的极大扩展上,还包括人类开始控制植物和动物的再生产,即食物的来源逐渐转向农业和畜牧业的生产。"广谱革命"改变了数百万年来人类一直依靠自然资源为生的状况,开始了以驯养动物和种植粮食作物为生的饮食时代。

3.1.1 种植的出现

随着农业的出现,人们渐渐不再以采集而来的植物为食,而是改以栽种粮食作物来取得食物。农民不再仰赖自然生长的各种植物,而是将这些植物移植到别处,并采取"文明化"的行动来干预自然环境。这些行动包括整治土壤(翻土、灌溉、施肥),清除杂草,驱赶野兽,掘沟筑堤以改造地势,挖掘引水渠道,修建篱笆,等等。农民可以选择想要栽培的植物品种,并利用杂交和嫁接等技术来发展自己的植物品种。务农和养殖牲畜一样,是物种演化过程中人类最早采取的强力干预行动:通过分类和挑选,以人为操纵的方式制造新的物种,而非任由天择。从历史生态学的角度来看,这是世界史上一次划时代的革命,是一个新起点。

对于食物生产的起源地，存在两种不同的见解。一种观点认为，食物短缺的中东荒芜地区，比如位于山脚下的干旱草原，最早进行野生麦种的驯化。另一种观点认为，食物生产最早出现于丘陵或亚热带森林地带，那里有大量的野生小麦和大麦。

表3-1列举了独立发明食物生产技术的7个世界区域，包括中东地区、中国长江流域、中国黄河流域、撒哈拉沙漠以南地区、中美洲、安第斯山中南部、北美洲东部。

表 3-1 独立发明食物生产技术的7个世界区域

世界区域	动植物种类	最早出现时间（距今）/年
中东地区	小麦、大麦、绵羊、山羊、猪	10 000
中国长江流域	水稻、水牛、狗、猪	8400
中国黄河流域	黍米、狗、猪、鸡	7500
撒哈拉沙漠以南地区	高粱、珍珠稷、非洲水稻	4000
中美洲	玉米、大豆、南瓜、狗、火鸡	4700
安第斯山中南部	马铃薯、藜麦、大豆、美洲驼、羊驼	4500
北美洲东部	三裂叶菾蓬、向日葵、南瓜	4500

3.1.2 小麦的驯化

在农民栽培的作物中，最有影响力的是结籽繁多的禾本植物，其谷粒中富含油、淀粉和蛋白质。但是在历史上，人类所栽培的禾本植物却多半只有装饰作用，并无其他用处。在很长一段时间内，草地上生长的常是人类无法食用的各种禾本植物，但却是其他有反刍功能或消化能力较好的动物所能食用的。

因此，大麦、小米、水稻、玉米、小麦等禾本植物的驯化，堪称人类最壮丽的成就。这些禾本植物原本是大自然为其他消化能力较好的动物所准备的食物，没有反刍功能的人类却将它们培育成为自己的主食。其他常见的禾本植物包括燕麦和高粱；荞麦不是禾本植物，属于蓼科植物，但因其淀粉含量高，也可以作为粮食食用。

随着时间的推移，禾本植物对人类的生活越来越重要，其中小麦的影响力最大。小麦的野生形式与驯化形式之间的关键差异在于驯化的变种是"防碎的"。小麦的谷粒附着在一支被称为"穗轴"的中央主茎上。野生小麦的谷粒成熟时，穗轴会变得脆而易碎，如此一来，当它被风吹拂时，便会碎裂，撒下的谷粒成为种子。从植物的观点来看，这样的安排是有道理的，因为它确保谷粒只有在成熟时才会散播。但在想要采集它们的人类看来，这却是非常不方便的。

然而，在小部分的植株中，由于发生某种基因突变，导致穗轴即使在种子成熟时也没有变脆，这样的穗轴叫作"硬轴"。对于野生谷粒来说，这种基因突变并不受欢迎，因为这会导致它们无法散播种子。但对于采集野生谷粒的人类来说，这种基因突变却帮了大忙。在人类所采集的谷粒中，很可能大部分都是有硬轴的突变种。若其中一些谷粒被种下,成为次年收成的作物,这个硬轴突变基因便将遗传到下一代,而硬轴突变种的比例也将逐年增加。大约在 200 年之内,具有防碎硬轴的小麦便会取得优势,而这差不多就是小麦的驯化所需的时间。

在驯化过程中,原始的农民还会在小麦、水稻等谷类植物中挑选其他受欢迎的特征。另一种发生在小麦上的基因突变,使包裹在每颗谷粒上的颖苞变得比较容易剥落,因此产生了能够"自动脱粒"的突变种。结果,个别的谷粒不像之前一样受到周全的保护,因此这种基因突变对野生谷粒来说是一个坏消息,但它对农民却颇有帮助。农民在打谷用的石质地面上拍打一束束割下的小麦后,可食用的谷粒较容易与外壳分离。农民从地面上摘取谷粒时,会略过小颗的谷粒和那些仍包裹着颖苞的谷粒,而选择不带颖苞的大谷粒,这促使对人类有帮助的突变基因能够代代相传。

3.1.3 水稻的出现

据统计,水稻约提供全球 19% 的热量和 14%～15% 的蛋白质,有逾 36 亿人口以水稻为主食。在小麦经过科学改良而成为如今的高产品种以前,水稻在大部分时间内都是产量最高的主要粮食作物。统计数据显示,传统品种的水稻每公顷①可养活约 5.63 人,小麦每公顷可养活约 3.67 人,玉米每公顷可养活约 5.06 人。在历史上的大部分时间里,东亚和南亚中食用水稻的文明地区都有比较多的人口,人们比较有生产力和创造性,较勤奋,也比较骁勇善战。相形之下,食用小麦的西方世界以往都比较落后,直到近 500 年才兴起,而且就大多数客观标准来看,西方世界直到 18 世纪才赶上印度,直到 19 世纪才追上中国。

水稻在中华文化中的兴起是中国经济和人口重心逐渐向南移往长江流域的结果。长江流域是水稻的原产地,远古时代即有人种植水稻。早期中国文明的重心在北部地区,但那里太冷又太干,除非有现代农业技术的帮助,否则直到如今都不适合大规模种植水稻。那里有若干野生的水稻品种,数千年来,有人不辞辛劳地在小面积的田地上种植水稻,但是水稻依旧无法成为精耕农业的主力农作物。在黄河流域农民的心目中,水稻是文明食物,但无法大量生产。

如今,由于不断有新的考古证据出土,水稻起源的历史也像早期中国文明的其他方面一样,不断向前追溯。至少 8000 年前,长江流域中下游一带就有人在湖泊地区洪水退去的地方种植水稻。大约 5000 年前,华北最靠南的地区已有人种植用雨水灌溉的高地旱稻。在陕西发现的公元前 5000 多年的陶器碎片上,有水稻的图形,这正是明显的证据。虽然一直有人声称东南亚和现今的印度、巴基斯坦一带是水稻的发源地,但是没有确切的证据来证明这些地区种植水稻的历史可以追溯至公元前 3000 年以前。

同时,随着文化的逐渐融合,迥然不同的环境之间产生交织,中国的文化得到共同的认同。在此过程中,水稻成为富足的象征,也成为中国人的主要食物。在公元前 1000 年左右,种植水稻的地区是极具吸引力的新地域,吸引着人们南下开拓,很多新移民因

---

① 1 公顷 = 0.01 平方千米

此逐渐融入中华版图。

3.1.4 玉米的改良

玉米是说明人类创造了驯化植物的最好实证。野生植物与驯化植物之间的区别并不是明确而固定的。相反，从百分之百的野生植物，到有些特征被修改过以配合人类需求的驯化植物，再到完全被驯化、只能由人工种植的植物，这是一个连续变化的过程。玉米属于完全被驯化的类型，它是人工培育的结果。人们让一连串偶发的基因突变代代遗传下去，使玉米从一种简单的禾本植物转变成一种奇异而巨大的突变体，再也无法在野外生存。驯化前的玉米原本是产于今墨西哥地区的一种野生禾草，即大刍草。图3-1所示为大刍草和玉米的对比。这两种植物的外貌迥异，但结果证明，仅仅是几个基因的突变，便足以将其中一种转变成另一种。

图3-1 大刍草和玉米的对比

尽管美洲大陆的文化千姿百态，可是就农作物而言，该地区却显露出高度的统一性——玉米几乎无所不在。在外行人的眼里，玉米和它现存的近亲野生禾本植物并不相像。玉米的原生品种所能结出的谷粒绝对不超过单行，黏性也很差，因此现在大概不存在了。经过美洲原住民的改良，玉米有了很大的转变，能结多行的籽，含油量高，是早期农艺的光辉成就。根据现有的信息很难确定这种改良后的玉米是何时开始栽培的，不过在墨西哥中部的遗址中，人们已经发现了约公元前3500年的多谷粒玉米的完整标本。

玉米的加工和生产都需要有科学本领，因为如果不经过适当的处理，玉米的营养并不丰富，还可能会因烟酸缺乏而导致癞皮病。避免这个危险的方法就是确保吃玉米的人同时也食用许多不同的补充食品,也就是找到能同时供应玉米、南瓜和豆类的地方。早在人类开始栽种玉米以前,在墨西哥马德雷山的塔毛利帕斯、瓦哈卡以及秘鲁的利马北部和阿亚库乔盆地,人们就已经在腌渍葫芦瓜了,而葫芦瓜正是已知人类最早栽种的南瓜属植物。然而,在古代美洲人口稠密的地区,均衡的饮食想必是很奢侈的。那里有大量以玉米为生的人口,为了保持身体健康,人们必须在玉米成熟以后用掺了石灰或木柴灰烬的水浸泡煮沸,以去除玉米粒透明的外皮,使氨基酸得以释出,在提高蛋白质价值的同时,让色氨酸转变成烟酸。考古人员在现今的危地马拉南部海岸发现的证据显示,公元前1500—前1000年时,人们就已经利用工具来对玉米进行加工处理了。

3.2 成为肉食主角的牛、猪、鸡

随着气候变暖,冰川消融,人类的手脚更便于施展,再加上智人的认知能力有了飞跃,狩猎的技术水平得到极大提高。除了群体性社会化狩猎带来的配合外,工具的发明也大大提高了狩猎的效率。有证据表明,加工石球砸向猎物,更能提高命中率;弓箭的出现便于远距离杀死猎物;有投掷器的标枪不仅能够提高命中率,还可以使投掷距离提高一倍,图3-2所示为印第安人骨制标枪投掷器;挖坑设陷,可以不费力气地捕获猎物。

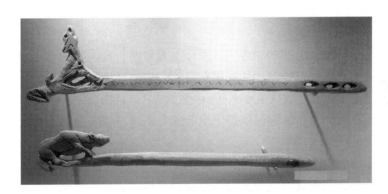

图3-2 印第安人骨制标枪投掷器

随着狩猎能力的提高,捕获的猎物若一时吃不完,人们便将其圈养起来,以便在没有食物时食用。通过这种圈养的方式进行贮藏,人类在与大自然的生存斗争中迈出了一大步,这一方式大大加深了人类对动物特征和习性的了解。

人类要想把生活在大自然中的野生动物驯化成能够为己所用的家畜,必须借助于动物的天性。对于有些动物来说,只要人类稍加驯化,就可能会变成家畜,如野猪、野马和野羊等。这也是早期相互隔绝的不同地区,均不约而同地驯化了相同的野生动物的主要原因。

动物被人类驯化的另一个原因是动物与人类有着非常密切的生态关系。在一定的生态条件下，地球上的各种生物之间通过食物生态链相连接。

3.2.1 牛

牛在我国古代是牛科中牛属和水牛属家畜的统称。古代先民在养牛方面积累了丰富的实践经验。

牛最初驯化的地点在中亚，随后扩展到欧洲和亚洲其他地区。亚洲是野牛原种的栖息地，迄今仍有许多野牛在该地区生活于野生状态中；而在欧洲和北美地区，仅有动物园和保护区尚存少数野牛。

牛在远古时代就被用作祭祀的牺牲，每次祭祀所宰的牛多达三四百头，多于羊和猪的数量。在周代，祭祀时牛、羊、猪三牲俱全者，被称为"太牢"；如缺少牛牲，则称为"少牢"。这说明自古就以牛牲为祭祀的上品。

为了掌管国家所有的牛在祭祀、军事等方面的用途，周代还设有"牛人"一职，汉代以后曾发展成为专管养牛的行政设置。牛在古代的另一主要用途是供役用。牛车是最古老的重要陆地交通工具。

在古代印度，正是牛拉犁的使用，使恒河两岸的平原得以开垦，进而拉动了人口的增长。于是，牛的食用和牛的使用之间产生了不可调和的矛盾。考虑到牛不和人争夺食物资源，其粪便还可以作为清洁燃料，印度政府颁布了禁牛令，这一"不杀牛"的政策深得民心。禁牛令使印度的农业得到了充分的发展。

3.2.2 猪

猪在我国是最早被驯化的动物之一，距今上万年前，我国先民为了更好地在当地定居并生存，开始驯化并饲养野猪。从我国新石器时期遗址发掘出土的猪牙和猪骨可以了解到古代家猪的发展进程。古人在饲养家猪的过程中，总结出了一整套科学的饲养管理方法，在选种、护理、饲养等方面取得了卓有成效的进步，对世界养猪业的发展也作出了贡献。

猪是哺乳动物中把植物变为动物肉的最有效的转化者。当人们用麦子、玉米、土豆、黄豆或其他低纤维含量的食物饲养猪时，就会出现这种转化；但是用草、树叶或其他高纤维含量的饲料进行喂养时，猪的体重便会下降。

猪没有功能性的汗腺，其身体调温系统最不适应的是炎热、日晒的环境。因此，在中东地区饲养猪要比饲养反刍动物付出更高的代价。

3.2.3 鸡

世界上鸡的种类有很多，是其中的哪一种最终演变成了家鸡呢？对DNA的检测不但让我们找到了家鸡的两个祖先，还让我们知道为什么最初人类祖先选择饲养它们。家鸡的大部分基因是从红原鸡那里得到的，少部分是从灰原鸡那里得到的。这两种鸡是杂食动物，主要生活在热带森林，成群活动，而且飞行能力很强，晚上在树上睡觉。最早发生在红原鸡和灰原鸡身上的 DNA 突变，改变了它们的激素水平，让它们的交配期更密集，于是就有可能下更多的蛋。

大约 8000 年前，原鸡就已经经常出现在东南亚的人类居住地了。2010 年，科学家分析发现，家鸡和原鸡有一个非常显著的区别：促甲状腺激素受体所对应的基因在家鸡和原鸡上有巨大的差异。这一差异甚至可以作为原鸡被驯化成家鸡的标志，因为这个基因发生突变之后，原鸡的交配就不再是季节性的了，而是什么时候都可以。

除了这个基因之外，还有一个基因 TDC1D1 也发生了突变，它是影响胰岛素信号通路的一种蛋白质，突变之后使得原鸡对糖的吸收率提高，通俗来说就是让鸡更容易长胖了。

据统计，鸡是现今全球数量最多的脊柱类动物之一，大约有 200 亿只，比全球人口数量的两倍还多。99% 的鸡都生活在大型的养鸡场里，被关在只有一个身位的笼子里，一辈子都在下蛋，甚至都还没来得及回头看一眼自己刚下的蛋长什么样，这些蛋就被流水线给运走了。

3.3 调味品

调味品是指能增加菜肴的色、香、味，促进食欲，有益于人体健康的辅助食品。它的主要功能是增进菜品质量，满足消费者的感官需要，从而刺激食欲，增进人体健康。从广义上讲，调味品包括咸味剂、甜味剂、酸味剂、辣味剂等。

3.3.1 咸味剂：盐

盐中含有人体所需的钠离子，是维持生命不可或缺的物质。生物从大海进化到陆地之后，体液中仍旧残留着一定浓度的钠离子，这也是生物曾经在海里生活后所保留下来的特征。人类为了保证体液中钠离子的浓度，必须在排出汗液及排泄物的同时，不断补充流失掉的钠离子，否则就会面临生命危险。

人类通过咸味来感知盐。我们来到这个世界的时候，最初品尝到的也是母乳中的咸味。人的味觉感受在咸味的启蒙下觉醒。最初的味觉体验会成为记忆印在脑海里，从此，人类开始在本能和生理需要的驱使之下不断追求咸味。

咸味具有调节食物整体味道的功能。在西瓜上撒少量的盐，可以让西瓜的甜味更加明显，这便是展现盐的"对比作用"的一个很好的例子。

盐是支持味觉的基本调味料，人需要不断摄取。在食物进化的历史长河中，盐始终活跃在历史舞台之上。

为了维持身体健康，我们需要从植物中摄取钾离子，从动物的肉和血液中摄取钠离子，而且钾离子和钠离子必须保持一定的平衡状态。在狩猎-采集时期，人类并没有特别摄取盐，因为人类大量食用动物和鱼类，它们体内所含的微量钠离子被人体所吸收。但是随着农业的出现，人类开始依赖谷物。从味道的角度而言，长期以谷物为主进行有规律的饮食，让食物的味道非常单一。不仅如此，人们摄取了大量的钾离子，严重打破了钾离子和钠离子之间的平衡。过度食用谷物类等植物粮食，会导致体内钾离子浓度升高，致使身体排出大量的钠离子。因此，我们必须摄取盐分来补充每日流失的钠离子。于是，盐的生产与分配成为人类社会中一个新的重要任务。图 3-3 所示为埃塞俄比亚人从沙漠里的露天盐矿拉盐砖。

图 3-3　埃塞俄比亚人从沙漠里的露天盐矿拉盐砖

3.3.2　甜味剂：蜜与糖

带有甜味的食物是人类赖以生存的能量源。糖类为人类提供能量，让甜味遍布我们全身。正因如此，人类对甜味常常有难以抑制的冲动，并在本能的驱使下，不断地向自然界寻求甜味。

人类对甜味拥有强烈欲望的原因，不仅在于甜味可以给舌头带来满足感，还在于它能够缓解酸味和苦味的刺激，从而带来全面的味觉舒适。人们很容易沉醉于甜味带来的甜蜜感，并在不知不觉中被甜味所迷惑。

甜味是生命活动中必不可少的味道，人在累的时候渴望吃甜食，也证明了甜味的必要性。当人体动脉中的血糖值降低时，人会被可怕的空腹感所折磨，产生摄取糖分的冲动。血糖降低是人需要吃东西的强烈信号。例如，运动员在运动后需要补充糖分，发育较快的孩子喜欢吃甜食。

人类对甜味诱惑的抵抗力很低。就像快乐被称为"甜蜜"一样，甜味是刺激人类欲望的首要味道。

人类对甜味的追求可以追溯到狩猎-采集时代。当时，人类最喜爱的甜味来自随处可见的昆虫——蜜蜂辛勤酿造的蜂蜜。全球共有约 2 万种蜜蜂。人类采集蜂蜜的历史非常久远。大约1.7万年前，西班牙东部阿拉尼亚洞窟的壁画中出现了用常春藤梯子攀登高崖的人，以及环绕此人飞舞的巨大蜂群。被蜂蜜所吸引的人类为了获取大量蜂蜜，开始尝试饲养蜜蜂，这就是类似于畜牧的"虫牧"——养蜂。从古埃及第五王朝（前2494—前2345）创建者乌瑟卡夫所建造的太阳神庙出土的浮雕上，我们可以看到当时养蜂的情景，并有记录表明，当时养蜂已经被确立为一种职业。

除了蜂蜜，砂糖也是甜味的代表，其中浓缩了大量糖分。砂糖通过压榨甘蔗后熬制而成，其在世界史上的表现非常抢眼。砂糖的原产地在大洋洲的新几内亚岛。公元前2000年左右，砂糖传到印度，印度因此成为砂糖的第二产地。7世纪，印度又将砂糖传到伊斯兰世界，随后，地中海沿岸也开始大量栽培甘蔗。地理大发现时代以后，葡萄牙人在巴西、英国人和法国人在加勒比海域大量生产砂糖，从此，砂糖成为世界性的商品。

工业社会以前，食用砂糖是富裕与地位的象征。随着工业化生产的发展，砂糖的价格越来越低，现在已经成为普通调味品了。

3.3.3 酸味剂：醋与水果

酸味属于开发较为滞后的味道，是支配食物美味的味道之一。中国古代用梅子作为酸味的来源，在西周时期，人们又发现了谷物酿醋的秘密。与西方采用葡萄等水果酿酒不同，中国人传统上利用谷物来酿酒。而醋则是在谷物酿酒过程中，因发酵过度而产生的酸味副产物。酒精发酵需要较为严苛的条件，相比之下，后续的醋酸发酵成功率通常更高，这就是为什么醋的发酵往往以酒精发酵为基础，但其市场价格却普遍低于酒。历经数千年的传承与发展，中国各地都形成了各具地域特色的醋生产方式和消费习惯。

此外，人们发现有些酸味可以让人心情愉悦。而酸味的主要来源是苹果、柑橘等水果。早期的苹果很小，直径不过几厘米，与现在经过改良的品种完全不同。因此，酸味纯正的苹果在北欧地区一度非常受欢迎，而且在地中海世界也属于高价奢侈品。

酸味浓郁的橙子是现在世界上栽培量最大的柑橘类水果，原产自北印度。相比酸味，印度人更注重橙子的香味。印度的橙子种类繁多，味道充满魅力。在4000多年前，橙子传入中国。经过漫长的岁月，橙子的品种不断改良，现在中国已经出现了很多种类。而欧洲人引进橙子时则更喜欢它的香味。

柠檬的起源是一个谜，但是普遍认为其源自印度南部、缅甸北部和中国。一项针对柠檬基因来源的研究表明，柠檬是香橼和苦橙的杂交体。

古罗马时期，柠檬通过意大利南部传入欧洲，但是当时对柠檬的栽培并没有成功。在17世纪左右，柠檬被先后引入伊拉克和埃及。1747年，英国皇家海军外科医生詹姆斯·林德负责治疗患坏血病的海员，他的治疗方法中包括在食物中添加柠檬汁。40多年后，英国海军沿用这种方法，规定海员入海期间，每人每天要饮用定量的柠檬水。只过了两年，英国海军中的坏血病就绝迹了。喝柠檬水、用柠檬的酸味调理菜肴味道的习惯从此开始在西方形成。

3.3.4 辣味剂：大蒜、洋葱、胡椒、辣椒

辣味被认为是食物对舌头及口腔的刺激感。从古至今，辣味一直是人们嗜好的一种味道。

1. 大蒜

辣味的代表性食材当属味道强烈的百合科植物——大蒜。大蒜的原产地在中亚地区。4000多年前，古埃及建造胡夫金字塔时，给劳动者们食用的强壮剂中就有大蒜。

2. 洋葱

洋葱属百合科，自古以来就被人们当作有刺激性气味的辣味食材广泛利用。关于洋葱的起源，存在多种争议，有波斯起源说、地中海沿岸起源说、中亚起源说等，其中波斯起源说的说服力更强。

洋葱中含有可挥发成分，这种成分具有净血作用。把洋葱磨碎生吃，还有预防感冒和肺部疾病、促进消化、杀菌的功效。洋葱在加热后可以去除辣味，这个特征让洋葱成为古往今来人们非常珍视的食材。洋葱非常适合与肉类搭配，是消除动物肉类异味的绝佳食材。

洋葱的历史非常悠久，在公元前18世纪的《汉谟拉比法典》中，洋葱作为主要的粮食之一登场。洋葱的横截面呈现规则的同心圆状，因此古埃及人认为洋葱象征了宇宙的完整性和恒久性。由于制作洋葱的时候容易流眼泪，且辣味会加剧人的空腹感，所以洋葱被崇尚为神圣的蔬菜，一般人禁止食用。建造胡夫金字塔时，洋葱和大蒜都是劳动者重要的粮食。

3. 胡椒

胡椒原产于印度西南海岸马拉巴尔地区的热带雨林。这种植物距今已有4000多年的栽培历史。早在公元前2000年左右，胡椒就已经是当地居民餐桌上的常客。各种风味的咖喱中往往都混有胡椒粉，以增添食物的辛辣感。公元1世纪，胡椒由印度传到中国。大约在12—13世纪，阿拉伯人将胡椒传到欧洲，由于胡椒的数量很少，价格昂贵，要用黄金来买，于是人们干脆把它当作货币来流通。

凭借独特的味道，胡椒很早就被人类发现和使用。古埃及人在制作木乃伊时就使用了胡椒。公元前4世纪的史诗《摩诃婆罗多》中就有用胡椒佐食的记载。在古罗马烹饪书籍中记录了500多道菜肴，而涉及胡椒的就有480余道。

4. 辣椒

辣椒所在的辣椒属大约有30种物种，全部产于美洲，以南美洲玻利维亚一带最多。全球最广泛栽培的辣椒的最早驯化地在墨西哥东南部的特瓦坎谷地，与玉米的最早驯化地——巴尔萨斯河谷（位于特瓦坎谷地西方）和菜豆的最早驯化地——莱尔马河谷（位于特瓦坎谷地西北方）都相隔一定的距离。公元前5000年左右，玛雅人开始食用辣椒。多年后，哥伦布在前往美洲的途中发现了辣椒，并把它带回了西班牙。随后，辣椒开始在全球范围内传播。

同步练习

一、判断题
1. 小麦由于发生某种基因突变,导致穗轴即使在种子成熟时也没有变脆。对于植物来说,这个突变有好处。(　　)
2. 水稻是原产于中国的本土作物。(　　)

二、单项选择题
1. 玉米原产自(　　)。
   A. 亚洲　　B. 欧洲　　C. 非洲　　D. 美洲
2. 辣椒起源于美洲的(　　)。
   A. 墨西哥　　B. 巴拿马　　C. 秘鲁　　D. 智利
3. 《汉谟拉比法典》中提到的食物是(　　)。
   A. 土豆　　B. 洋葱　　C. 番茄　　D. 大蒜

三、多项选择题
1. 人类狩猎使用的工具和方法有(　　)。
   A. 石球　　B. 弓箭　　C. 标枪　　D. 陷阱　　E. 骨针
2. 家鸡的祖先是(　　)。
   A. 红原鸡　　B. 黄原鸡　　C. 蓝原鸡　　D. 绿原鸡　　E. 灰原鸡

四、简答题
1. 印度人为什么不吃牛肉?
2. 人类在历史上使用过哪些酸味剂?

五、体验题
观看六集人文纪录片《生命之盐》,了解盐在全球的生产状况。

第3讲　同步练习答案

一部盐与人类的纪录史诗——六集人文纪录片《生命之盐》

盐,这洁白而安静的晶体,人类与它的相遇,是出于味觉上的愉悦和狂欢,还是从生命内部发出的呼唤?它和我们的生命有着怎样的联系?

在苍茫的高原之巅,一把色泽灿烂的桃花盐,为何能使一杯酥油茶幻化出奇妙的味觉之花?

在遥远的东非大裂谷,一个古老的非洲部落承受着怎样的高温,在人间地狱般的盐池中撬下他们生命的希望之盐？

在阿尔卑斯山的北麓，奥地利萨尔茨堡州首府——萨尔茨堡的盐矿中，埋藏着多少凯尔特人和欧洲文明的盐事传奇？

在中国的四川自贡，那些高耸入云的盐井天车，又隐藏着多少千年盐都的悠悠往事？

在世界各国王朝的历史兴衰里，盐，一枚小小的盐，究竟扮演着怎样的角色？又如何导演了人类历史的进程？

本片最先给人的感触就是它超级震撼的视觉冲击。在历时5年的摄制中，主创团队访遍亚洲、美洲、欧洲和非洲，采访了50多个国家的居民，行程近8万千米，几乎踏遍全球每一个著名的盐的领地，用当今最先进的电影摄制理念和手法，拍摄到了超出我们以往所有对盐的认知经验和想象的真实场景。而随着摄像镜头在全球各地的不断快速转场，恍惚间，就像进入到一个奇幻的盐世界，跟着快速变换的镜头在盐的迷宫之中穿行，身临其境般地体验着一场奇特的幻觉之旅。但每一个镜头又是鲜活而真实的人间场景。因此，它更充满了一种摄人心魂的力量。

第4讲 饮食文化区域

不同区域的居民来源及形成和发展的历史背景不同，各自有不同于其他区域的特殊饮食文化。饮食文化区域是根据文化的地理环境、生物环境和历史背景等要素综合划分而来的。在划分饮食文化区域时，可以以全球、洲际、国家、省市县，甚至更小的行政区域为对象进行划分；也可以以民族、宗教、特殊地理单元（如黄河流域、青藏高原、华北平原）等为对象进行划分。

4.1 世界饮食文化区域概述

在人类居住的地球上，共有七大洲、四大洋。全球81亿人口（2023年）主要居住在除南极洲以外的六大洲，海洋中散落的岛屿上的人口分布相对较少。根据人口规模、地理环境、历史沿革，大致可以将世界饮食文化划分为六大区域：以东亚、东南亚为主的东方饮食文化区，南亚饮食文化区，以西亚、北非、中亚为主的中东饮食文化区，以欧洲、北美、大洋洲为主的西方饮食文化区，以拉丁美洲为主的拉美饮食文化区，以撒哈拉沙漠以南的非洲为主的非洲饮食文化区。

4.1.1 东方饮食文化区

东方饮食文化区的饮食文明有5000多年的发展历程。东方饮食文化区以中国为代表，其他周边国家深受中国饮食文化的影响，当然，这种影响随着地理距离的增加而渐渐衰减。

中国以秦岭-淮河为界，分为南方和北方，分别发展出各具特色的农耕文明，即"北麦南稻"或"北粉南粒"。中国的土地可划分为黄河流域的旱耕地带与长江流域的稻作地带，并依据自然条件发展出两种农业系统。在汉朝之前，粟与黍是黄河流域的主要食材，直到汉朝，麦子才广泛出现在中国的饮食文化中。中国饮食文化主要植根于农业和林业经济，以粮、豆、蔬、果等植物性食物为基础，膳食结构中主食与副食的界限分明，猪肉在肉类食品中所占的比例较高，人们普遍重视山珍海味和茶酒。

中国人最重要的饮食观念是"医食同源"。也就是说，饮食生活是调理身体、追求健康的一部分。在食材方面，最主要的肉类是猪肉，调味料则有酱油、鱼露以及各种酱料（豆瓣酱、辣椒酱等）。中国料理的做法多样，人们会根据食材的含油程度，采取最能发挥食材特色的煎、炒、炸等烹饪方式。整体而言，中国饮食中独特的烹饪方式——炒和蒸，赋予了中国饮食独特的风味。在保存食品方面，中国人常使用腌渍方法处理肉类与蔬菜，技巧高超。

除了中国以外，东方饮食文化区还包括韩国、朝鲜、日本、越南、泰国、新加坡等国。虽然马来西亚、印度尼西亚等国的穆斯林人口占有很大的比例，但他们只是在食材禁忌上遵从宗教习俗，其风味特点仍具有独特的东方特征。这一饮食文化区影响了大约24亿人。

4.1.2 南亚饮食文化区

南亚饮食文化区的饮食文明有5000多年的发展历程。南亚文明因外来入侵等因素多次中断。南亚饮食文化区以印度为代表，南亚次大陆国家以及东南亚、西亚部分地区也深受印度饮食文化的影响。

多年来，印度人通过服兵役、贸易和移民等途径散居世界各地，同时，由于雅利安人、波斯人、希腊人、突厥人等外来民族的入侵，印度吸纳了多国的不同文化，遂构成别具一格的本土文化。以饮食烹调为例，印度在与各国饮食文化的交流中，创制出了独特的烹调风格，因此享誉全球。据悉，公元前326年，希腊和中东的食材及烹调技术给印度烹调带来了显著影响。到了16世纪，蒙兀儿人把肉类和米饭传入印度；葡萄牙君王在入侵印度时还带来了辣椒，于是，辣椒成为印度主要的香料和调味料。18—19世纪，英国商人前往印度进行贸易，并把酸甜酱（以水果、香料和醋混合而成）带入印度，酸甜酱进而成为印式调味品或伴食酱汁，其种类繁多，食味层出不穷，也成为印度菜的特色之一。

早期印度菜肴的烹调主要以保存食物为出发点，因此人们研制出了多款泡菜。后来，食材的品种多了，除了保存问题，还要顾及食物的营养，于是人们将香料研碎做成酱汁来搭配其他食材，创造出一道道精致又可口的印度菜肴。一桌典型的印度餐包括肉类、海鲜，同时还会附带1~2道蔬菜、豆类、面包或米饭、乳酪或乳酪酱汁，有时还会添上一些凉拌菜、泡菜和腌菜。通常，北方地区会选用面包搭配，南方地区则会以米饭搭配。

除了印度以外，南亚饮食文化区还包括南亚的巴基斯坦、孟加拉国、斯里兰卡、尼泊尔等国。虽然巴基斯坦、孟加拉国是以穆斯林为主的国家，但其饮食风味极具南亚特色。这一饮食文化区影响了大约19亿人。

4.1.3 中东饮食文化区

中东饮食文化区的饮食文明有1300多年的发展历程。中东饮食文化区诞生于阿拉伯半岛，是基于宗教信仰而构成的饮食文化区域，主要包括西亚、北非地区。由于中亚五国及高加索地区的阿塞拜疆也信奉伊斯兰教，而且这些地区在地理上相互连成一片，因此将这些地区也归于中东饮食文化区。

据统计，截至2023年，全球大约有20亿人信奉伊斯兰教，主要分布在亚洲、非洲等地区。表4-1列举了57个伊斯兰合作组织成员国。

表 4-1 伊斯兰合作组织成员国

区域		阿拉伯国家（22个）	非阿拉伯国家（35个）
亚洲（27个）	西亚	科威特、伊拉克、叙利亚、黎巴嫩、巴勒斯坦、约旦、沙特阿拉伯、也门、阿曼、阿联酋、卡塔尔、巴林	土耳其、阿塞拜疆、伊朗、阿富汗
	中亚		哈萨克斯坦、乌兹别克斯坦、土库曼斯坦、吉尔吉斯斯坦、塔吉克斯坦
	南亚		巴基斯坦、孟加拉国、马尔代夫
	东南亚		印度尼西亚、马来西亚、文莱
非洲（27个）	北非	埃及、苏丹、利比亚、突尼斯、阿尔及利亚、摩洛哥	
	东非	索马里、吉布提、科摩罗	乌干达
	中非		乍得、加蓬、喀麦隆
	西非	毛里塔尼亚	塞内加尔、冈比亚、几内亚、塞拉利昂、马里、尼日尔、尼日利亚、贝宁、布基纳法索、几内亚比绍、科特迪瓦、多哥
	南非		莫桑比克
欧洲（1个）			阿尔巴尼亚
南美洲（2个）			苏里南、圭亚那

中东饮食文化主要植根于农业、林业、畜牧业、渔业相结合的经济，植物性食物与动物性食物并重，膳食结构较为均衡，羊肉在肉类食品中所占的比例较高，人们普遍重视面粉、杂粮、土豆等主食和乳品、茶、果汁等软饮料，喜爱可以增香的调味料和野菜。图 4-1 所示为埃及贝都因人在制作传统食物。

图 4-1　埃及贝都因人在制作传统食物

中东饮食文化区的人们最喜爱的肉类是羊肉，特别是仔羊。在调味料方面，奶酪和橄榄油是不可或缺的，此外，人们也大量使用辣椒、胡椒和丁香等味道强烈的香料。他们习惯于席地围坐，铺白布抓食，辅以餐刀片割，待客情意真挚。

中东饮食文化受伊斯兰教和古犹太教《膳食法令》的影响较深，人们在选择食材、调理菜点和进食宴客时都严格遵循《古兰经》的规定，"忌血生，戒外荤""过斋月"，特别讲究膳食卫生，食风严肃，食礼端庄。这一饮食文化区影响了大约6亿人。

4.1.4　西方饮食文化区

西方饮食文化区的饮食文明有4000多年的发展历程，在希腊、古罗马文明的基础上，经过文艺复兴、地理大发现、工业革命的洗礼发展而来。欧洲人在地理大发现时代后向美洲、大洋洲移民，其中北美、大洋洲较多地保留有欧洲饮食文化的基因。从饮食文化的角度看，虽然这些地区在地理位置上相隔万里，但饮食文化相近，因此，欧洲、北美、大洋洲可算作西方饮食文化区。

西方饮食文化主要植根于畜牧业、渔业经济，以肉、奶、禽、蛋等动物性食物为基础，膳食结构中主食与副食的界限不分明，牛肉在肉类食品中所占的比例较高，人们普遍重视黑面包、海水鱼、巧克力、奶酪、咖啡与名贵果蔬，在酒水的调制与品尝上有一套完整的规程。

西方饮食文化区最重要的食材是肉类与乳制品，大部分烹饪方法都和这两种食材有关。食材的处理方式以容易保存为最重要的考量，许多食材都经过熬煮或盐渍。欧洲人特别喜爱香料，甚至被称为"用鼻子吃饭"。但其实他们也喜欢清淡的食物，因此有生食蔬菜搭配沙拉的做法。

西方饮食文化受天主教、东正教、耶稣教和一些其他新教的影响较深，有中世纪文艺复兴时代的宫廷饮膳文化遗存；重视运用现代科学技术，不断研制新食材、新炊具和新工艺，强调营养卫生，是欧洲现代工业文明的产物；注重宴饮格调和社交礼仪，酒水与菜点配套规范，习惯于长方桌分餐制，叉食，餐室富丽，餐具华美，进餐气氛温馨。

西方饮食文化区主要分布在欧洲、北美和大洋洲。西欧、南欧、北欧、中欧、东欧风格不同，北美和大洋洲也有不同于欧洲的特点，目前以法国、意大利、美国最具影响力。这一饮食文化区共影响了60多个国家和地区的约14亿人口。

4.1.5　拉美饮食文化区

从地理的角度，美洲以巴拿马运河为界，分为北美洲和南美洲；从文化的角度，加拿大、美国、格陵兰岛为北美洲，从墨西哥开始的美国以南地区统称为"拉丁美洲"（简称"拉美"）；从语言的角度，西班牙语在拉丁美洲占统治地位（巴西人主要讲葡萄牙语，讲其他语言的人口很少）。由于整个地区都隶属拉丁语族（罗曼语族），因此美国以南的众多国家被称为"拉美国家"。拉美饮食文化区的饮食文化来自其他饮食文化区的饮食文化和本土印第安饮食文化的融合。

玉米是拉美饮食文化区的传统主粮，各地区都可以用玉米做出各种食物。拉美地区有许多在地理大发现时代后传遍世界的食材，如辣椒、番茄、马铃薯、南瓜、红薯、牛油果、香草、Loroco菜等。这些原产于中美洲的食材可以按照我们的熟悉程度被大致分为三类：第一类食材是我们极其熟悉的，比如玉米、番茄、南瓜、辣椒等，从明代引入后便在我国大量种植，成为我们生活中不可缺少的食材。但它们离开本土之后，食用方法也在一定程度上发生了变化。例如，辣椒作为玛雅贵族才能享用的珍贵调味料，到了我国却成为西南地区大众菜肴的必备元素。第二类食材是到了近些年才随着拉美饮食文化的渗入，逐渐被大众所接受的，比如香草、牛油果、可可等。第三类食材是我们极少遇到的，例如Loroco菜，直到现在，其食用范围也基本仅限于当地。同是拉美地区的本土食材，却因各种原因，在向外传播、被外界接纳的时间，对外界的影响程度以及食材的做法上都存在极大的不同。

拉美饮食文化以墨西哥、巴西最具代表性，共影响了拉丁美洲30多个国家和地区的约6亿人口。

4.1.6　非洲饮食文化区

非洲饮食文化区是指撒哈拉沙漠以南的非洲地区，在当地居民中，黑色人种占绝大部分。其历史文化的发展与撒哈拉沙漠以北的阿拉伯人和柏柏尔人不同。撒哈拉沙漠以南的非洲文明开始于埃塞俄比亚，3—4世纪的阿克苏姆王国曾强盛一时，但16世纪后，随着欧洲殖民者的入侵而衰落。由于历史资料的缺乏和近代食物的变迁，加上非洲各地的文化差异较大，我们只能对现代的饮食文化进行考察。15—18世纪，葡萄牙人将美洲作物传到非洲东部和中部，改变了非洲人原有的饮食结构。由于抛弃原有饮食结构而过度依赖外来作物带来的营养，非洲多年来一直处于饥荒的边缘，更多的人因此营养不良。

非洲饮食文化以肯尼亚、埃塞俄比亚、南非为代表，共影响了非洲40多个国家和地区的约12亿人口。

4.2　中国饮食文化区域概述

在中国饮食文化区域的划分上，通常采用南北方的划分法。而东西部地区除了经济发展程度不同外，在文化上也有显著的差异。事实上，与南方各地区相比，东北、华北、西北地区在饮食文化上更为接近；而东南、华南、西南地区各自的饮食特点则更为明显。为了便于讲述，我们把中国饮食文化区域划分为北方、东部、南方、西部四大区域。

4.2.1　北方饮食区

北方饮食区包括华北地区的北京、天津、河北、山西、内蒙古，东北地区的辽宁、吉林、黑龙江，山东、河南在习惯上也包含在北方饮食区内，总人口约4.5亿。这一地区的主粮在古代以粟、黍为主，后来由小麦占据主要地位。北方饮食区的瓜果蔬菜丰富，食材品种齐全，风味不一。北方相对寒冷，传统上冬季的副食品种较少，但改革开放后，物流日渐发达，冬季缺菜的局面得到根本性扭转。在历史上，北方少数民族对北方饮食区的饮食文化产生了较大的影响。此外，随着元明清政治中心的北移，南方的饮食文化尤其是东部饮食区的饮食文化也对北方饮食文化产生了较大的影响。尽管北方产茶区域较少，但仍有知名茶品产出，如"中国十大名茶"之一的信阳毛尖，以及中国最北的产茶地——青岛盛产的崂山茶。北方饮食区的白酒以清香型、浓香型为主，汾酒、宝丰酒、宋河粮液、二锅头在北方都深受欢迎。

北方饮食区兼具庄重大方和粗犷味厚的饮食风格，炖、烧、煮等长时间加热以保温的菜肴相对较多，菜中不喜放糖，咸味较重，常用醋来中和味道，调味喜用芥末。图4-2所示为传统的全聚德烤鸭。

图 4-2 传统的全聚德烤鸭

北方饮食区在历史上以北京、洛阳、开封饮食风味为代表，在当代则以北京为中心，以山东、河南、辽宁为次中心，影响周边其他地区。但在北方饮食共有的基础上，每个区域都有自己鲜明的特色。

4.2.2 东部饮食区

东部饮食区包括长江三角洲地区和闽台地区，即上海、江苏、浙江、安徽、福建和台湾，总人口约3亿。这一地区的主粮自古以来就以水稻为主，水产品丰富，各种副食品相对较多，尤其是唐宋以后，这一地区经济发达，呈现出明显的"饭稻鱼羹"的膳食结构。这一地区是生产茶叶的著名地区之一，"中国十大名茶"中的西湖龙井、洞庭碧螺春、黄山毛峰、祁门红茶、六安瓜片、武夷岩茶、安溪铁观音均产于此。在中国传统的黄酒中，产自绍兴的绍酒最负盛名。苏北、皖北、皖中地区以出产浓香型白酒而著称，其中古井贡酒、洋河大曲是这类浓香型白酒中的佼佼者。

东部饮食区总体具有精细柔和的饮食风格。这种具有独特风格的饮食文化形成于魏晋南北朝时期，当地"饭稻鱼羹"的饮食习俗融合了由中原南下的饮食精粹。例如，北方的粮食作物大量向江南引种，但只有小麦得到普及，因为精米白面更符合江南人的饮食习惯。东部饮食区精细柔和的饮食风格在盛唐经济繁荣时期已经初步形成。此后，随着宋室南迁，东部饮食区的饮食文化也随之兴盛发展，并达到了历史的新高，追求精细成为风尚。

东部饮食区的菜肴、面点，在造型上追求精致、在刀功上讲究精细、在分量上注意小巧，以不使食客生厌；在火候上重视控制温度，喜用炖、煨、焖、煮等文火缓慢致熟的方法，追求滋味鲜美和便于咀嚼；在调味技术上讲究多种调味料搭配使用，追求柔和而不尚浓烈。这些特色和风格一直流传至今。

东部饮食区在历史上以扬州、苏州、杭州饮食风味为代表，在当代则以上海、苏州、无锡、杭州、宁波为中心，影响周边其他地区。

4.2.3 南方饮食区

南方饮食区包括江西、湖南、湖北、广东、广西、香港、澳门和海南，总人口约3.5亿。这一地区在历史上的发展差异较大，湖南、湖北发展得较为充分，成为著名的"鱼米之乡"；广东、广西地处偏远，近代以来借助对外开放的先机，在借鉴外国饮食文化的基础上，发展出用料广博、选料精细、技法多样、风味清鲜的饮食风格。

南方饮食区出产了君山银针、凤凰单丛、英德红茶等名茶。其中，"潮汕工夫茶"这一独特的饮茶方式将南方茶文化体现得淋漓尽致。这一地区既有黄鹤楼酒、武陵酒这样的传统名酒，也有劲酒这样的后起之秀，还有九江双蒸酒、桂林三花酒这样的地方名牌。

江西、湖南、湖北地处长江中游，当地食材以河鲜为主，擅长蒸、煨、烧、炒等烹饪方法，以鲜味为本、以辣味为魂，呈现出中庸兼容、刚柔相济的饮食风格。而广东、广西濒临南海，饮食上具有浓郁的海洋文化特色。

南方饮食区在历史上以武汉、长沙饮食风味为代表，在当代则以广州-香港、武汉-长沙为中心，影响南方广大地区。清鲜和香辣在南方饮食区里和谐相处，互有所长。

4.2.4 西部饮食区

西部饮食区包括西南地区的重庆、四川、云南、贵州、西藏，西北地区的陕西、甘肃、青海、宁夏、新疆，总人口约3亿。这一饮食区地域广阔，人口相对较少，既有各民族杂处的地区，也有少数民族相对集中的地区，在文化上各具鲜明特色。

西部饮食区是中国茶的故乡，出产了都匀毛尖、普洱、蒙顶黄芽等名茶。这一地区更是好酒辈出的地方，贵州茅台、五粮液、泸州老窖特曲、全兴大曲、水井坊、西凤、伊犁特曲等名酒占据了中国白酒的"半壁江山"。

在饮食风味上，四川、重庆、云南、贵州更为接近，人们大都喜辣。陕西、甘肃继承古老的秦腔，历经2000多年仍具有鲜明的特色。西藏、青海具有藏族风味，宁夏回族风味突出，新疆的维吾尔族饮食也十分独特。

西部饮食区以多元文化见长。成都、西安在西南、西北地区的饮食地位不可撼动。

鱼香肉丝、麻婆豆腐等经典川菜和凉面皮、肉夹馍等陕味小吃对全国饮食文化产生了深远的影响。

4.3 菜系

菜系是指菜肴在选料、切配、烹饪等技艺方面，经长期演变而自成体系，具有鲜明的地方风味特色，并为社会所公认的菜肴流派。菜系由一个区域中的多个地方菜组成，能够充分体现该区域的饮食文化。

4.3.1 菜系的由来

1. 帮

鸦片战争后，上海被开辟为通商口岸，开始了其近代化、现代化的历程。上海附近乃至全国的劳动力涌向上海，在信用体系尚未建成以前，只有同乡人结成"联盟"，才能在城市立足。一批带着家乡风味，从老板到厨师、伙计都是同乡人，专为"乡亲"提供饮食的餐饮店在上海出现，一时间，餐馆里都是别人听不懂的乡音。最初，大家以地名来命名那些具有地方风味的餐馆。晚清小说《孽海花》在提到上海的餐馆时写道："京菜有同兴、同新，徽菜也有新新楼、复新园。"偶尔，有人用传统的"帮派"文化来称呼这些餐馆，苏州人开的餐馆叫"苏帮"，杭州人开的餐馆叫"杭帮"，扬州人开的餐馆叫"淮扬帮"……上海本地人开的餐馆则被称为"本帮"。久而久之，本帮这个"自称"竟成了"专称"，即不管哪里说"本帮菜"，都是指上海菜。图4-3所示为上海本帮菜馆。

图4-3 上海本帮菜馆

2. 菜系

1975—1982年，中国财政经济出版社出版了一套《中国菜谱》丛书，其中最早出版的《北京》一书中曾提到"由本地风味和原山东风味构成的北京菜系",这是"菜系"一词首次出现。在陆续出版的《广东》《浙江》《安徽》《山东》《湖北》《上海》《江苏》《湖南》《四川》《陕西》《福建》这11本书里,没有自称菜系的有湖北、上海、陕西和福建四地。1980年,第5期《财贸战线报》刊登了汪绍铨的文章《我国的八大菜系》,文章中写道:"全国声望较高的菜系有山东、四川、江苏、浙江、广东、湖南、福建、安徽八地,统称为八大菜系。"① 尽管后来有各种各样的叫法,但最终固定下来为人所熟知的就是这八个。

实际上,八大菜系的划分是从民国时期上海餐饮业的视角出发的。改革开放前,社会经济生活发展很慢,几乎停滞不前,人们还在以老思想、老观念来看待问题。

民国时期,上海餐饮业繁盛,各地风味层出不穷,至少有京、津、豫、广、川、扬、苏、锡、宁、甬、绍、杭、闽、徽、潮、湘,以及本地菜。为什么菜式更多、局部影响更大的湖北菜和陕西菜却不见踪影呢?这是因为在民国时期,武汉的工业规模仅次于上海,需要从周边吸收大量的产业工人,湖北人不需要舍近求远去上海,上海的餐馆就缺少了湖北菜的一席之地。而陕西人口较少,加上从汉江到武汉更近,相比之下到上海的群体小,因此陕西菜也未能在上海落户。八大菜系是从餐饮业的角度去看的,因此有局限性。但经媒体宣传,已使大众形成集体认同,成为常识。

4.3.2 四大菜系与八大菜系

1. 四大菜系

1984年,张舟在第5期《中国烹饪》杂志上发表了文章《试论中国的"菜系"》,文中认为:"我国菜系划分以四川、广东、江苏、山东四大菜系之说较妥。……就鲁、川、粤、苏四大菜系而论,鲁菜的范围除山东外,还有华北平原、京津地区、东北三省以至晋陕都是山东菜的口味和食俗的地域,成为北方菜的主干。川菜则是以天府之国为中心扩展至长江上中游、两湖、云贵一带的广大地区。粤菜主要是珠江流域,闽桂也都受其影响。苏菜又叫淮扬菜,为淮河、长江下游的广大地区,以及沪、杭、宁等城市亦均属这一范围。当然这只是概略地划分,接壤地区有些是相交叉的。"② 四大菜系有其合理性。美国人类学家尤金·安德森提出,对于中国饮食区域的划分,较合理的方式是先将北方(小麦和混合谷物的区域)与中部以及南方的稻作区域分离开来,北方作为一个单一的整体,南方则分为三个部分,即东部、西部和南部。这种划分方式与四大菜系说不谋而合——山东菜代表北方,江苏菜代表南方的东部、广东菜代表南方的南部,而四川菜则代表南方的西部。从饮食区的角度看,这四者是各自所在饮食区的领军风味。因此,四大菜系被提出后,直接否定的意见较少,就是因为他们所代表的地区较为平衡,易为各方所接受。

---

① 汪绍铨:《我国的八大菜系》,《财贸战线报》1980年第5期。
② 张舟:《试论中国的"菜系"》,《中国烹饪》1984年第5期。

2. 八大菜系

八大菜系是在山东、江苏、广东、四川四大风味的基础上，另外加上浙江、福建、安徽、湖南四地的风味以后形成的。

"菜系"一词产生于20世纪70年代，被广泛使用是在80年代，到现在已经约定俗成，即菜系是一个区域（通常指一个省）的餐饮样式。我们会说麻婆豆腐、担担面是川菜系的，但很难说雨水节气里出嫁的女儿带上罐罐肉回娘家拜望父母属于川菜系。简单来说，菜系就是某一区域菜肴、小吃等风味的集合，属于餐饮领域的文化范畴。

这样来看，即便以省级行政区划来区分，我国也有包括港、澳、台在内的34个菜系。在已经基本解决温饱问题的当今社会，各省份的餐饮业仍旧是本地区最活跃、最引人注目的行业之一。

这里有一个特例要解释，我们现在讲到八大菜系的徽菜时，指的是安徽省整体的饮食风味，但在"徽帮菜"（也简称"徽菜"）的语境下，指的则是徽州地方的饮食风味，即如今的安徽省黄山市、江西省婺源县、安徽省绩溪县等地方风味。

菜系的形成和发展能够反映出一个地方民族文化的传统，是当地饮食文化的结晶。在研究菜系时，除了要关注菜系的分类及特征，还要注意发掘菜系的文化意义、族群认同意义、饮食变迁所反映出来的文化变迁以及族群的文化适应等。比如，要对满汉全席或客家大盆菜进行研究，就要突出其族群认同的意义，并在此基础上解释其发展和创新的过程。

同步练习

一、判断题

1. 就像"本人"是指说话者自己，"本帮菜"是指说话者所在区域的饮食。（　　）
2. 江西菜不在八大菜系之列，江西没有自己的菜系。（　　）

二、单项选择题

1. 在口味上对"鲜味"有独特追求的是（　　）。
   A. 中国　　　　B. 印度　　　　C. 土耳其　　　　D. 法国
2. 玉米是（　　）饮食文化区的传统主粮。
   A. 南亚　　　　B. 中东　　　　C. 拉美　　　　D. 非洲
3. 九江双蒸酒产自（　　）。
   A. 江西　　　　B. 广东　　　　C. 贵州　　　　D. 四川

三、多项选择题

1. 西方饮食文化区的主要区域在（　　）。
   A. 欧洲　　　B. 日本　　　C. 北美洲　　　D. 拉丁美洲　　　E. 大洋洲
2. 东部饮食区出产的名茶有（　　）。
   A. 西湖龙井　　B. 洞庭碧螺春　　C. 安溪铁观音　　D. 都匀毛尖　　E. 普洱

四、简答题

1. 全球共被分为哪 6 个饮食文化区？分别包含哪些地理区域？分别影响多少人口？
2. 人们通常所说的八大菜系是指哪几个？

五、体验题

在微信朋友圈晒美食已是一种时尚。你用手机拍美食的技术好吗？上网学习为美食拍美照的技术，在适当的时候发一组学校食堂美食九宫格吧！

第 4 讲　同步练习答案

甜咸之争

我国幅员辽阔、地大物博，不同地域之间存在着千奇百怪的文化差异，而其中最被人津津乐道的当数南北两派的"甜咸之争"了。如今，随着信息的膨胀和生活水平的日益提高，"甜咸之争"的战场转移到了互联网上，并引发了网友们的讨论热潮，这些食物到底是吃咸还是吃甜，甜咸两派各不相让。

豆腐脑的"甜咸之争"由来已久，甜派看到咸豆腐脑大呼可怕，而咸派看到甜豆腐脑也是难以下咽，一时间，关于豆腐脑应该淋糖浆还是浇酱汁的话题成为众人争论的焦点。

甜咸两派对于粽子的争论一点也不比豆腐脑少。一方是以北京粽子为代表的甜派粽子，个大米足，配以红枣、豆沙、葡萄干等，黏韧甜香，别具风味；另一方是以嘉兴粽子为代表的咸派粽子，小巧精致，配以五花肉、咸蛋黄、虾米等，口味咸鲜，回味无穷。

关于西红柿炒鸡蛋的"甜咸之争"，甚至同一地区的人的看法都不尽相同。甜派认为在这道菜中加入糖，可以很好地中和西红柿的酸味，让整盘菜口感更好，甜而不腻，香甜可口；而咸派则认为在西红柿炒鸡蛋中加糖，完全破坏了这道菜本身的口感，稍显腻，口感怪，还是咸口的西红柿炒鸡蛋更美味。

一方水土养一方人，饮食习惯和口味追求在很大程度上都会受到当地文化、气候等方面的影响，存在即合理，哪一种都无可厚非。"甜咸之争"，你站哪一派呢？

第5讲 东亚、东南亚饮食特色

东亚和东南亚属于东方饮食文化区。东亚包括中国、蒙古、朝鲜、韩国和日本五国，东南亚包括越南、老挝、柬埔寨、泰国、缅甸、新加坡、马来西亚、文莱、印度尼西亚、东帝汶和菲律宾等国。本讲综合人口、经济、文化特色、国际影响等多方面的因素，选择具有代表性的国家，介绍其饮食特色。

5.1 东亚饮食：蒙古、韩国

5.1.1 蒙古饮食

蒙古位于中国和俄罗斯之间，是被两国包围的一个内陆国家，国土面积约156.65万平方千米，人口约332.9万人（2021年），是世界上人口密度最小的国家。蒙古的可耕地较少，大部分国土被草原覆盖，北部和西部多山脉，南部为戈壁沙漠。蒙古约30%的人口从事游牧或半游牧，其首都乌兰巴托的常住人口占全国总人口的45%左右。

蒙古人的饮食和我国蒙古族相似，主要以奶类食品与肉类食品为主。

1. 奶类食品

蒙古人习惯把奶类食品称为"白食"，蒙古语称"察干伊德"，意为"圣洁、纯净的食品"。可饮用的奶类食品有鲜奶、酸奶、奶酒等。除食用最常见的牛奶外，他们还食用羊奶、马奶、鹿奶和骆驼奶，其中少部分作为鲜奶饮用，大部分被加工成奶制品。当地的奶制品种类繁多、味道鲜美、营养丰富，是食品中的上品，被称为"百食之长"，无论是居家餐饮、宴宾待客，还是敬奉祖先神灵，都是不可缺少的。因地区不同，其品种和制作方法也不尽相同，主要有奶皮子、奶油、奶酪、奶豆腐等。

2. 肉类食品

蒙古人习惯把肉类食品称为"红食"，蒙古语称"乌兰伊德"。蒙古人食用的肉类主要是牛肉、绵羊肉，其次为山羊肉、少量的马肉和骆驼肉，在狩猎季节也捕获少量的黄羊肉来食用。羊肉常见的传统食用方法就有全羊宴、嫩皮整羊宴、烤羊、烤羊心、炒羊肚、羊脑烩菜等70多种，其中最具特色的是烤全羊（剥皮烤）和炉烤带皮整羊，最常见的是手把肉。手把肉是蒙古人传统的食肉方法之一，其做法是将鲜嫩的绵羊剥皮，去内脏，洗净，去头蹄，再将整羊切成若干大块，放入清水锅中白煮，待水滚肉熟即取出，置于大盘中上桌，大家各执蒙古刀大块大块地割肉食用。斟酒敬客、吃手把肉是草原牧人表达对客人敬重和爱戴之情的传统方式。当客人踏上草原，走进蒙古包后，热情好客的蒙古人便会将美酒斟在银碗或杯中，托在长长的哈达上，唱起动人的敬酒歌，款待远方的贵客。这时，客人应随即接过酒杯，能饮则饮，不能饮则品尝少许，便可将酒杯归还主人。若是不喝酒，就会被认为是对主人不尊重，不愿以诚相待。主人的满腔热情常常使客人产生难别之情、眷恋之感。

5.1.2　韩国饮食

韩国位于东亚朝鲜半岛南部，总面积约10.329万平方千米，总人口约5174.5万（2021年）。韩国菜肴以"五色"即青、黄、红、白、黑为主色，以"五味"即甜、辣、咸、苦、酸为味道组合的基础，又以"五辣"即韭菜、大蒜、山蒜、姜、葱为香辣的来源，辣椒和胡椒仅用来提鲜和增辣。韩国菜采用山川野菜或是海滨鲜食入馔，并以五谷为主食，利用色调取悦食客，辅以鲜辣味道引发食欲，再配以特色酱料增加食味。

1. 韩国饮食特色

（1）"药食同源"的饮食理念。

韩国人深受儒家思想熏陶，继而引申出"吃是五福之一，吃是健康之本"的饮食之道。所谓"五福"即长寿、富裕、健康、德性美好、儿孙满堂。加上韩国人推崇健康为首，所以韩国菜将"药食同源"和"药念"标榜为做菜要旨。"药食同源"即在菜肴中广泛运用药材，诸如人参、红枣、枸杞、薏苡、生姜和桂皮等，具有强身健体的滋补作用和固本培元的功效。每逢三伏天，韩国各地的参鸡汤店都大排长龙，人们为了喝一碗参鸡汤，有时要等上一两个小时。

（2）"身土不二"的饮食理念。

"身土不二"是韩国独有的饮食理念，出自16世纪末朝鲜王朝的名医许浚所撰的《东医宝鉴》一书，意思是说身体和出生的土地合二为一，即在自己出生、长大的地方产出的东西最适合自己的体质。韩国人认为，只有韩国土地上出产的食物最适合韩国人，政府为保护农民的利益，也乐意强化这种观念。在韩国市场上，韩国原产的农副产品的价格要比进口的农副产品的价格贵得多。标有"身土不二"字样的食物（如图5-1所示），即表明是韩国本地所产的食物。

（3）花彩。

韩国菜的花彩是指用红、白、黄、青、黑等自然色调作为装饰，如将鸡蛋丝、芹菜粒、葱丝、银杏、松子仁、辣椒丝或黑芝麻撒在食物上，美化佳肴。花彩采用相关辅料堆砌，只作点缀，不会喧宾夺主，突出了韩国菜粗中带细、自然纯朴的田园风味。

（4）酱料。

韩国是半岛国家，四季分明，那里的冬天寒冷，不宜种菜，所以韩国人很早便懂得利用天然环境和发酵技术来保存食品，酱料便是善用发酵技术的产物。属于传统酱料之一的黄酱（当地的基本调味料）即利用黄豆发酵而成，有点像中国面酱或日本味噌；泡菜酱则是腌菜、肉食或海鲜的常用酱；腌鱼酱或腌鱼虾酱也独具风味。酱料是韩国饮食特色的标记。

图 5-1　韩国市场上标有"身土不二"字样的食物

2. 韩国特色饮食

（1）泡菜。

每当提起泡菜时，很多人便联想起颜色鲜艳的辣椒酱和非常美味的韩国泡菜。在每年的 11 月时，韩国的大街小巷随处可见泡菜配料，以及妇女们一起制作泡菜的情景。由于制作泡菜的材料、方法及种类繁多，加上制作费用较高、制作程序烦琐，所以妇女们总爱一起制作，以减轻成本，亦可分享不同味道的泡菜。此外，韩国"男主外、女主内"的思想犹存，所以家庭主妇大多擅长腌制泡菜。韩国泡菜种类繁多，主料不一定局限于大白菜，也可选用其他蔬菜腌制，小黄瓜就是一种不错的美味选择。嫩绿的小黄瓜入口清爽，脆嫩无渣，以特色泡菜汁腌制，有增进食欲的效果。

（2）火锅。

在忙碌的日子里，火锅是一道方便料理，不需要高超的烹调技巧，食材种类颇多，调味甚具特色，千变万化。家的味道注重温馨融洽，火锅在煮沸时也给予人这种感觉，牛肉火锅没有辛辣味，自然香味浓郁，令人陶醉。在漫天风雪的天气，韩国人大多以各式各样的火锅来作为膳食。泡菜猪肉火锅中，泡菜嫣红，猪肉嫩滑，配上被韩国人称为"五辣"之一的韭菜，三者共同构成了这道地道的特色风味菜，也是冬日驱寒的佳肴。韩国人吃火锅不分季节，即使在酷热的天气下，仍会一家大小围在锅边，一面挥汗，一面享用辛辣的火锅。韩国的庆尚道、全罗道、济州道和江原道的岭东海岸一带盛产海产，海鲜火锅颇为流行。

（3）石锅饭。

石锅饭是在特制的石头锅里做出的米饭，也有二米饭、豆饭，所有用于制作石锅饭的米都是上等的米，并且要经过 10 个小时的浸泡才能煮饭。做好的石锅饭具有松软和香气浓郁的特点，明显区别于电饭锅和普通铁锅做出的饭，锅底有一层锅巴，别有一番风味。在石锅饭上盖上黄豆芽等蔬菜，肉和鸡蛋等配料，盛在滚烫的石碗内，加入适量的辣椒酱后，搅拌而食，这就是韩国料理中的石锅饭。食用之前，用汤匙轻轻挑破蛋黄，让未凝固的蛋黄流出来，与热热的米饭和配料搅拌在一起，十分美味。

（4）韩国烤肉。

韩国烤肉是韩国料理中的一道大菜。韩国烤肉主要以牛肉为主，如牛里脊、牛排、牛舌、牛腰等。还有海鲜、生鱼片等都是韩国烧烤的美味，但是烤牛里脊和烤牛排最有名，因为其肉质最鲜美爽嫩。韩国烤肉的吃法很特别，通常是在手里摊开生菜叶，也可以重叠地铺上苏子叶，夹一块烤肉，抹一点韩国的辣酱，也可以随意地放上泡菜和米饭，最后收拢菜叶，裹成一团即可食用。生菜叶或苏子叶的清爽、烤肉和着辣酱等调味料的浓香，使人们尽情享受美食带来的快感。

5.2 东亚饮食：日本

日本是一个位于太平洋西岸的岛国，是高度发达的资本主义国家。日本的领土由北海道、本州、四国、九州4个大岛及6800多个小岛组成，总面积约37.8万平方千米。其主体民族为大和民族，总人口约1.26亿（2021年）。

5.2.1 日本饮食概说

日本属于岛国，地理环境特别，各地区因气候不同而物产收成、风俗和食味各异，这也反映在个别地区的料理中。传统的日本料理依照口味差别可分为关东料理和关西料理。关东料理以东京地区为主，口味尚浓，加上当地水质偏硬，故喜配酱油来突显菜式风味，酱油味更是成为关东料理的主流风味之一。关西料理泛指京都、大阪一带的料理，口味偏好清淡、甘甜，这与其水质偏软有关。薄盐和昆布能引出水的甘甜味道，故关西料理便以盐味为主。由于关西的地理环境占优，好水能制造出美酒和优质酱汁，丰富菜式食味，因此，关西料理在日本占有重要位置。

除了关东料理和关西料理外，还有独具特色的各式乡土料理。例如，北海道的石狩锅、福井的蟹料理、青森的粕渍、信州的荞麦蒸、熊本的马肉刺身等，皆是兼具地方特色的风味美食。

现今社会交通发达，物流迅速，使传统的乡土料理得以突破区域界限，采用不同食材入馔。这样一来，除了能够保留原有菜式特色，多种多样的四季食材还能让菜式食味更显优雅和创意。日本人除了极力保存传统文化外，还秉持对事物专注的精神和严谨的专业态度。当他们把精力投入饮食业时，便催生出各具特色的食物专门店或餐厅，如鳗鱼炭烧店、烧鸟店、居酒屋、酥炸专门店、怀石料理店、寿司屋、铁板烧餐厅和河豚专门店等。

5.2.2 怀石料理

6世纪上半叶，佛教传入日本。到了16世纪，京都贵族喜供养禅师，当时，日本著名政治家丰臣秀吉对禅师千利休倡导的茶艺甚为推崇,尝茶听道的风气开始逐渐盛行。长时间听禅又空腹喝茶会引起肠胃不适,所以要在习茶道前进食一点清淡精致的料理,以避免肠胃受损,因而衍生出"茶怀石"。所谓"怀石"乃指古时禅师进行断食时,怀抱已烧热的石头暖腹,以抵挡饥寒之苦。鉴于贵族们尊敬自然的料理,尝茶听道已成为上层人士的社交联谊活动,加上京都一带是寺庙的发源地,僧侣众多,以精致的素菜料理为主,因此,"茶怀石"发展至后期成为京都的主流料理,故又称"京料理"和"贵族料理"。

"茶怀石"具备"一汁三菜",以饭汤为主,后期富豪町人①加入四季食材,演变成"二汁五菜或七菜"的怀石料理(如图5-2所示),喜宴则可多至"三汁十一菜"。怀石料理以套餐形式出现,按上菜顺序依次编排为:先付(餐前小吃)、前菜(头盘)、吸物(汤)、刺身(生鱼片)、焚合(煮食)、烧物(烤类)、扬物(炸类)、酢物(酸食)、主食(饭品)、食事(泡菜)和甘味(甜品)等。由于怀石料理沿袭禅宗概念发展而成,烹调讲究自然原味,重视四季食材变化,所以在烹调手法及摆饰上都配合季节而变化,属于季节料理。

图 5-2 怀石料理

5.2.3 寿司

寿司是最具日本饮食文化特色的食物之一。制作时,把新鲜的海胆黄、鲍鱼、牡丹虾、扇贝、鲑鱼籽、鳕鱼鱼白、金枪鱼或三文鱼等海鲜切成片放在雪白香糯的饭团上,一揉一捏之后再抹上鲜绿的芥末酱,最后放到古色古香的瓷盘中。

寿司的日语发音为sushi,在日本古代写作"鮨"②,意思是利用鱼进行腌渍或发酵的食物。日本常说"有鱼的地方就有寿司",这种食物据说来源于亚热带沿海及海岛地区,

---

① 町人为日本江户时代对城市居民的称呼。
② "鮨"为日本汉字,非"鮨"的繁体字。

当地人发现，如果将煮熟的米饭放进干净的鱼膛内，积在坛中埋入地下，便可长期保存，而且食物还会由于发酵而产生一种微酸的鲜味，这也就是寿司的原型（即鲋寿司）。以前，由于生鱼不便保存，制作寿司主要用腌鱼。1924年以后，随着冷藏系统的建立，东京的寿司店首先将新鲜的生鱼放在两指大小的饭团上面，供食客直接食用。

米饭和海鲜的组合给了厨师更多创造的可能，其超低的热量、无火的生食方式、有机的食材、新鲜的味道以及精美的造型，使得寿司满足了人们的诸多需求。

5.2.4 面食

面食是日本人的主粮之一，最早起源于奈良时代，由中国传入的索饼演变而成。日本著名的面食以荞麦面和手拉面为首，前者从东部向西部伸展，后者由北部向下南移，而乌冬面则是西部著名的面食。值得一提的是，名古屋位于东西部之间，其著名的基子面是颇具创意的乡土食品。关西口味的素面以细而轻盈为特色，突出了清淡雅致的饮食风格。

通常情况下，吃饭的时候发出声音是极不礼貌的行为。但在日本，唯独吃面条的时候发出声音，并不算失礼的行为，日本习俗允许人们尽情地发出"吸溜"的声音，以宣泄和分享对美食的感受。

5.3 东南亚饮食：越南、泰国、新加坡

5.3.1 越南饮食

越南位于东南亚的中南半岛东部，与中国、老挝、柬埔寨接壤。越南地形狭长，南北长约1650千米，东西最窄处为50千米。越南国土面积约32.96万平方千米，人口约9847万（2022年），有54个民族，主体民族——京族占总人口的86%。

1. 越南饮食概说

越南是中国的邻国，在饮食上，越南吸收了不少中国广东、云南的饮食文化，烹饪方法与中国南方相似，以煎、烤、焖、蒸、炸、炒和炖为主。但越南饮食有着明显的特点：冷盘食物务求切配均匀，色泽调配得宜，食客上桌后用手把香叶撕碎，添加一点新鲜辣椒和青柠汁，再开始品尝，显示出亚热带生活模式中悠闲、富有情趣的一面。1858年，法国殖民者对越南发起武装侵略，越南南方受到法国饮食文化的影响较大。越南菜里的沙拉、扎肉、猪扒、茄汁焖牛肉、橙汁鸭等，都带有法国菜的影子与风格，法国长面包也成为越南南方日常饮食生活的一部分。时至今日，越南菜融合了中国菜和法国菜的影响，以其独特的东南亚特色而见长。

2. 越南河粉

越南河粉是以大米为原料，经过浸泡、蒸煮和压条等工序制成的条状、丝状的米制

品。越南河粉滑嫩爽口，食味细致，兼具弹性，洁白透明。此外，越南人熬汤的手法别具一格，以慢火小心烹煮，保持微滚状态，使汤底清澈，鲜味十足，不油不腻，魅力十足。

火车头河粉是越南河粉的代表。相传，以前的越南火车站总有河粉售卖，人们也习惯在上下车时吃上一碗河粉，久而久之，"火车头"就成了河粉的代名词。也有人说，"火车头"的由来是河粉的美味吸引人们竞相排队争抢购买，形成长长的一列队伍，就像一列火车，而河粉摊总是在"车头"的位置。火车头河粉口味清爽、酸辣咸鲜，混合着香草的味道，加上慢火细熬出来的高汤，非常诱人。

越南河粉的四要素是：汤头、河粉、牛肉、配菜。品尝时，先喝汤，顺便挤一颗青柠，在食用之前，切记不要把桌子上的两瓶酱料一起倒进碗里，否则可能会掩盖河粉本身的鲜美。一碗好汤必是由牛骨头熬制而成的，考究的店家会熬制五六个小时，可能这家店中烧制时间最长的菜肴就是这碗河粉汤，精华全在其中。佐越南河粉的酱料最好选择"是拉差辣椒酱"，把碗里的牛肉夹出来蘸着酱吃，味道极佳。

3. 越南春卷

越南人称春卷皮为"米纸"，将米粉、盐和水调成米浆，上笼蒸熟，随后放在竹笪架上晒干，即可得到米纸。在米纸上多见纵横交错的纹理，这就是竹笪上的网纹。经过处理后的米纸呈透明状，可蒸可炸。越南春卷与中国春卷的不同之处在于，一般做法会把米纸浸在水里使其变软，而地道的越南人则是在米纸表面刷一层椰浆来使其变软，因此吃起来伴有丝丝的椰香味。越式米纸经油炸后，质感薄而透明，入口香脆而且软滑细腻，加上利用生菜包裹而食，味道风格更见特色。

在越南，春卷的种类和做法十分多样，口味更是千变万化。所以，吃越南菜时点一份春卷绝对是不二之选。其中，一叶春卷和越南春卷都值得一试。前者以蔬菜为主，菜色鲜嫩，清新爽口；后者则是包裹着肉馅的，在制作时，通过火候的变化可以去除油腻，基本保持了越南菜清淡自然的口味。

5.3.2 泰国饮食

泰国位于中南半岛中部，东南临泰国湾（属太平洋），西南濒安达曼海（属印度洋），疆域沿克拉地峡向南延伸至马来半岛，其狭窄部分居印度洋与太平洋之间。泰国国土面积约51.31万平方千米，人口约6617万（2020年）。

1. 泰国饮食概说

泰国原名暹罗，含有"Land of smiles"之意，即笑容之地。由于泰国水道纵横，故有"东方威尼斯"的美誉。泰国是一个族群众多的国家，早在数千年前已有中国内地少数民族、寮（即老挝）人和高棉（即柬埔寨）人移居于此地；18世纪前，航海通商的中东人和印度人经过此地，并有一部分人留居在这里。由于移居泰国的人口来自世界各地，遂而形成多民族集聚却又能和谐相处的景象。此外，多民族聚居使人们能迅速吸收外来文化，加上当地人民多信奉佛教，故在社会观、建筑艺术与饮食文化方面形成了独特的风格——平和、活泼、不失庄严。

传统的泰式烹调采用炖煮、烧焗或烤焙等方法处理食物，后来受到中国人的影响，才引入炒和油炸的烹调方法。到了17世纪后期，泰国的烹调方法转而受到葡萄牙、荷兰、法国和日本的影响，烹调技术更上一层楼。

泰国人信奉佛教，故在饮食上尽量避免选用庞大的牲畜和家禽入馔，以将肉食切碎或撕碎的方式取代大块肉食，再配以新鲜香草，按照厨师的手艺心得、个人食味、节庆需要与水运生活作息编织成以酸、鲜、香、辣见称的独特菜肴。

此外，根据泰国厨师的解释，"放置在食盘中的食物，一切皆可食用"，泰国菜可以说是"色香味美"共冶一炉。值得一提的是，泰国菜的烹调哲学为取材自然朴实，风味原始，将传统酱料（如虾酱、鱼露、椰糖或蚝油等）加入菜肴中，即可轻松地把平常粗食变成人间极品，这也许就是泰国菜能成为世界著名美食的原因。总而言之，简单直接的烹调方法、取材自然的饮食理念，以及大量选用新鲜香草的独特做法，最能道出泰国菜的精要。

2. 泰国饮食特色

（1）强烈的南洋风格。

泰国菜在调味和取材上大胆创新，刺激味蕾，令人胃口大开，食盘上的食物往往夸张热闹，颜色艳丽抢眼，菜肴烹调风格简单，颇有椰林树影之姿，并将各式酱料和香料巧妙运用在菜肴上，令菜式突出。

（2）多种族文化构成食风大融合。

泰式美味兼具中国、缅甸、老挝、越南和马来西亚等料理手法，加上数千年来与中东、印度、西班牙及欧洲各国通商，造就了能接受和包容外国文化的饮食风格，形成了具有移民文化的饮食特质，从地方菜系迈向国际化。

（3）酱料文化。

公元1世纪时，印度人把佛教传入泰国，时至今日，几乎95%以上的泰国人都信奉佛教，所以他们会把信仰带入饮食里，不会让牲畜、生鱼以原形上桌，会先将其切碎再进行料理。酱料也因此成为从佛教概念中衍生出的产物，"酱料文化"成为泰国菜的标签。

（4）自然朴实的食材。

泰国菜口味复杂，多为复合味道，一般食味最少有3种，通常搭配从自然界中获取的各种食材入馔。虽然泰国菜的口味复杂，但烹调方法却十分简单，多以生吃、快炒、油炸、烤焗或炖煮等单一方法炮制菜式，故深受不懂烹调的年轻一族欢迎。

（5）随心所欲的饮食哲学。

泰国人天生淳朴，做事皆随心所欲，所以在享受美食时，传统的泰国人会席地而坐，以手取食，不会拘泥于世俗法规，只单纯讲究口味与食欲的满足，食法和烹调手法随意配合便可。

3. 冬阴功

冬阴功（如图5-3所示）是泰国和老挝的一道富有特色的酸辣口味汤品，在泰国非常普遍。"冬阴"是酸辣的意思，"功"是虾的意思，翻译过来就是酸辣虾汤。制作冬阴功的主要食材有柠檬叶、香茅、虾等。冬阴功在泰国的大小餐馆、普通人家中都十分常见，是泰国菜的代表之一。同时，它在其他东南亚国家（如马来西亚、新加坡、印度尼西亚）也是非常受欢迎的菜品。

冬阴功制作起来并不麻烦，但是要烹饪它，需要泰国特有的几种配料。最主要的一种配料是泰国柠檬，这是东南亚特有的调味水果。另一种配料是鱼露，这是一种像酱油一样的调味品，又称"鱼酱油"，是一种在中国广东、福建等地常见的调味品，是闽菜、潮州菜和东南亚料理中常用的水产调味品，原产自福建和广东潮汕等地，由早期的华侨传到越南以及其他东亚及东南亚国家。冬阴功里辣味的来源是泰国朝天椒，这种辣椒是世界上最辣的辣椒之一。其他调味料还有咖喱酱、虾酱、鱼酱等。这道汤集合了酸、辣、甜、咸和浓浓的香料味道，可以说是色味俱佳。

图 5-3　冬阴功

5.3.3　新加坡饮食

新加坡是毗邻马六甲海峡南口的一个岛国，除新加坡岛（占全国面积的 88.5%）之外，还包括周围 63 个小岛，国土面积约 733.2 平方千米，人口约 564 万（2022 年）。新加坡公民中，华人占总人口的 74% 左右，其余为马来人、印度人和其他种族。新加坡是全球人口密度最大的国家，也是海外华裔比例最高的国家。

1. 新加坡饮食概说

新加坡是一个美食天堂，多元的文化和丰富的历史使新加坡拥有了足以骄傲的美食。来自中国、印度、马来西亚等诸多国家的饮食文化在这个亚洲美食的大熔炉里火热碰撞、各显所长。

新加坡是一个多种族的国家，有华人、马来人、印度人、西欧人等，因此在新加坡旅行，最大的乐趣就是能遍尝各国风味。新加坡作为美食者的乐园，名不虚传。中国、马来西亚、印度、印度尼西亚等亚洲各国的名菜都汇集于此。久而久之，新加坡发展成了独特的亚洲美食代表。

当然，新加坡也有纯粹土生土长的当地菜，这就是由长住马来西亚、新加坡的华侨融合中国菜与马来菜所发展出来的家常菜，主要是中国菜与东南亚菜式风味的混合体，也称为"娘惹菜"。娘惹菜是新加坡饮食文化的代表。在马来西亚也能吃到很多的娘惹菜,如甜酱猪蹄、煎猪肉片、竹笋炖猪肉等。喜食甜品的人也可以在娘惹菜中找到知音,比如由香蕉叶、椰浆、香兰叶、糯米制成的娘惹糕。

2. 辣椒螃蟹

辣椒螃蟹是以辣椒、螃蟹为主要食材做成的一道菜品,是新加坡最著名的菜肴之一,这道菜是新加坡的国菜,也可称之为"国宝"。辣椒螃蟹其实并不是很辣,味道酸甜,甜中带辣,螃蟹更是保留了鲜嫩的特点。

据称,辣椒螃蟹是1956年由徐炎珍女士发明的。最初,她想做给挑嘴、爱吃的大夫和孩子吃,所以创新地加入小朋友爱吃的茄汁,在美食家丈夫林春义的建议下加入了少许辣椒,提升了口感。辣椒螃蟹的酱汁是这道菜的珍宝,整个酱汁既有中国潮汕、马来西亚、印度辛香料的"血统",又有西方番茄酱的"基因",并经过巧妙的融合而诞生。徐炎珍与丈夫林春义在新加坡东海岸八鲜海味中心开了一家海鲜摊档,打下了辣椒螃蟹的味道基础和群众基础。加入鸡蛋和参巴酱则是其他大厨对辣椒螃蟹调味的贡献。辣椒螃蟹的特点是用各种东南亚香料、辣椒、鸡蛋和番茄酱混合调味,酸甜香辣,配以壳薄肉厚的斯里兰卡大蟹。一只这样的大蟹至少要1千克,可供至少两个人食用,光是蟹腿和蟹钳就要啃上一段时间。据说摆盘也有讲究,比如招财进宝式,好看又吉利。吃的时候不能顾及礼仪,要捣碎蟹壳,吸吮鲜甜的蟹肉。炸得外脆里暄的黄金馒头,蘸着辣椒螃蟹的酱料来吃,香辣浓稠,回味无穷。

以番茄和辣椒泥烹煮成滋味浓郁的酱汁,再用打散的蛋液制造出丝丝浓稠的口感,馥郁的酱汁包裹着鲜甜的蟹肉,这道辣椒螃蟹就此在一众新加坡美食里奠定了自己的"江湖地位"。在游客们的口口相传之下,这道佳肴不仅成为新加坡美食的代名词,更在世界蟹料理中占有一席之地。

3. 海南鸡饭

新加坡海南鸡饭是一道鸡肉配香饭的菜肴,是居住在新加坡的海南籍华人最先经营的。这是一道典型的"杂交"食物,是海南籍华人带着中国的饮食文化基因但为了适应新加坡的口味而创制出来的,如同美国华人发明的杂碎、左宗棠鸡,马来西亚华人发明的肉骨茶等。我国海南省传统上并没有所谓的"鸡饭",但借用这个名称能取得良好的品牌效应,所以如今的海南鸡饭不仅传回海南,还成了当地的特色菜。海南鸡饭的做法简单:鲜嫩多汁的白斩鸡搭配油光黄澄的鸡油饭,再配上生抽或老抽、特制辣椒酱以及姜蓉即可。

4. 椰浆饭

椰浆饭虽然是一道传统的马来菜,但它也是新加坡民众喜爱的早餐选择。椰浆饭得名于其烹饪方法,用椰浆烹煮米饭,再用一点香兰叶略微调味,为米饭赋予扑鼻的香味。这一经典美食在新加坡可分为两种类型:传统的马来式做法加入江鱼仔、坚果、黄瓜和鸡蛋;另一种则是中式做法,里面丰富的配菜包括炸鸡腿、鸡肉香肠、鱼饼、午餐肉等。

同步练习

一、判断题
1. 海南鸡饭是我国海南省的美食,后来传到新加坡。(　　)
2. 冬阴功是泰国独有的一道富有特色的酸辣口味汤品,在泰国非常普遍。(　　)

二、单项选择题
1. (　　)是韩国独有的饮食理念。
   A. 药食同源　　　B. 食不厌精　　　C. 身土不二　　　D. 吃啥补啥
2. 日本的怀石料理最初是(　　)的食物。
   A. 贵族　　　B. 武士　　　C. 贫民　　　D. 僧人
3. (　　)河粉是越南河粉的代表。
   A. 火车头　　　B. 下龙湾　　　C. 牛车水　　　D. 是拉差

三、多项选择题
1. 蒙古人的食物可分为(　　)。
   A. 红食　　　B. 黄食　　　C. 绿食　　　D. 黑食　　　E. 白食
2. 日本著名的面条有(　　)。
   A. 荞麦面　　　B. 伊府面　　　C. 手拉面　　　D. 锅盖面　　　E. 乌冬面

四、简答题
1. 说一说韩国烤肉的特点。
2. 越南春卷与中国春卷有什么不同?

五、体验题
韩国菜是在中国最为普及的外国餐饮之一。你吃过韩国菜吗?请体验一次韩国风味。

第5讲　同步练习答案

第6讲　南亚、西亚和中亚饮食特色

　　南亚饮食文化区共包括7个国家，其中印度、巴基斯坦、孟加拉国为临海国，尼泊尔、不丹为内陆国，斯里兰卡、马尔代夫为岛国。

　　中东饮食文化区包括西亚、中亚，以及北非地区。西亚的20个国家可分为四类：第一类是沙特阿拉伯、阿联酋等12个阿拉伯国家（见表4-1）；第二类是土耳其、伊朗、阿富汗3个非阿拉伯国家；第三类是位于外高加索的阿塞拜疆、格鲁吉亚、亚美尼亚3国，其中阿塞拜疆是伊斯兰国家；第四类是以色列、塞浦路斯2国。中亚一般指亚洲中部内陆地区，包括哈萨克斯坦、乌兹别克斯坦、吉尔吉斯斯坦、塔吉克斯坦和土库曼斯坦5国。北非即非洲大陆北部地区，习惯上指撒哈拉沙漠以北的广大区域，包括埃及、利比亚、突尼斯、阿尔及利亚、摩洛哥、苏丹，均为阿拉伯国家。无论从人口上还是区域上看，清真饮食都在中东饮食文化区占据主导位置。

6.1　南亚饮食：印度

　　印度是南亚次大陆最大的国家，是一个由100多个民族构成的统一多民族国家，主体民族为印度斯坦族，约占全国总人口的46.3%。印度国土面积约298万平方千米，人口约14.08亿（2021年）。

6.1.1　印度饮食概说

　　印度的饮食习惯与种族、地域、宗教信仰和阶级地位密切相关。烹调用的主要香料除了咖喱、干辣椒和胡椒外，还有植物果实、种子、叶片和树根等80多种香料可供选择；原料以牛肉、鸡肉、羊肉、海鲜以及新鲜蔬果和豆类为主，加上泡菜、伴食酱汁和面包、甜品，种类过百。印度菜大多是家传菜式，风味独特。其食味分为酸、甜、苦、辣、咸等，烹调时会采用多种香料来增加食味，由于香料的成分、种类略有不同，食味也会相应变化。

　　值得一提的是，真正的印度咖喱粉被称为"马萨拉"（意为"混合香料"），由不同香料和香草混合而成，是印度人常用的香料。商业用的咖喱粉不是正宗的印度香料，因此，正宗的印度菜中大多不会使用。

6.1.2　印度菜的地域风格

味道细致的印度菜浑身充满魅力。由于不同地域的气候、地势、历史和宗教不同，菜品的烹调方法和食材选择也有颇大差异。此外，广泛混用的香料、统一的烹调技术，包括扁平的面包和大量混用的乳制食品，使得印度菜成为有别于亚洲其他国家的特色美食；印度面包、甜品还会用上麦粉、米粉和豆粉，并按照区域特色用牛奶、淇淋、乳酪、牛油、酸淇淋和干酪调味，所以口感食味与众不同。

由于印度南、北两地的食材存在差异，因此，两地的菜肴也各有特色。印度北方爱采用碎香料，并以大麦、小麦和谷物为主，大多以面包为主食。印度南方爱用原粒或碾碎的香料制成酱汁，再添加洋葱配合其他食材，加上盛产水稻，故以米饭为主食。印度南方处于热带，适合椰树生长，所以当地人采用椰汁来增加酱汁的食味。此外，有些地方与河流水道接近，故以海鲜烹调为主。

事实上，很多地方在肉食菜式上会搭配新鲜水果、干水果、腰果、开心果和杏仁，以及加入大量乳制品来中和菜肴的味道，故很多皇家菜式会在一道菜肴里选用12种香料，其中包括名贵的藏红花、砂仁、肉桂和丁香等。印度菜不会拘泥于传统，例如，在印度西南海岸的果阿邦，人们突破菜式限制，采用猪、鸭为肉食，并改用醋作为酸味剂。

印度的素食者较多，约占人口总数的20%，他们选择不食用任何肉类。素食主义在印度有着悠久而深厚的文化和宗教根基，在印度文化中，吃素被视为一种纯洁且高尚的生活态度。锡克教和耆那教的信徒普遍遵循素食原则，而印度教中的高种姓群体也常以素食为荣。

1. 印度东部地方菜

印度东部会把蔬菜（如茄子、葫芦瓜）浸于盐水中，以防止其转色或脱色，同样，该方法也可用于处理苹果。此外，在菜式的酱汁中加入芥末籽可以增加辣味。

由于印度东部有较多河流水道，所以适合种植水稻，米饭是当地居民的主要食粮，而鱼则是最常用的食材。此处的地方菜细致、精练，人们为了能调理肠胃，餐前多吃苦瓜和苦味菜，接着才是主食、豆类、印式酸甜酱和肉类。素食者会选吃鱼、虾等来取代肉类，但他们有时也会因节日而吃一些肉。甜乳酪作为餐后甜点，人们通常会将其与其他奶类甜品一并享用。

2. 印度南部地方菜

印度南部以水稻为主食，不过当地人不喜食用印度米或长型米，只爱食用短米饭、红米饭和半熟饭。煮前先将米浸软或发酵，会使得饭质更软滑，这是当地人独特的烹调手法。

印度西南部的喀拉拉邦盛产椰树，所以有很多用椰子加工而成的美食和产品，当地的人们更爱用椰子油烹调，令食物充满热带风情。这里更是香料的集散地，专以砂仁、胡椒、豆蔻、肉桂、茴香和姜作为贸易商品，举世知名。此外，当地出产的牛奶质地细滑，口感细腻；椰浆是由椰奶提炼而成的浓厚浆液，向菜肴中加入新鲜牛奶或椰浆可以丰富菜肴的食味。

印度南部的卡纳塔克邦喜用麦子制作食物，如马地酿包，这种美味的面团中会酿入很多材料，包括糖、砂仁粉和椰丝等。当地的基本餐点包括蔬菜、酱菜、米饭。茄子和苦瓜是当地人爱吃的蔬菜，通常是利用印式牛油、盐、胡卢巴和豆类调味，再加入香料，放入炭炉中焗制而成的。

3. 印度西部地方菜

印度西部的古吉拉特邦善用简单直接的烹调手法，注重材料搭配和食物营养均衡，每餐会有一定量的豆类、面粉、饭和蔬菜，食味偏甜。

印度西南海岸的果阿邦历史悠久，曾先后受到法国、葡萄牙和英国的殖民统治，当地的烹调和文化因此而受到影响。由于靠近海岸，当地的人们主要以捕鱼为生，他们爱吃鱼类，素食并不流行。简单地说，吃鱼和饮酒便是当地饮食的特点。

而马哈拉施特拉邦人则爱吃香气浓烈的香料，如马萨拉、蒜和姜，以此丰富菜肴的味道。当地人常吃的蔬菜有番茄等，但会加入马萨拉和油来烹调，以适合素食者食用。

4. 印度北部地方菜

印度北部主要种植农作物，水果和果仁是当地的土特产。很多印度教徒和穆斯林聚居在这里，他们之中有素食者，也有肉食者，二者相比较，素食者更爱用蒜来增加食味。当地人爱将高级香料搅碎，加入果仁和罂粟籽来增加食味。此外，当地人常吃的肉类为羊肉，一般会把乳酪作为腌料；会在小羔羊肉中加入奶和豆蔻，用小火进行烩煮；还会将羊排经过长时间烹煮至肉质松化。值得一提的是，当地婚宴会准备"一羊七吃"的特别菜式，由此可知，这里是食肉者的天堂。发酵或未发酵的面包，如麦包、薯包、小米包和羊肉馅包是当地的主要食粮。图 6-1 所示为印度北部比哈尔邦的传统美食 Litti Chokha，它是混合有酥油的面包，烤好之后可以搭配茄子泥或土豆泥食用。

图 6-1 印度北部比哈尔邦的传统美食 Litti Chokha

印度北部常见的蔬菜包括薄荷、青瓜、蜜瓜、胡萝卜、甜菜、萝卜、洋葱和球茎甘蓝等，更有素食者爱吃的莲藕和辣椒。此外，素有"贵比黄金"之称的藏红花也在这里出产。水果则有苹果、车厘茄、石榴和荔枝等。夏天，这里会有水上市场，当地农民会把农作物盛于船上叫卖；到了冬天，每户人家几乎都会把一串串番茄、萝卜、洋葱或辣椒挂在门前晾晒。这里的"奥拿香料"混合了洋葱、蒜、姜、辣椒和其他香料，经过加工至干脆。至于当地人饮用的茶，是用特制茶壶置于炭炉上煮制而成的，还会加入藏红花、肉桂和糖，茶味特别香浓。

印度西北部地区的旁遮普邦的特色美食为肉汁浓郁并夹有大量淇淋的蔬菜，在这之中还要加入香气袭人的香料。当地人会在甜点中加入剁碎的小鱼片和香料片，并用上羊脂和淇淋，以增加食味。当地的面包、食馕包和巴华法斯烤包等，口感软滑，带有浓烈的牛油味，香味浓郁。

5. 印度中部地方菜

印度中部与其他地区的菜式差不多，但这里的蔬菜的菜式和味道最特别。当地人的食味偏甜，并以蔬菜和米饭作为主食。

印度中东部以水稻和麦子为主食，部分居民会吃小米和玉米。这里的餐食包括米饭、香料炒蔬菜、未经发酵的面包（经烙烘或油炸制成）、纯味乳酪或带甜味的牛奶、酸甜酱和泡菜，还有时令水果。接近印度东部和东北部的人比较富有，所以多会选食鱼和肉。

6.2 西亚饮食：土耳其、阿拉伯国家

西亚、北非地区多是因信奉伊斯兰教而遵从宗教仪轨的饮食区域。穆斯林饮食遵从以下禁忌：禁食猪肉，禁食自死的动物，禁食动物的血液，禁食诵非安拉之名而宰的动物，禁用致醉和有毒的植物饮料等。

6.2.1 土耳其饮食

土耳其是一个横跨欧亚两洲的国家，国土面积约78.36万平方千米，人口约8477.54万（2021年），其中土耳其族占总人口的80%以上，库尔德族约占总人口的15%。

土耳其位于欧洲与亚洲的交界处，历史上的土耳其曾经是罗马帝国、拜占庭帝国、奥斯曼帝国的中心，有着数千年的悠久历史和多个不同文明的历史遗产。早在6500多年前，这里便出现了人类文明史上的第一个城镇，在文化上融合了东、西方的元素，有99%的民众信奉伊斯兰教。

1. 土耳其饮食概说

土耳其饮食发源于中亚地区，发展于小亚细亚半岛，从某种意义上说，土耳其是融合了中东与地中海烹饪风格的国度，肉类、蔬菜和豆类充当了土耳其菜的主要部分，而肉类又以牛、羊、鸡为主。土耳其饮食的特点在于突出原料（主要是肉类和奶制品）的自然风味，讲究原汁原味并以黄油、橄榄油、盐、洋葱、大蒜、香料和醋加以突出。土耳其土壤肥沃，以农牧立国，气候比欧洲大陆温和，又不像其他西亚国家那么热，再加上许多文化的驻留及奥斯曼帝国的南征北讨带来的影响，都增加了土耳其菜的多样化。

2. 土耳其烤肉

有人把 Kebap 称为"土耳其烤肉",其实 Kebap 是土耳其语中肉类料理的总称,烹饪的方法包括烤、清炖、窑烧等。把羊肉或鸡肉切成小块,加上番茄与青椒用铁签串起来在炭火上烤,就是著名的"什什 Kebap"。土耳其菜里有许多不同的 Kebap,比如,科尼亚地区的"窑烧 Kebap"最有名;还有"伊斯坎达尔 Kebap",相传这种 Kebap 是亚历山大发明的,做法并不复杂,只要在薄饼上浇上带有番茄汁的嫩肉与特制酸奶,再浇上热奶油即可;"阿达纳 Kebap"是在牛羊肉馅中加入香料做成的肉丸,爱吃牛羊肉的人一定不会失望。

在土耳其,还有一种被称为"多内尔 Kebap"的烤肉,意思是"旋转的烤肉",就是中国街头也能见到的土耳其旋转烤肉(如图 6-2 所示),是土耳其西北部的著名菜肴。地道的"多内尔 Kebap"是采用片状的牛羊肉或鸡肉,以大型的铁条直立串起来烤熟的。用刀削下肉片夹在松脆的皮塔饼中,佐以洋葱及各式蔬菜,再配上酸奶汁,这便是一道最平民化的土耳其便餐。

图 6-2　土耳其旋转烤肉

土耳其烤肉的流行还离不开一个国家,那就是德国。由于第二次世界大战后移民到德国的土耳其人增多,土耳其烤肉也开始流行,并且有了西式的创新,如酱汁和沙拉的大众化、品种的多元化等。

3. 仪式美食传统凯斯凯克

凯斯凯克是一种将小麦和肉类一起放在大锅中炖煮而成的土耳其传统美食。在土耳其人的婚礼和宗教节日中,这是必不可少的。小麦必须提前一天在祈祷中清洗完毕,然后放到大石臼中,随着当地传统的鼓乐和管乐进行研磨,由男女共同将小麦、肉骨块、洋葱、香料、水和油添加到锅中煮一天一夜。到第二天中午时分,村寨里最强壮的年轻人用木槌敲打凯斯凯克,在人群的欢呼声和特殊的音乐声中,凯斯凯克被分给人们共同享用。这种饮食与表演相结合的方式,通过教授学徒而代代相传,已经成为当地人日常生活中不可缺少的一部分。

仪式美食传统凯斯凯克在2011年被联合国教科文组织列入人类非物质文化遗产名录。

4. 土耳其咖啡的传统文化

土耳其人有一句谚语,"喝你一杯土耳其咖啡,记你友谊四十年"。可见,土耳其咖啡那浓郁的香气和厚重的历史文化是值得人们回味和追溯的。土耳其咖啡又称"阿拉伯咖啡",是欧洲咖啡的始祖,至今已经有七八百年的历史了。据文献记载,咖啡在15世纪初期传入土耳其,并逐渐流行开来。17世纪初,土耳其开始对咖啡进行商业化生产,由于土耳其横跨欧亚的地理位置,咖啡被迅速传至欧洲大陆。

在土耳其,为远道而来的客人煮一杯传统的土式咖啡是无比崇高的事情,这代表着主人最诚挚的敬意。在土耳其的大街小巷,随处都可以见到咖啡馆。土耳其人喜欢在茶馆和咖啡馆里谈天说地,还未走入店中,浓郁的土式咖啡的味道就已经扑鼻而来了。土耳其咖啡从几个世纪以前就已融入土耳其人的生活,并传承至今,可以说它是土耳其的标志之一。

此外,从制作工艺上看,土耳其咖啡既复杂,又保留着传统的奥斯曼帝国时期的文化。土耳其咖啡不但研磨工艺精细,加入的香料种类繁多,就连煮咖啡的器具也都代表了传承下来的一种文化。从味觉上看,土耳其咖啡与其他咖啡相比,味道相对特殊,不加任何咖啡伴侣和牛奶,咖啡渣也没有过滤掉,主要以苦味居多。因此,土耳其人喝咖啡时常常伴有一杯冰水,先喝一口冰水,再品一口咖啡,就可以体会到土式咖啡中独一无二的味道。

而土耳其咖啡文化中的另一大特色则是"咖啡算命",在喝完咖啡后,根据沉淀在杯底的咖啡渣的形状,可以占卜当天的运势,在喝咖啡的同时还增添了一丝神秘的异域情调。

土耳其咖啡的传统文化在2013年被联合国教科文组织列入人类非物质文化遗产名录。

6.2.2　阿拉伯国家饮食

阿拉伯国家包括西亚的伊拉克、约旦、黎巴嫩、阿曼、巴勒斯坦、卡塔尔、沙特阿拉伯、阿联酋、叙利亚、巴林、也门、科威特,北非的埃及、苏丹、阿尔及利亚、突尼斯、摩洛哥、利比亚等22个国家。阿拉伯民族的总人口接近5亿,是全球人口最多的民族之一。

1. 常见食材

阿拉伯人和其他中东地区的居民一样,习惯食用麦类、橄榄和枣类,这些都是该地区的特产。由于这个地区的国家都是用上述的食材进行大部分的烹调,经过长期的历史沿革和战乱,很多已经难以分清饮食的起源和差异了。

麦类的最早栽培地就在中东。阿拉伯人用小麦制作的皮塔饼是一种起源于中东及地中海地区的美食,其最大的特点莫过于烤的时候面团会鼓起来,形成一个中空的面饼,看着就像一个口袋,所以也被称为"口袋面包"。过去,人们习惯把传统的皮塔饼蘸着酱料来吃，但如今，人们喜欢在皮塔饼里装入各种可口的食材，如熏鸡肉、火腿、煎蛋、培根、新鲜蔬菜、酸黄瓜……吃皮塔饼成为一件非常有趣的事情。

除了麦类，米类也是阿拉伯人喜欢的食材。长型米可以用来制作阿拉伯抓饭。将洋葱末在奶油或其他食用油中煎至略黄，然后搭配上一些肉类，再将米加入其中并炒香，最后倒入鸡汤或牛肉清汤，蒸煮至米饭熟透即可食用。

中东地区的另一种重要食材是豆类。鹰嘴豆泥是中东沙拉的基本材料。先将搅碎的鹰嘴豆或蚕豆做成小丸状再油炸，经过这样加工的豆类可当主菜，也可装入皮塔饼里。埃及的国民菜——炖豆风靡中东各国。将蚕豆煮熟，以油、柠檬和大蒜调味后撒上香菜，搭配水煮蛋作为主食，这道菜已成为阿拉伯的特色美食，是中东和非洲文化中不可或缺的一部分。

2. 椰枣

椰枣是西亚、北非地区常见的食物品种，是枣椰树的果实，属棕榈科刺葵属。枣椰树具有耐旱、耐碱、耐热而又喜欢潮湿的特点。世界上的椰枣品种有 50 多种，但是能够食用的只有 9 种。椰枣在阿拉伯地区有很悠久的种植历史，几乎遍及所有的阿拉伯国家。古代阿拉伯的贝都因人把椰枣作为主要的食品，除了日常食用外，更是外出的驼队在长途跋涉时不可缺少的食物，因为路途的距离和赶路所需的时间都很长，一般的食物容易腐败变质，而椰枣特有的能量高、易于长时间储存，并且易于消化的属性使其成为途中主要的食物。经过多年的发展，椰枣的种植技术被广泛推广到了各个阿拉伯国家和地区，其中伊拉克、埃及、沙特阿拉伯等国都是椰枣的种植和出口大国。

3. 古斯古斯面

古斯古斯面是北非摩洛哥、突尼斯一带以及意大利南部撒丁岛、西西里岛等地的一种特产，它是用杜兰小麦制成的外形类似小米的食物，很多地方将其称为"阿拉伯小米"。大约 13 世纪，古斯古斯面从摩洛哥慢慢传至叙利亚和伊拉克，这种食物最开始是用蒸熟的高粱面粒制作，后来改用蒸熟的小麦面粒制作。煮熟之后，古斯古斯面几乎可以与任何肉类、蔬菜搭配，其中比较有名的是摩洛哥的羊肉丸子古斯古斯面。

6.3 伊朗及中亚饮食

6.3.1 伊朗饮食

伊朗位于西亚的伊朗高原，国土面积约 164.5 万平方千米。伊朗是一个多民族的伊斯兰国家，人口约 8588 万（2021 年），其中波斯人占 66%，阿塞拜疆人占 25%，库尔德人占 5%，其余为阿拉伯人、土库曼人等少数民族。

1. 伊朗饮食概说

在伊朗的不同地区，人们往往根据当地的自然环境和条件来烹煮各种富有地方特色的食物，这些食物被视为民族传统食物，其中最著名的有：契罗喀保布（伴有烤羊肉串、烤牛肉串或烤鸡肉串的焖饭）；奥布古事特（将羊肉、豆子、香料和土豆等放在水中一起焖煨，类似我国陕西的羊肉泡馍）；霍列希特（用各种食材烧煮成的一种家常菜肴，通常搭配米饭食用）；菲辛江（以家禽为主料，尤以鹅肉或鸭肉为佳，另加核桃仁、石榴汁、橄榄、糖和香料一起炖煨而成）以及杜尔麦（一种将肉类和其他配料一起包裹在新鲜的葡萄叶中烧煮而成的菜肴）。在伊朗的西北部地区，有些地方菜肴是以野生植物或蔬菜以及豆类烧煮而成的，亦可与肉类一起享用，十分美味可口；而在伊朗的南部地区，许多菜肴是以鱼类烧煮而成的。伊朗的鱼子酱是用里海的鲟鱼制成的，在世界上享有盛誉，滋补性很强；波斯湾的虾类由于质量上乘，故被用来烹煮各种食物。

2. 伊朗诺鲁孜节美食

伊朗的新年在波斯语中被称为"诺鲁孜"，意思是"新的一天"。诺鲁孜节是伊朗人民的传统节日和全国性的节日，也是我国维吾尔族、哈萨克族、乌孜别克族、塔吉克族等少数民族的传统节日。从伊朗历1月1日（相当于公历3月21日或我国的农历春分）到1月13日这段时间，是真正节气意义上的春天的节日。除了伊朗外，阿富汗、吉尔吉斯斯坦、塔吉克斯坦、乌兹别克斯坦、阿塞拜疆、土耳其等国家和我国新疆部分少数民族也会庆祝诺鲁孜节，这一节日已经延续了至少3000年。如今伊朗流行的诺鲁孜节与伊朗古代宗教——拜火教有着密切的渊源关系。随着伊斯兰教传入伊朗，伊朗的新年自然又融入了伊斯兰教的色彩。

在伊朗，庆祝新年就是庆祝春天的到来。过新年要隆重庆祝一周。人们涌上街头，生起"篝火"（又称"夜火"），然后全家人依次在"夜火"上跳来跳去，表示烧掉晦气，迎来光明，驱邪除病，幸福永存。在除夕夜，伊朗各家的餐桌上都要摆出以波斯语字母"S"开头的7种物品：豆苗（Sabzeh），象征生命力和新鲜；漆果（Summak），象征财富；苹果（Sib），是天堂果，象征诞生；大蒜（Sir），代表健康；沙枣（Senjed），象征爱情；醋（Serkeh），代表忍耐；用麦芽以及面粉制成的甜食（Samanu），代表甜美的生活。根据古老的传统和信仰，每年辞旧迎新之际，所有家庭成员都要围坐在摆放了7个吉祥物的桌前。

除了这7种物品外，《古兰经》和风信子也是桌上必摆的。此外，餐桌上还会放彩蛋、镜子、蜡烛、玫瑰香水、金鱼和金银币等。彩蛋代表种族，镜子和蜡烛有光明之意，金银币代表财富，这些物品都是吉祥和美满的象征。

节日的第1天到第3天，人们走亲访友，互祝新春快乐。主人拿出各种美味甜点和干果款待客人。人们或坐在茶炊旁饮茶，谈天说地；或围着一个大水烟袋轮流吸烟，欢度良辰。

6.3.2 中亚饮食

几千年来，中亚地区以游牧民族为主，游牧民族的生活习性与饮食习惯已经深深植根于中亚文化基因中。中亚国家主要信奉伊斯兰教，遵从伊斯兰饮食习俗。

1. 中亚饮食概说

中亚各国在伊斯兰饮食习俗的基础上，传承了游牧民族的饮食习惯，以面食、牛羊肉、奶制品以及土豆、洋葱、番茄等蔬菜为主，发展出了馕、手抓饭、烤包子、烤肉、羊肉汤等特色美食。

作为"马背上的民族",哈萨克人在不吝啬赞美马的同时,也毫不掩饰对于马肉的喜爱,熏马肉、熏马肠、马肉干是哈萨克斯坦的传统美食。此外,在马奶里放入陈奶酒曲发酵而成的马奶子是草原上的"圣液",虽然价格不菲,但却是哈萨克人传承游牧文化的经典之饮,若非在草原上遇到哈萨克人,实难寻得"圣液"精华。哈萨克斯坦有一种名为"别什巴尔马克"的美食,即手抓羊肉,是哈萨克斯坦的国菜。

无论是在现代哈萨克人的家中还是在牧人的毡房中,主人都很喜欢用美食来款待客人。在餐桌上,女主人会用传统的木碗盛上热茶,除此之外,还有不同口味的小饼、奶制品、干果、坚果以及甜品等。奶类食品主要由羊奶、牛奶、马奶、骆驼奶制成,有奶油、奶疙瘩等多种奶制品,口感香甜、松软。

吉尔吉斯人的饮食中多半是牛奶和肉类。粮食制品是在由游牧转向定居、农耕的过程中才开始出现的。奶类食品是吉尔吉斯人食品的主要成分,包括酸奶、由煮过的牛奶制作的酸凝乳、乳酪、用羊奶制作的奶渣干酪、乳皮、黄油以及炼过的动物油等。吉尔吉斯人食用羊肉、马肉、牛肉、骆驼肉和牦牛肉,其中绵羊肉和山羊肉特别受欢迎。面食品由小麦、玉米、大米、燕麦等制成。

土库曼人最喜欢羊肉,尤其对羊头、羊蹄和羊脑髓更加偏爱,甚至将其奉为珍品。日常生活中,他们常把羊头、羊蹄献给老人吃,把羊脑髓让给孩子吃;每逢来客,他们还会用这些佳肴来招待客人。奶制品、肉制品一般都很受土库曼人的欢迎。他们的家常饭有肉汤泡碎饼、抓饭、烤羊肉等;里海沿岸的人爱吃鱼、通心粉等。土库曼人对中国菜颇感兴趣,用餐时大多习惯于以手抓饭取食。由于土库曼斯坦沙漠广布,骆驼在人们的生活中扮演着重要角色,而骆驼奶则是土库曼人夏天消暑的必备饮品。

此外,各种俄式风味美食也占据了中亚各国餐饮的一席之地,为游客提供了相对多元的选择机会。

2. L'Oshi Palav 传统菜及相关社会文化习俗

L'Oshi Palav 传统菜(如图 6-3 所示)是塔吉克斯坦文化遗产的重要组成部分,堪称塔吉克斯坦的"料理之王",现存有多种不同的烹饪方法。简单来说,L'Oshi Palav 传统菜是用大米、胡萝卜、羊肉、葡萄干、胡椒粉等在一个大锅里做成,做熟后倒在桌子中央的一个大盘子中,用手抓的方式来食用的一种特色菜肴。

图 6-3 L'Oshi Palav 传统菜

L'Oshi Palav 传统菜及相关社会文化习俗在2016年被联合国教科文组织列入人类非物质文化遗产名录。

3. 帕洛夫文化传统

乌兹别克斯坦有一种说法，客人只有在收到帕洛夫的邀请后才能离开主人的家。帕洛夫是一道传统菜肴，在乌兹别克斯坦的农村和城市都可以品尝到。它由米饭、肉、香料和蔬菜等食材制成，除了作为一顿普通的大餐享用外，还作为一种热情好客的姿态，用于庆祝婚礼和新年等特殊场合，帮助贫困的人，或纪念逝去的亲人。帕洛夫可能还会出现在其他仪式上，比如祈祷和传统音乐表演。与该实践相关的知识和技能通过师徒模式或在家庭、同龄人团体、社区机构、宗教组织和职业教育机构内的示范和参与，由年长一代正式或非正式地传递给年轻一代。制作和分享传统菜肴有助于加强社会联系，弘扬包括团结和统一在内的价值观，并有助于延续构成社区文化认同一部分的当地传统。

帕洛夫文化传统在2016年被联合国教科文组织列入人类非物质文化遗产名录。

同步练习

一、判断题

1. 真正的印度咖喱粉被称为"马萨拉"。（　　）
2. 作为"马背上的民族"，哈萨克斯坦人在不吝啬赞美马的同时，也毫不掩饰对于马肉的喜爱。（　　）

二、单项选择题

1. "咖啡算命"是（　　）咖啡文化中的一大特色。
   A. 伊朗　　　　　B. 土耳其　　　　C. 阿富汗　　　　D. 印度
2. （　　）的 L'Oshi Palav 传统菜被联合国教科文组织列入人类非物质文化遗产名录。
   A. 哈萨克斯坦　　B. 乌兹别克斯坦　C. 吉尔吉斯斯坦　D. 塔吉克斯坦

三、多项选择题

1. 土耳其的（　　）被联合国教科文组织列入人类非物质文化遗产名录。
   A. 烤肉　　　　B. 凯斯凯克　　C. 大米粥　　D. 茶文化　　E. 咖啡的传统文化
2. 印度（　　）以水稻为主要食粮。
   A. 东部　　　　B. 南部　　　　C. 西部　　　D. 北部　　　E. 中部

四、简答题

1. 说一说古斯古斯面的情况。
2. 在除夕夜，伊朗各家的餐桌上会摆出以波斯语字母"S"开头的哪7种物品？

五、体验题

你吃过土耳其烤肉吗？不妨关注使用转炉的土耳其烤肉的烤法。

第6讲　同步练习答案

第 7 讲　欧洲饮食特色

欧洲属于西方饮食文化区，现有 44 个国家和地区，在地理上习惯分为 5 个地区。

西欧是指欧洲濒临大西洋的地区和附近的岛屿，包括英国、爱尔兰、法国、荷兰、比利时、摩纳哥、卢森堡 7 国。

北欧是指欧洲北部日德兰半岛、斯堪的纳维亚半岛和附近岛屿，包括挪威、瑞典、芬兰、丹麦、冰岛 5 国及法罗群岛（丹）。

中欧是指波罗的海以南、阿尔卑斯山脉以北的欧洲中部地区，包括德国、波兰、捷克、斯洛伐克、匈牙利、奥地利、瑞士、列支敦士登 8 国。

南欧是指欧洲南部伸向地中海的伊比利亚、亚平宁和巴尔干三大半岛及其附近岛屿，包括葡萄牙、西班牙、安道尔、意大利、梵蒂冈、圣马力诺、斯洛文尼亚、克罗地亚、塞尔维亚、黑山、波斯尼亚和黑塞哥维那、马其顿、希腊、阿尔巴尼亚、保加利亚、罗马尼亚、马耳他 17 国及直布罗陀（英）。

东欧是指欧洲东部地区，包括俄罗斯（欧洲部分）、爱沙尼亚、拉脱维亚、立陶宛、白俄罗斯、乌克兰、摩尔多瓦 7 国。

7.1　西欧饮食：英国、法国

7.1.1　英国饮食

英国位于欧洲大陆西北海岸以西的不列颠群岛上，国土由大不列颠岛、爱尔兰岛东北部及周围的 5500 多个小岛组成。全国划分为英格兰、威尔士、苏格兰和北爱尔兰部分。英国国土面积约 24.41 万平方千米，总人口约 6649 万（2018 年）。

1. 英国饮食概说

与欧洲其他国家相比，英国的饮食比较简单，其制作方式大致只有两种：放入烤箱烤，或放入锅里煮。做菜时什么调味品都不放，吃的时候再依个人的爱好放些盐、胡椒或芥末、辣酱油之类。

有人说，吃英国菜并非用舌头来评判味道，而是用心。在英国的饮食文化中，英国菜是很丰富的，人体所需要的各种营养都能从这些不同的食物中得到满足。

英国菜的选料比较简单。英国虽是岛国、海域广阔，可是受地理自然条件所限，渔场不太好，所以英国人不讲究吃海鲜，而是比较偏爱牛肉、羊肉、禽类等。

简单而有效地使用优质原料,并尽可能地保持其原有的质地和风味是英国菜的重要特色。英国菜的烹调对原料的取舍不多,一般用单一的原料制作,要求厨师不加配料,要保持菜式的原汁原味。

英国菜有"家庭美肴"之称,其烹饪方法根植于家常菜肴,因此只有原料是家生、家养、家制时,菜肴才能达到满意的效果。

英国菜的烹调相对来说比较简单,配菜也比较简单,香草与酒的使用较少,常用的烹调方法有煮、烩、烤、煎、蒸等。

2. 英国菜

(1)汤。

英式牛尾汤:最具代表性的英国汤,由牛尾细火慢炖而调制出的一道汤品。

鸡肉青蒜汤:由鸡肉、大麦及青蒜炖煮而成的苏格兰风味汤。

苏格兰汤:由羔羊肉、大麦及蔬菜炖煮而成的汤。

(2)开胃菜。

"马背天使":将生蚝用培根包裹后烧烤,置于涂抹过奶油且烘烤过的小片面包上而制成的开胃菜。

烟熏黑线鳕鱼:将小型的黑线鳕鱼用盐腌制后再烟熏而成的苏格兰开胃菜。

综合沙拉:在绿色蔬菜中加入切碎的肉、水煮蛋、酸黄瓜、鳀鱼、洋葱以及其他蔬菜,再淋上酱汁而制成的沙拉。

(3)主菜。

牛肉腰子派:将牛腰子剁成泥后包在牛肉中,再将牛肉外层包裹一层酥皮烘烤而成的一种咸派。

兰开夏炖锅:源自英格兰西北部兰开夏郡的一种炖锅,食材有羊肉和洋葱,并在上面放上土豆片,用低温烘烤而成。

约克夏布丁:约克夏布丁并不是寻常意义上的布丁,更像是一种面包,口感也类似软面包。制作时,将奶油、鸡蛋、面粉调成面糊,置于牛肉下方,接取烧烤牛肉时所淋下的肉汁,面糊便会因受热而膨胀。将烘烤后的布丁切成方块,蘸上约克夏汁即可食用。

(4)甜点。

米布丁:起源于中东,是一种用几种不同的谷物做出来的粥。西方中世纪的烹调书中就已经有了它的身影。在英国,米布丁在莎士比亚时代就已经成为流行的餐后甜点。制作时,在白米中加入牛奶、糖煮熟,倒入布丁模内,置于烤箱内烤至凝结,一般冰镇后食用。

水果布丁:将水果、牛奶、鸡蛋、糖等原料放到一起加工而成的一种甜品,是圣诞节的传统甜点之一。

司康饼:代表英国的一种甜点,又称"英国松饼",由低筋面粉、黄油、泡打粉、牛奶、鸡蛋液、盐、糖等制作而成。

3. 炸鱼薯条

在英国,最典型的路边小吃就是炸鱼薯条(如图7-1所示),路边经常有很多小店在售卖。在英国的路上行走,无论什么时间,都可以看到人们手捧一个纸包,里面是浇了番茄酱或芝士酱的薯条和一大块炸鱼。在英国,最早被用来包炸鱼和薯条的是报纸,并且一定是当天的《泰晤士报》,这样人们就可以一边吃着炸鱼,一边看报纸了。当然,现今的炸鱼和薯条早已经改用干净的白纸或纸盒来包装了。由于炸鱼薯条新鲜美味,热气腾腾,又方便快捷,几百年来,炸鱼薯条在英国都是雅俗共赏、老少皆宜的一道美食。不过,有的英国人把炸鱼薯条当作一顿正餐,而有些人就只是把它们当作餐前小点和零食。

图 7-1　炸鱼薯条

在 2012 年一份"你认为什么东西最能代表英国?"的调查投票中,炸鱼薯条打败了披头士乐队、下午茶、莎士比亚、白金汉宫和英国女王,成为英国人心目中的最高象征。每年英国人共消费超过 2.5 亿份炸鱼薯条。

除了英国,炸鱼薯条在加拿大、美国、新西兰和澳大利亚也很受欢迎。

4. 红茶文化

中国茶在向西方各国传播的过程中,许多国家仅将其作为茶叶引入,但在英国却形成了一种文化,这也许与英国特有的文化和英国贵族独特的品位有关。在日常生活中,英国人经常饮用英国早餐茶及伯爵茶。其中,英国早餐茶又称"开眼茶",系精选印度、斯里兰卡、肯尼亚各地的红茶调制而成,气味浓郁,最适合早晨起床后享用;伯爵茶则是以中国茶为基茶,加入佛手柑调制而成,香气特殊,风行于欧洲的上流社会。葡萄牙公主凯瑟琳喜饮红茶,并说饮茶使她身材苗条。1662 年,凯瑟琳公主嫁给英国国王查理二世,饮茶风尚即被其带入英国皇室。英国诗人埃德蒙·沃尔特由此作了一首题为《饮茶皇后之歌》的诗,诗中写道:"花神宠秋色,嫦娥矜月桂。月桂与秋色,美难与茶比。一为后中英,一为群芳最。物阜称东土,携来感勇士。助我清明思,湛然志烦累。欣逢后筵辰,祝寿介以此。"

英国人热爱红茶的程度世界知名。在一天中许多不同的时刻,英国人都会暂停下来喝一杯茶。英国女王安妮爱好饮茶并深深地影响了英国人喝早餐茶的风气;英国女公爵安娜·玛丽亚于19世纪40年代带动了英国人喝下午茶的习惯；维多利亚女王更是每天喝下午茶，将下午茶普及化。

茶影响着英国的各个阶层，英国人在晨起之时，要饮早茶；到了上午11点，无论是空闲在家的贵族，还是繁忙的上班族，都要休息片刻，喝一杯茶；到了中午，吃了午餐之后，少不了配上一杯奶茶；而后在下午4点左右还要来一杯下午茶。英国人在喝茶时总要配上小圆饼和蛋糕、三明治等点心，一般的家庭主妇都很擅长做这类糕点。正式的晚餐中也少不了茶。

英国的红茶有它独特的、精美的茶具。茶具多用陶瓷做成，茶具上绘有英国植物与花卉的图案。茶具除了美观之外，还很坚固，很有收藏价值。整套的茶具一般包括茶杯、茶壶、滤杓、广口奶精瓶、砂糖壶、茶铃、茶巾、保温棉罩、茶叶罐、热水壶、托盘等。

7.1.2 法国饮食

法国位于欧洲西部，东与比利时、卢森堡、德国、瑞士、意大利接壤，南与西班牙、安道尔、摩纳哥接壤。地势东南高、西北低，大致呈六边形，三面临水，三面靠陆，布局匀称，轮廓饱满。法国国土面积约67.28万平方千米，总人口约6699万（2019年）。

1. 法国饮食概说

法国饮食在世界上有着极高的地位，尤其是在2010年法国美食大餐成为第一个饮食类人类非物质文化遗产后，这一成就更强化了其龙头地位。

法国烹调艺术就像时装般随着不同年代的潮流转变；烹调技巧、食材选料及摆设，亦随着时代改变。按烹调风格而言，法国菜肴可分为三大主流派系。

（1）古典法国菜。

古典法国菜起源于法国大革命前，是在皇胄贵族中流行的菜系。古典法国菜的主厨手艺精湛，选料必须是品质最好的，常用的食材包括龙虾、生蚝、肉排和香槟，酱汁多以酒及面粉为基础，再经过浓缩而成，口感丰富浓郁，多以牛油或淇淋润饰调稠。

（2）家常法国菜。

家常法国菜起源于法国历代平民传统的烹调方式，选料新鲜，做法简单，亦是家庭式的菜系，在1950—1970年最为流行。

（3）新派法国菜。

新派法国菜起源于20世纪70年代，由法国的厨艺泰斗保罗·博古斯所倡导，在1973年以后极为流行。新派法国菜在烹调上使用名贵材料，着重体现原汁原味、材料新鲜等特点，菜式多以瓷碟个别盛载，口味调配得清淡。20世纪90年代后，人们注重健康，由法国名厨米歇尔·盖哈倡导的健康法国菜大行其道，这一菜系采用简单直接的烹调方法，减少使用油；而酱汁多用原肉汁调制，以奶酪代替淇淋来调稠汁液。

2. 影响法国饮食文化的关键人物

可能没有哪一种文化像法国饮食文化一样被几个关键人物深深影响着，他们对法国菜在世界上的影响力起到了重要作用。

（1）凯瑟琳·德·美第奇。

16世纪以前，法国菜在世界上并没有什么影响力，转折点出现在1533年，来自意大利佛罗伦萨美第奇家族的凯瑟琳公主与法国国王亨利二世联姻。凯瑟琳公主带着30人的厨师队伍陪嫁，将佛罗伦萨的高级烹饪方式带到法国，从而使法国人的饮食习惯产生了革命性的变化。她奠定了法国菜在世界上的主导地位，被誉为"法国烹饪之母"。

（2）路易十四。

路易十四作为凡尔赛宫的兴建者，其喜爱奢华的性格也影响了法国的餐饮文化。路易十四时期的法国菜不仅要求精致美味，更重视排场，在当时形成了一道一道上菜并且有专人解释的文化。

（3）让·安泰尔姆·布里亚-萨瓦兰。

1825年12月，也许是预感到自己将不久于人世，犹豫再三后，布里亚-萨瓦兰终于决定将自己潜心研究了20多年的成果付梓，这本书正是《厨房里的哲学家》。此书一经出版，随即风靡法国，整个世界也因他的著作而震惊。这本书不是食谱，也不是传统意义上关于美食的闲趣散文，亦非介绍世界各地美食的指南手册。它围绕着人类饮食的方方面面展开介绍，内容囊括社会、地理、政治、历史、经济、哲学，甚至涉及教育和宗教的问题。可以说，布里亚-萨瓦兰重新定义了具有划时代意义的美食哲学写作方法，此后的200多年里，越来越多的饕餮客用相似的笔法记录着不同的美食与思考。

（4）乔治斯·奥古斯特·埃斯科菲耶。

埃斯科菲耶是19世纪晚期法国最具影响力的厨师之一，于20世纪初达到自己职业生涯的顶峰，当时被《拉鲁斯美食大全》誉为"历史上最好的厨师"，人称"王者厨师""厨师之王"。他的伟大目标就是让菜肴和加工食谱尽可能简化，让人们可以在家庭厨房里轻松地做出自己想吃的菜。1920年，埃斯科菲耶成为第一位获得"骑士军团勋章"的厨师。1928年，他又被授予"军官荣誉勋章"，成为第一位获得此项殊荣的厨师。

（5）保罗·博古斯。

博古斯是法国新派料理的创造者之一，获得了法国国家政府特别颁发的"国家荣誉勋章"，他所在的餐厅曾连续50年荣获米其林餐厅指南三星的最高荣誉。博古斯于1987年创立"博古斯世界烹饪大赛"，这一赛事每两年举办一届，经过30多年的发展，现已成为法国美食之都——里昂的盛会。他一方面坚定地保持着法国美食的伟大传统，另一方面又勇于接受变革，并且在新式烹饪的进化过程中始终发挥着主导作用，对现代法国菜的发展和大厨们在烹饪中所扮演的角色有着极其深远的影响。

3. 法国名食

（1）煎鹅肝。

在法国菜中具有较高知名度的鹅肝有多种吃法，其中常见的是煎鹅肝和鹅肝酱。煎鹅肝的做法是将整块的肥鹅肝切片，在锅中以少许的油煎制，再淋上搭配的酱汁，风味十足。

（2）奶油乳汁芦笋。

一到芦笋收获的季节，法国人的餐桌上就会增添许多以芦笋为主的菜肴，其中奶油乳汁芦笋可以说是法国典型的家常菜。它的做法是将削好的芦笋煮熟，淋上特制的奶油酱汁，撒上些许的胡椒、盐，并加上一些柠檬汁。上桌时附上烧烤过的切片法国面包，蘸着酱汁来吃，别有一番风味。

（3）鲜鱼浓汤。

鲜鱼浓汤是一道法国南部的特色菜，在烹调时先将鱼（以肉为白色的鱼为主）用番红花和橄榄油腌制数分钟，汤头用洋葱、切剩的鱼骨、鱼肉、番茄和柳橙皮等主要材料熬制，煎鱼时需加入茴香酒稍炙片刻（在锅中点火，使其瞬间燃烧除去酒精），最后将鱼放入汤中，并加上特制的大蒜蛋黄酱，一道香味四溢、味道浓郁的鲜鱼浓汤就制成了。

（4）普罗旺斯鱼排。

普罗旺斯盛产海鲜，其特有的烹调方式为鱼排增添了些许的南方风情。以炭火烧烤鱼排，再添加普罗旺斯盛产的大蒜、橄榄油、香菜，便可得到鲜美的普罗旺斯鱼排。

（5）奶油焗烤扇贝。

先将马铃薯泥置于贝壳边缘，放入烤箱中烤至微焦，再将炒过的扇贝肉塞入贝壳中，上面淋上酱汁、起司粉，最后放进烤箱中烘烤，一道黄澄澄的奶油焗烤扇贝即制成了。

（6）法式烤羊小排。

法式烤羊小排的做法十分简单，将整块的小羊排烤过后再切开，然后淋上酱汁即可。做法虽然简单，但羊肉的选择和火候的控制却决定着羊排的品质，也考验着厨师的功力。

（7）橙汁鸭。

橙汁鸭是法国烹调史上著名的凯瑟琳公主从意大利带来的佛罗伦萨风味的菜，烘烤过的鸭肉配上以柳橙和鸭肉汁所调配而成的酱汁，清爽可口。

（8）红酒烩鸡。

用于制作红酒烩鸡的鸡肉要在切块后加入葡萄酒、香料等，先行腌制一天，然后才能开始烹煮。炖煮之前先将鸡肉煎过，再放入锅中，连同番茄、葡萄酒一起炖约一个小时，再加入其他蔬菜，煮好之后放置一天再食用，因为葡萄酒及其他配料的香味会慢慢随着时间渗入鸡肉中。

7.2 中欧、南欧饮食：德国、意大利、西班牙

7.2.1 德国饮食

德国东邻波兰和捷克，南接奥地利与瑞士，西连荷兰、比利时、卢森堡和法国，北毗丹麦，西北濒北海，东北濒波罗的海与瑞典隔海相望。德国国土面积约35.8万平方千米，总人口约8322万（2021年）。

1. 德国饮食概说

德国人喜食猪肉，在世界各地的菜系中，德国菜更侧重于猪肉。在德国，也有类似于其他国家处理猪肉的手法，例如制作猪排等，但这并不是德国人最擅长的烹饪方式。反观德式烧猪排和德式烧猪手，其烹调特点为长时间烧焖，还把不断流出的油脂淋回肉上，使味道更加浓厚。

德国饮食的地区文化十分明显，北部地区靠近波罗的海，其菜式深受斯堪的纳维亚半岛的影响，呈现出浓厚的地方风格；中部地区山川河流资源充沛，菜式较为丰富且分量充足；南部地区受邻近国家如土耳其、奥地利、西班牙及意大利的影响，食味较为清淡。

德国因肉类产量丰富而面临贮存的问题，因此，德国食谱对肉类保存方法有着深入的研究。通过运用烟熏、盐腌和醋腌等多种技术，德国制作出了各类香肠、火腿和咸肉等著名的食品，也因而发展成一种独特的饮食文化。

德国食品的美味得益于优质的食物原料。由于德国工农业发达，劳动阶层需要进行大量繁重的体力劳动，因此对食物的需求量较大，这导致以往德国菜给人留下的印象为食味较重、分量足。但随着经济的发展和观念的变化，健康成为食客与厨师更为关注的方面。因此，新一代德国菜的菜式减少了富含淀粉和蛋白质的食材的用量，淇淋和牛油的用量也有所减少。同时，德国菜重归传统烹调法，如更多地使用酒腌或醋腌等较为健康的食物处理方法，给德国菜注入了新的生命。

2. 猪脚文化

德国人所说的猪脚，实际上并不包含猪蹄，而是指我们通常所说的猪肘。德国人创造了许多食用猪肉的方法，无论是风味独特的德国火腿，还是遍布德国各地的猪脚美食，几乎都是世人对德国饮食的第一印象。德国的猪脚早已成为展现德意志民族文化传统的代表性食品。

德国人以食肉为主，其中猪肉是他们消费量最高的肉类，每年屠宰的猪腿数量达到数亿。为了充分利用这些猪腿，德国人开发出了多种多样的烹饪方法。其中，火腿在德国人的日常饮食中占据着非常重要的地位，同时也是最具德意志民族文化特色的食品之一。

除了猪腿被加工成火腿外，猪脚的烹饪方法也是多种多样的，绝大部分地区的菜肴中都有它的身影。德国猪脚数量多且价格便宜，所以被德国人创造出了许多烹饪方法。常见的猪脚菜品包括：炭烤猪脚、烟熏猪脚、脆皮猪脚、咸猪脚配酸菜、水煮猪脚、猪脚加豌豆泥等。在众多的猪脚烹饪方法中，烤猪脚和水煮猪脚最为常见。有人说，德国人的厨艺词典里只有"烧烤"和"白煮"。事实上，烧烤和白煮看似简单，但要想真正做好却并不容易。

德国烹饪历来有"南烤北煮"的特点。德国南部的高山地区林木茂密，使得炭烧、烟熏等烤制方法自古以来就广受欢迎；德国北部的平原低地较多，因此水煮的加热方式更为普遍。在烤猪脚的制作过程中，通常先将猪脚用香料腌渍一周，然后水煮去油，最后再淋上德国啤酒进行烘烤；而水煮猪脚的烹饪方式则是加入酸菜和各式香料一起熬煮，口感与烤猪脚完全不同。

水煮猪脚在德国还有一个非常美丽的名字——"冰腿"，这个名字与体育运动中的冰刀密切相关。由于柏林地区湖泊众多，当地人在冬天经常去冰湖上滑冰。然而，早期用来制造冰刀的钢材价格昂贵，铁制冰刀又容易磨损，于是柏林人便想出了一种方法，他们采用猪腿部分的硬骨——猪胫骨来制作冰刀，这种做法风靡一时。于是，猪胫骨便有了一个别名——"冰骨"，表示适合滑冰时使用的骨头。久而久之，柏林人一看到餐桌上的水煮猪脚，就会联想到冰刀，于是这份猪脚美食也就被赋予了"冰腿"的美名。

德国人在食用猪脚时有着独特的习惯,他们通常会将猪脚与其他专门的菜肴或食品搭配在一起享用。其中,酸菜、啤酒和土豆(包括土豆泥)是三种不可或缺的搭配食品。酸菜具有开胃、助消化的功能,与猪脚搭配时能够有效减少其油腻感,使猪脚保持鲜嫩美味;啤酒中的酒精具有化解脂肪的能力,而猪脚与略带苦味的啤酒相结合,更能突显其地道风味;土豆或土豆泥不仅能够解油腻、丰富口感,还有利于消化吸收。

3. 慕尼黑啤酒节

慕尼黑啤酒节是世界上最大型的啤酒节之一,每年9月至10月举行,为期16天,其间消耗700多万升的啤酒以及数以万计的香肠和面包。在德文里,它被称为"十月节",因为这个节日会在每年10月的第一个星期天结束。

关于慕尼黑啤酒节,有一段小故事。据慕尼黑旅游局的资料记载,1810年10月12日,巴伐利亚的王储路德维希·卡尔·奥古斯特与萨克森-希尔德堡豪森的公主特蕾莎·夏洛特·阿玛莉结婚,慕尼黑的市民都被邀请至城门前的空地一起庆祝,君民同乐,庆典持续了整整16天。为了纪念这个普天同庆的日子,皇室还会举办一场赛马活动作为庆典的结束仪式。这一活动逐渐成为巴伐利亚的传统节日,并且规模不断扩大。自1896年起,节日中还融入了嘉年华和啤酒展销的元素。如今,虽然赛马活动已经不再举办,但慕尼黑啤酒节却在世界各地流传开来。

为了准备皇室婚礼,工人不得不在温暖的季节便开始酿造啤酒,然而这样一来,啤酒的味道变得不够理想,因为正常情况下,3月已经是酿造啤酒的最后一个月份。因此,为了延长这批庆典啤酒的保质期,工人特意增加了其酒精浓度(约合酒精5%)。然而,出乎意料的是,这批啤酒在酿成后具有独特的味道,其酒质醇厚,苦涩的槐花味被淡化,取而代之的是浓郁的甜麦香气,这也使得它成为慕尼黑啤酒节的特色啤酒。

经过200多年的发展,慕尼黑啤酒节如今已成为吸引600多万游客的美食嘉年华。

7.2.2 意大利饮食

意大利北部与法国、瑞士、奥地利和斯洛文尼亚接壤,东、南、西三面分别濒临地中海的属海亚得里亚海、伊奥尼亚海、第勒尼安海和利古里亚海。意大利国土面积约30.13万平方千米,总人口约5898万(2022年)。

1. 意大利饮食概说

意大利菜的烹调文化源远流长,其饮食发源可追溯到古希腊时代的克诺索斯王宫。约在公元前1100年,伊特鲁里亚人从小亚细亚迁移至意大利半岛。他们最初的菜式均以简单朴素为主,食材多采用豆类、腌渍橄榄及干无花果等。

公元前753年,罗马建城。随着时间的推移,人们的饮食逐渐变得丰富多样,平常多以燕麦、蜂蜜、干果、干酪和面包为主,偶遇喜庆节日,人们会享用野味及肉类。随着罗马帝国的日益强大,人们的饮食烹调也变得多姿多彩,且逐渐形成了规范。在意大利的历史文献记录中,帝国盛宴的菜肴已细分为头盘、肉盘(包括野味、山羊、犊牛及猪),以及用蜂蜜、水果和干果制成的甜品。美酒更是宴会中不可或缺的饮料。

公元395年，罗马帝国分裂为东罗马帝国和西罗马帝国。随后，西罗马帝国被四周蛮族入侵而灭亡，各城各邑分据而立。自此，奢华精致的烹调重返至简单朴实的形式。其后，受宗教政治的影响，众多修道院林立，饮食文化崇尚以健康、易吸收消化为主流，基本食材以五谷、牛奶、干酪及新鲜蔬菜为主。

约在13世纪，由于贸易的盛行，加上意大利位于地中海要塞，聪明的威尼斯商人将由印度等国运抵的香料转销至欧洲各地。意大利人便利用这些香料来腌渍和保存肉类及鱼类。

在中世纪末，东罗马帝国受到土耳其人的侵扰，许多学者和艺术家逃到了意大利，为文艺复兴运动作出了重要贡献。此时，意大利的饮食模式和烹调方法趋向精致和多元化，菜式繁多，包括烤肉、糕点、沙拉、蜜饯和以杏仁类为主的甜品。

1533年，意大利的凯瑟琳公主与法国国王亨利二世联姻，随行带了私人厨师和烹调厨具，并将意大利的烹调方法和菜谱引入法国，实现了二者的融合。这令意大利的饮食礼仪、菜单和菜式编排得到了规范和改善。与此同时，餐具在餐桌上的使用也开始有了初步规范。

1660年后，意大利的西西里人弗朗西斯科·普罗科皮奥将意大利著名的雪糕及其制作方法引入了法国巴黎。从此以后，法国菜的烹饪技巧，包括清汤、酱汁和甜品等的制作方法、烹调陈设以及饮食艺术与意大利菜互相结合，彼此影响，使意大利菜的烹调方法及选料更加精益求精。此外，咖啡饮品也广受意大利人的欢迎。

1871年，埃马努埃莱二世将众多的城邑、公国及教皇直辖领土正式统一。尽管如此，意大利各地区仍采用当地特有的食材，造就出自成一派的地方菜肴及饮食文化。

2. 意大利菜

在意大利，餐厅通常称为"Ristorante"，一般会供应全套菜牌，包括开胃头盘、汤、面食、披萨、主菜及甜品。特式小餐馆则称为"Trattoria"，通常没有固定的全套菜牌，其菜式乃厨师精心炮制，风味独特。此外，还有专门售卖各式各样、香脆美味的披萨的"Pizzeria"，以及专卖甜美透心、绵软嫩滑的雪糕的"Gelateria"。

意大利的菜单内容编排可归纳分为：开胃头盘、头道主菜、第二道主菜、配菜、甜品和干酪。

食客可以首先点选开胃头盘，然后点选头道主菜和第二道主菜。很多主菜会附带配菜，因此食客无须另外点选配菜。至于甜品和干酪，则取决于个人的喜好和选择。

（1）开胃头盘。

在意大利语中，开胃头盘指的是正餐前食用的菜肴。在很多意式餐厅的入口处，都可以看见这些开胃头盘，它们通常以橄榄油泡渍蔬菜或是香肠冻盘为主。在驰名的开胃头盘中，蜜瓜无花果烟熏火腿片和生牛肉片非常受欢迎。

（2）头道主菜。

头道主菜是接在开胃头盘后的第一道菜，包括汤、面食、利梭多饭、玉米糕或披萨等。其中享誉世界的名食有杂菜汤、肉酱意粉和藏红花利梭多饭等。某些意式餐厅会供应新鲜面食或即制利梭多饭，这些菜肴均需要20～25分钟的预备烹调时间。因此，聪明的侍应生通常会建议食客先享用一点开胃酒或开胃头盘，以配合上菜时间。

（3）第二道主菜。

在意大利，第二道主菜就是该餐的主菜，包括海鲜盘和肉盘。由于意大利位于地中海沿岸，因此海鲜品种丰富，烹调方式和菜式变化比肉类更为多样。世界驰名的主菜有酿花枝、香草生腿煎牛仔肉片和烧牛柳配蘑菇红酒汁等。

（4）配菜。

传统菜单会保留配菜一栏，以供食客选择搭配，其中受欢迎的配菜有香草炒宝仙尼菌和番茄干酪沙拉等。

（5）甜品。

在享受过美味佳肴后，点选一份精致的甜品作为一餐的完美收官是再恰当不过的选择。意大利的甜品种类丰富多样，包括糕饼、烘焙美点、雪糕和酒香水果等，其中著名的意式干酪饼和西西里三色雪糕更是不可错过。

（6）干酪。

在享用过甜品之后，侍应生会推上干酪车供食客选择。干酪在意大利是十分普遍的食物，种类有400多种，可以入肴或伴以红葡萄酒进食。常见的意大利干酪有戈尔根朱勒干酪、宝百士干酪、果仁味羊奶干酪、帕尔马干酪和莫泽雷勒干酪等。

3. 披萨

那不勒斯披萨是披萨的一种，起源于意大利的那不勒斯。现代披萨是从那不勒斯早期的扁形面包演变而来的。18世纪，披萨在那不勒斯风行起来，绝大部分吃披萨的人都是那不勒斯的穷人，他们从街边小贩处买来，直接在街头享用。1889年，玛格丽塔王后在那不勒斯视察期间品尝了一道披萨，对其大加赞赏。这款披萨随后被命名为"玛格丽塔披萨"（如图7-2所示）。这款披萨选用了红色的番茄、白色的水牛奶酪和绿色的罗勒叶，从细节上传递出意大利人的民族主义情绪：国王和王后希望尝试不同于法国菜肴的本土美食，追求本民族地道纯正的特色美食；而且，玛格丽塔披萨的红色、白色、绿色正好与意大利国旗的颜色相呼应。意大利人认为，玛格丽塔披萨是"正宗"的那不勒斯披萨。通过这一传奇故事，披萨成为弥合社会差异的象征，这道曾经不起眼的小吃，如今也受到了挑剔的美食家的青睐。

图 7-2 玛格丽塔披萨

第二次世界大战结束后，驻守在意大利南部的美英士兵把披萨传播到意大利其他地区。人口的迁徙和旅游业的发展也促进了披萨在欧美地区的传播。现在，披萨已经成为一种世界性的饮食，在世界各地几乎都可以品尝到。

4. 意大利面

在古代的美索不达米亚地区，人们最先开始种植小麦。希腊人和罗马人将小麦磨成粉，主要用来制作面包，同时，他们还将小麦粉加水和成面团，做成类似千层面的食物。中世纪初期，由于日耳曼人的入侵，意大利的小麦种植和加工受到了严重影响，导致小麦文明逐渐衰落，用杂粮、蔬菜和豆类制成的杂菜汤成为农民的日常食物。这种杂菜汤在日后成为意大利面的前身，在意大利的饮食文化中占据着重要地位。

真正的意大利面出现在11—12世纪，其制作过程分为两个阶段：第一阶段是制作面团，第二阶段是将面团与水结合进行烹饪。西西里地区以制作干意大利面而著称，意大利北部则以制作鲜意大利面而闻名。虽然意大利面最初是作为平民食物登场的，但由于作为原料的小麦价格较高，它并没有作为日常食物普及。

地理大发现时代，从新大陆引入的南瓜、番茄、玉米、马铃薯等新食材和香辛料，被人们用来制作各式各样的意大利面，或者做成馅料和酱汁搭配意大利面，推动了意大利面新时代的到来。特别是在17世纪，番茄酱的发明极大地丰富了市民的饮食生活。第二次世界大战结束后，意大利面逐渐成为真正的意大利国民食物，并深深植根于意大利人的日常饮食生活中。

7.2.3 西班牙饮食

西班牙位于欧洲西南部的伊比利亚半岛，地处欧洲与非洲的交界处，西邻葡萄牙，西北濒临大西洋，北临比斯开湾，东北隔比利牛斯山脉与法国和安道尔相连，东部和东南部濒地中海，南隔直布罗陀海峡与非洲摩洛哥相望。西班牙国土面积约50.6万平方千米，总人口约4639.75万（2019年）。

1. 西班牙饮食概说

西班牙四面环海，内陆一带山峦起伏，气候具有多样性。从历史上看，西班牙屡受外族入侵，又辗转受不同教义影响，因此各地区留存独特的传统文化，并拥有不同的节庆特色。西班牙菜融合了各种外族文化，充满独特的地方色彩，以"美酒佳肴"来形容西班牙的酒和菜也并不为过。根据其地域特色，不难找到高质量的食材，而在高超的烹调技术和专业厨师的调配下，西班牙菜形成了菜式丰富、烹调可口以及各具特色的优点。

西班牙人生性开朗，热情好客，爱与朋友聚会，也喜欢夜生活，因此酒吧、餐厅和歌舞馆随处可见。根据消费统计，大部分西班牙人愿意花费收入的20%以上用于饮食和娱乐。

西班牙人的用餐时间相对较长。他们通常只在上班前略吃早餐，然后在上午10点左右的休息时间饮一杯咖啡，享用一份迷你三明治或煎蛋饼。午餐时间通常在下午2点至4点，他们会选择一杯红酒，大致享用三道菜。晚餐时间大约在晚上10点以后，由于时间较晚，为了避免饥饿，他们习惯在晚餐前到酒吧喝少许酒，品尝一点小吃。

在西班牙，餐厅通常称为"Restaurante"，一般会供应全套用餐菜牌，包括开胃头盘、汤、主菜及甜品。特式小餐馆则称为"Tascas"，多以彩色陶砖为装饰，供应家常菜式，风味独特。当然，西班牙不会缺少酒馆或酒吧，它们主要供应各式饮料，如啤酒、葡萄酒、雪莉酒等，还会提供精美的点心小吃和串烧食物。店内通常会将西班牙生火腿挂在天花板上，酒保会用支架固定火腿，随时为食客送上即削的生火腿片。此外，还有专门售卖西班牙传统面包和修道院式糕点的面包糕饼店。

2. 西班牙海鲜饭

西班牙海鲜饭是西班牙享誉世界的招牌饮食，起源于西班牙的港口城市——瓦伦西亚，是一种以西班牙产的水稻为原料的饭类食品。海鲜饭的西班牙语名是"paella"，源自拉丁语"patella"，意为"锅"。事实上，在西班牙语中，用来烹制海鲜饭的大铁锅也称为"paella"。显然，和铁板烧、石锅饭一样，海鲜饭的名字来源于其专用厨具——一种深度通常不超过5厘米的平底、浅口、双耳圆锅，这与食材本身没有直接关系。瓦伦西亚是公认的"海鲜饭之乡"，因为这里是西班牙的主要水稻产区。这里有最原始的海鲜饭配方，即"瓦伦西亚式大锅饭"。

要想烹制一锅正宗的瓦伦西亚式大锅饭，需要使用西班牙本土水稻，并以藏红花、迷迭香、番椒粉、大蒜等为主要调味料；基本配料为鸡肉、兔肉、菜豆、豆角，还可以根据季节的不同添加洋蓟、蜗牛、鸭肉等食材。其调味的核心无疑是藏红花。西班牙被摩尔人统治数百年之久，其烹饪习惯也受到伊斯兰饮食文化的影响，喜爱用香料。藏红花不仅具有独特的芳香，还能将米饭染成诱人的金黄色。

7.3 北欧、东欧饮食：芬兰、俄罗斯

7.3.1 芬兰饮食

芬兰南临芬兰湾，西濒波的尼亚湾，陆疆分别与瑞典、挪威、俄罗斯接壤。芬兰湖泊众多，有"千湖之国"之称。芬兰国土面积约33.84万平方千米，全国三分之一的土地在北极圈内，总人口约561.4万（2024年）。

1. 芬兰饮食概说

芬兰的饮食与北欧其他国家的饮食相似，菜肴简单而健康，人们不但大量食用海鲜，还会将有限的食材进行充分运用。北欧有着特殊的食物烹调与贮存方法，例如将鱼晒干、熏制或腌渍后存放，而牛奶则经过发酵后食用。几个世纪以来，北欧人仍旧喜欢盐腌的食物。

2. 鱼类烹调

芬兰的海岸线蜿蜒绵长，三文鱼、波罗的海青鱼、淡水鳕鱼等鱼类资源丰富。芬兰人多采用烟熏、火烤、蒸、焗等方法来烹制这些鱼类。由于芬兰没有环境污染，新鲜的

鱼类也可以制成生鱼片。芬兰的"鱼寿司"是一道著名小吃,人们把腌制过的生鱼片包裹上小马铃薯和奶油香菜同吃,比起用米饭做的日本寿司,别有一番风味。

三文鱼是贵重且深受人们喜欢的鱼类。芬兰人喜欢用烟熏、炖、烤等方式烹制三文鱼,或者与咸肉、洋葱一起做成杂烩,味道鲜美。他们也创新地将三文鱼与大米、鸡蛋和切碎的莳萝香料混合在一起,制成鱼肉馅饼的馅料。他们还会在淡水鳕鱼中加入奶油、鱼卵,再搭配吐司、酸乳酪和生洋葱,制作出俄式传统的荞麦薄饼。波罗的海青鱼是芬兰的主要鱼类,芬兰人多采用烟熏法烹制,使得原本呈银色的鱼皮被熏成金黄色,色、香、味俱佳。此外,油炸青鱼或将其浸制在沙拉中也是不错的选择。近年来,新的烹饪方法还包括在烹饪过程中加入大蒜和芥末调味。

芬兰人有喝汤的习惯,清甜鲜美的三文鱼汤是他们的美食。那里的鱼汤通常与马铃薯一同煮开,人们会连汤带料一起享用。冬季,芬兰人会用最肥美的淡水鳕鱼来熬制浓汤。芬兰人认为,无论怎样烹调,都应该将整条鱼吃掉,那样才有益健康。

3. 卡累利阿馅饼

卡累利阿馅饼(如图 7-3 所示)源自原属芬兰的卡累利阿地区,是芬兰最具有历史意味和民族特点的一种食物,它也是芬兰男女老少铭记历史的象征。卡累利阿人是芬兰最古老的部族之一,保留了芬兰最地道的民风,因此卡累利阿馅饼也被认为是芬兰最有民族特点的餐前点心。

图 7-3 卡累利阿馅饼

卡累利阿馅饼的饼皮大多呈椭圆形,由芬兰著名的黑稞麦制作而成,填入土豆泥或用牛奶煮熟的大米作为馅料,这种大米吃起来比普通的大米要香醇很多。随后,在饼皮的四周捏出褶子,使它呈小托盘状,将馅料包裹在中间。最后,将馅饼放入炉中烤熟。食用时,需要在馅饼上抹一层用熟蛋黄、黄油等芬兰人最喜爱的食品混合而成的酱,还可以在馅饼上撒上自己喜欢的配料。

卡累利阿馅饼大小适中,易于握持,放入口中品尝一口,便让人难以放下。它不仅可以作为主餐面包,还时常出现在芬兰大餐的头盘(前菜)中,配合沙拉一起享用。虽然分量不大,但对于亚洲人来说已经足够。

7.3.2 俄罗斯饮食

俄罗斯位于欧洲东部和亚洲北部,北临北冰洋,东濒太平洋,西北濒波罗的海芬兰湾。俄罗斯幅员辽阔,横跨东欧大部分地区和北亚,东西最长9000千米,南北最宽4000千米。俄罗斯国土面积约1707.54万平方千米,总人口约1.43亿(2022年)。

1. 俄罗斯饮食概说

俄罗斯人重视饮食文化,菜肴的品种丰富多彩,"俄式大餐"在世界上享有盛誉。珍贵的鱼子酱、正宗的罗宋汤,以及传统小煎饼,都充分展现了其民族特色。

在俄罗斯的餐桌上,几乎每餐都能见到牛排、羊肉、香肠等肉类食品。

俄罗斯人常饮用的饮料有蜂蜜水、格瓦斯等。俄罗斯人爱喝酒是世界闻名的,其中最重要的酒类当属伏特加。俄罗斯人有喝茶的习惯,主要饮用红茶。

俄罗斯的饮食文化对中国人了解西餐有很大影响。至今在哈尔滨仍然可以感受到浓郁的俄罗斯饮食文化元素。

2. 俄罗斯特色美食

(1)粥。

粥是俄罗斯传统早餐之一,甜咸皆宜。在俄罗斯,煮粥时常用的谷物有荞麦、大麦、黑麦,还有燕麦片和小米。由于煮粥时通常会用粥汤代替水来煮,因此口感较为浓稠。

(2)俄式松饼。

俄式松饼有栉瓜、猪肝或牛肝等咸口味,也有苹果、开菲尔等甜口味。

(3)布林饼。

布林饼是一种传统的俄式薄煎饼,有各种甜咸口味、各种造型,是俄罗斯传统节庆——谢肉节的特色食品。

(4)俄罗斯熏肠。

俄罗斯熏肠的肠衣脆爽,肉馅香滑顺口,常作为冷盘食用,也可以搭配芥末酱和切片面包一起食用。熏肠切面的白点不是米粒,而是口感顺滑的油花。

(5)俄式肉冻。

俄式西餐中有一些特色的凉菜,其中俄式肉冻的制作过程尤为烦琐。这道菜使用猪肉、鸡肉、鸭肉等食材连骨头一起炖汤,然后冷冻成糕。其糕体晶莹,虽然有点肥腻,但口感香醇且不易上火。

(6)俄式沙拉。

俄式沙拉品种较多,比如奥利维耶沙拉、什锦甜菜沙拉、乌梅甜菜沙拉、甜菜丝鲱鱼沙拉等。

(7)罗宋汤。

罗宋汤是俄罗斯最具代表性的传统汤品。推荐在品尝时淋上酸奶油,这样更能品味出罗宋汤的美味。

(8)斯特罗加诺夫烩牛肉。

18世纪时,斯特罗加诺夫公爵的家厨结合了法国烩牛肉的烹调方法和俄罗斯的酸奶油酱料，自创了这道香浓柔嫩的经典组合。这道广为流传、历久不衰的美味，至今仍在菜单上，以纪念斯特罗加诺夫公爵。

（9）俄罗斯汉堡排。

俄罗斯汉堡排的外皮香酥可口，肉馅也十分美味。在俄罗斯的传统家常菜之中，俄罗斯汉堡排非常受欢迎。

（10）面包。

面包是俄罗斯的主食，主要分为黑面包与白面包两种。在俄罗斯的礼宾传统中，主人会以奉上面包和盐来表示对客人的尊敬和欢迎。而俄罗斯人在喝汤时，通常也会搭配面包。

同步练习

一、判断题

1. 英国是一个岛国，四面环海，所以英国人特别讲究吃海鲜。（   ）
2. 西班牙海鲜饭里必须要有海鲜，否则就不能称其为海鲜饭。（   ）

二、单项选择题

1. 法国烹调史上著名的凯瑟琳公主从意大利带来的佛罗伦萨风味的菜是（   ）。
   A. 煎鹅肝　　　　B. 橙汁鸭　　　　C. 法式烤羊小排　　　　D. 红酒烩鸡
2. （   ）的肉类食品以猪肉为主。
   A. 英国　　　　B. 法国　　　　C. 德国　　　　D. 美国
3. 意大利人认为，（   ）披萨是"正宗"的那不勒斯披萨。
   A. 伊丽莎白　　　　B. 玛格丽塔　　　　C. 玛利亚　　　　D. 戴安娜

三、多项选择题

1. 炸鱼薯条在（   ）很受欢迎。
   A. 英国　　　B. 加拿大　　　C. 美国　　　D. 澳大利亚　　　E. 新西兰
2. 影响法国饮食文化的关键人物有（   ）。
   A. 凯瑟琳公主　　　　B. 路易十四　　　　C. 布里亚-萨瓦兰
   D. 埃斯科菲那　　　　E. 博古斯

四、简答题

1. 卡累利阿馅饼是如何制作的？
2. 俄罗斯人通常喜欢喝什么？

五、体验题

在品尝披萨时，请观察你所去的店里提供的披萨有哪些品种，并了解它们的特点。

第 7 讲　同步练习答案

第8讲　美洲、大洋洲、非洲饮食特色

北美和大洋洲属于西方饮食文化区。北美主要包括位于北美大陆中部和北部的美国、加拿大2国。大洋洲包括澳大利亚、新西兰、巴布亚新几内亚等14国。

拉丁美洲属于拉美饮食文化区。拉丁美洲是指美洲的美国以南地区，包括墨西哥、中美洲、加勒比海的西印度群岛和南美洲。

撒哈拉沙漠以南的非洲属于非洲饮食文化区。东非包括埃塞俄比亚、厄立特里亚、吉布提、索马里、肯尼亚等10国，西非包括毛里塔尼亚、塞内加尔、冈比亚、马里、布基纳法索等16国，中非包括乍得、喀麦隆、赤道几内亚、加蓬、刚果共和国等8国，南非包括赞比亚、安哥拉、津巴布韦、马拉维、莫桑比克等13国。

8.1　北美、大洋洲饮食：美国、澳大利亚

8.1.1　美国饮食

美国位于北美大陆中部，东濒大西洋，东南临墨西哥湾，西临太平洋，北与加拿大为邻，西南与墨西哥毗连，其领土还包括北美洲西北部的阿拉斯加和北太平洋中部的夏威夷群岛。美国国土面积约937万平方千米，总人口约3.32亿（2021年）。

1. 美国饮食概说

美国土地广阔，吸引了来自100多个国家不同种族的人移民到此。这些庞大的外来移民在美国成家立业、落地生根，让美国成为世界人种的"大熔炉"。而美国饮食文化的形成也受到了这个"大熔炉"的影响。美国人类学家西敏司认为，没有所谓的美国食物，因为当我们开始列举美国食物时，我们不是列出一个地方性的菜色，就是提到一些如意大利面、披萨、热狗等异国食物。然而正因为没有所谓的美国料理，反而凸显了美国的民主与种族的多元异质性。美国的一位餐饮管理顾问认为，与其将美国饮食视为所有内容都为均质的"大熔炉"，不如将其视为一个"沙拉碗"，其中每一种成分都独具特色，展现了美国饮食作为"移民饮食"的多元性。

美国饮食的多元文化来源主要包括：以玉米、豆类及南瓜等美洲原产植物为特色的印第安原住民饮食；以烘焙、煎炸、炖煮等为主要烹饪技法的欧洲饮食；以铁锅烹调、蘸浸面糊油炸及制作各种辛辣酱料为主的非洲饮食；以大量运用玉米、豆类、辣椒制作

食物，配以各种玉米饼、酱料和龙舌兰酒为特色的拉美饮食；以蒸、炒、熏等烹饪方法来制作大米、豆腐、水产，并运用多种香料的东方饮食等。

2. 区域饮食

美国地域辽阔，各区域的地理环境、气候、物产，以及居民的来源和文化传承均有显著差异，因此呈现出多样化的饮食特色。

（1）东北部地区。

东北部地区的食材来源非常丰富，包括大西洋的海产以及内陆淡水湖泊的水产，同时还包括本地出产的和进口的农产品。玉米是当地的传统主食，被广泛使用在当地的料理中。豆类也是主要食材，此外还有马铃薯、洋葱、甜菜及各种萝卜。位于此区域的新英格兰料理融合了美洲原住民的烹调技术和英国的家常料理，常用的烹调方法包括烤、煮、炖等，做菜时常用鲜奶油，口味较为清淡。

（2）中西部地区。

一般人对中西部地区饮食的印象是朴实的农村家常菜，也就是所谓典型的美国菜。常见的做法是将上好的肉块简单烧烤一下，再配些土豆、蔬菜、新鲜面包一起上桌。他们的早餐很丰盛，大锅的汤或炖煮菜不仅令人饱腹，还能提振精神。最后再来一份简单的甜点，这才算吃完一餐。

（3）南部地区。

南部地区的典型料理展现了庄园丰富的物产，玉米穗粒、水稻、猪的各个部位、甘薯和蔬菜是南部地区的基本食材，也是南部料理的基本特色。这些食材在美洲原住民、欧洲移民和非洲奴隶的传统食物的影响下相互融合，渐渐塑造出南部大西洋沿岸的饮食特色。热面包是每餐必备的，猪肉制品有乡村火腿、猪排、腊肠等。不伦瑞克炖肉来源于美洲原住民，在南部地区十分常见，其食材不一。

（4）西部地区。

西部地区开发较晚，19世纪后才发展起来，因此亚裔、拉丁裔较多。许多移民是为淘金和修铁路而来，他们带来了各自的文化和饮食习惯。中国人和墨西哥人喜欢味道重的食物，带来了辣椒和胡椒；意大利人、日本人、希腊人则从事渔业生产，引进了什锦海鲜炖锅、串烤鱼贝等菜肴。德国的香肠、意大利的牛角酥、中国的杂碎等美食在此地生根发展。太平洋丰富的海产和当地发达的种植养殖业为当地提供了多样的食材。

3. 节日饮食

美国的历史相对较短，只有200多年。美国因移民而融合了多种文化并加以改造，在很短的时间里形成了具有美国特色的节日饮食。

（1）万圣节饮食。

每年11月1日是万圣节。万圣节最早是凯尔特人的新年。在19世纪的移民化进程中，美国现代意义上的万圣节逐渐发展起来。

美国万圣节的食物有糖果、南瓜派、苹果等。在万圣节前夕，小朋友们会穿着父母给他们准备好的奇装异服，挨家挨户地敲门，高喊着"不给糖果就捣蛋"，每一家的大人们都会准备好糖果来接待这些小朋友。万圣节的糖果以橘色、棕色和黑色的包装为主，造型以鬼怪居多。不过，这个传统最初与糖果并没有直接关系。如果你拒绝了这些可爱的小朋友，第二天你可能会发现门口有摔碎的南瓜，或是院里的小树被挂满了卫生纸，这时请不要生气哦！小朋友们在这个节日中扮成各种角色和进行"不给糖果就捣蛋"的活动，实际上是移民社会消弭不信任、促进邻里关系的一个契机。

南瓜派在美国南部本来就是初冬最常见的食物，只是在万圣节期间尤为受欢迎。除了南瓜派，南瓜子也是节日期间常见的零食。

11月1日除了是万圣节之外，还是古罗马的一个重要节日——波摩娜节。相传，波摩娜是"果树之神"，掌管所有果树的生与死、丰收与歉收。罗马在占领凯尔特之后，也把波摩娜节和新年融合在一起，形成了万圣节吃苹果的习俗。

（2）感恩节饮食。

感恩节是美国人民首创的一个节日，也是美国人合家欢聚的节日。起初，感恩节没有固定的日期，由美国各州临时决定。直到美国独立后的1863年，时任美国总统亚伯拉罕·林肯宣布感恩节为全国性节日。1941年，美国国会正式将每年11月的第四个星期四定为感恩节。

1620年11月，一群英国清教徒搭乘著名的"五月花"号船来到北美，当时这里一片荒凉，火鸡和其他野生动物随处可见。1620—1621年的冬天，这群英国人饥寒交迫，幸得印第安人的帮助才生存下来。1621年11月，为感谢印第安人和上帝的恩赐，他们将猎获的火鸡制成美味佳肴，盛情款待印第安人，与他们联欢，庆祝活动持续了3天，这就是美国历史上记载的第一个感恩节。从那以后，吃火鸡成为感恩节的传统习俗。通常，人们会在火鸡肚子里塞上各种调味料和拌好的食品，然后整只烤出，由男主人用刀切成薄片分给大家。

1989年的感恩节，时任美国总统乔治·布什举办了一个火鸡赦免仪式，他在仪式上向大家保证，这只火鸡不会成为任何人的盘中餐——它被总统特赦，得以在附近一处儿童农场安度余生。"赦免火鸡"这一传统被后来的历任总统传承了下来。

4. 快餐文化

19世纪末，随着美国工业化的快速发展，工厂如雨后春笋般在各城市涌现，紧张的劳动催生了快餐的出现。

罗得岛州首府普罗维登斯首先出现了手推餐车，接着，由汽车改装而成的大餐车也在这个城市出现。这一创举引起轰动，全美都兴起了建餐车的热潮。新餐车配有煤气设备，可以供应热食。香肠是最受欢迎的小吃之一。由于拿着盘子站着吃不方便，人们就用面包夹着香肠来吃。有传言说这种廉价的香肠是用狗肉制成的，耶鲁大学的学生便把这种餐车称为"狗肉摊"，而面包夹香肠则被称为"热狗"。此外，德裔创造了一种用剁碎的牛肉制成的饼状食物——"汉堡牛排"，夹在面包里也非常方便食用，直接就被称为"汉堡"。

1921年，在堪萨斯州，第一家只供应汉堡、饮料、咖啡和派的"白色城堡"快餐连锁店出现。很快，全美出现了许多出售汉堡的连锁品牌。第二次世界大战开始后，由于牛肉短缺，汉堡开始用煎蛋作为代替品；土豆因不受配给限制，使得油炸薯条大受欢迎。

1955年，已经53岁的雷蒙·克罗克获得了当时众多快餐连锁品牌中的麦当劳的全国特许经营权。几年后，他买下了麦当劳的全部股权。如今，麦当劳已成为全球零售食品服务业的龙头企业。截至2019年年底，麦当劳在全球范围内拥有超过3.8万家餐厅，每天为100多个国家和地区的超过6900万名顾客提供高品质的食品与服务。麦当劳成为商业效率和成功的标志，并在全球范围内扎根于大众文化中。

此外，美国还有肯德基、星巴克、赛百味、汉堡王、温迪、塔可钟、唐恩都乐、福东鸡和必胜客等著名快餐品牌。经营中式快餐的熊猫快餐在全球范围内开设了2000多家门店，遍布全美40多个州。

8.1.2 澳大利亚饮食

澳大利亚联邦由澳大利亚大陆、塔斯马尼亚岛等岛屿及海外领土组成。西、南临印度洋，北隔帝汶海和阿拉弗拉海与印度尼西亚、东帝汶、巴布亚新几内亚相望，东濒珊瑚海和塔斯曼海。澳大利亚国土面积约769.2万平方千米，总人口约2617万（2022年）。

1. 澳大利亚饮食概说

澳大利亚传统的饮食文化主要受到英格兰和爱尔兰的影响。人们一般以吃西餐为主，饮食习惯与英国相似。19世纪初，随着大量欧洲移民的涌入，澳大利亚的饮食文化开始呈现出多样化的特点。意大利、希腊、法国、西班牙、土耳其等国家的饮食方式相继在澳大利亚各地生根。这些新的饮食文化不仅满足了各地移民的需要，也给当地的英国后裔带来了新的口味。

从19世纪50年代的淘金潮开始，华人劳工就已经把中餐带入了澳大利亚，当时在许多小城镇都可以找到中餐馆。20世纪初，糖醋排骨、黑椒牛柳、咕咾肉、杏仁鸡丁就已经成为风行一时的异国情调菜肴。如今，在澳大利亚的任何一个小城镇里，都能看到中式餐馆。而在大城市，唐人街、中餐馆、酒楼更是遍布各地，数不胜数。据说，在各国风味餐馆中，中餐馆的数量是最多的。

20世纪70年代后期，随着越南难民的涌入，价格亲民的越南菜在澳大利亚流传开来，其中最受欢迎的就是特色牛肉粉，这几乎成了越南食品的象征。然而没过多久，越南风味便被咸、辣、甜的泰国菜所取代了。泰国餐馆就像当年的法国餐馆一样迅速遍布各个城区，并风靡一时。最流行的亚洲餐依次为中餐、泰餐、日餐、韩餐、越餐和马来餐。

如今，澳大利亚人的食物应该是世界上最丰富多样的：肉、蛋、禽、海鲜、蔬菜和四季时令水果应有尽有。这些食物几乎全部自产自销，很少依赖进口，而且品质优良。在澳大利亚这块广袤的土地上，人们可以种植各种在其他国家也能够出产的东西。因此，澳大利亚人学会了各种烹调技术，并在饮食上有了创新意识，使丰富的物产物尽其用。

2. 澳大利亚海鲜

澳大利亚是世界上唯一国土覆盖整个大陆的国家，但其人口主要分布在东南沿海地区，西部和广大内陆地区的人口则相对较少。绵长的海岸线，纯净、天然的海域，造就了品质纯净、肉质鲜美的海鲜。

澳洲龙虾、皇帝蟹、塔斯马尼亚生蚝是澳大利亚的"海鲜三宝"。

（1）澳洲龙虾。

澳洲龙虾属于名贵的淡水经济虾种，其通体呈火红色，爪为金黄色，肉质最为鲜美，具有六大特征：一是体大肥美，一般龙虾仔的体重在100～200克，成虾的体重则在750克以上；二是生长速度快，产量高；三是营养丰富，肉质细嫩、滑脆，味道鲜美香甜，风味独特；四是适应性强，能在水温5℃～35℃、盐度17‰～24‰的环境中正常生活；五是食性杂，既吃动物性饲料，也吃人工配合饲料和腐殖质，易于养殖；六是经济效益高。澳洲龙虾不仅产量高，而且有极强的耐活力，便于长途运输，在国内外市场上备受消费者青睐。

（2）皇帝蟹。

皇帝蟹分布在澳大利亚西部及南部海域，其体重是现存蟹类中最重的，可达36千克；甲壳宽度可达60厘米，足展长度1.5米，体型肥重；甲壳较为坚硬，呈红白色、扇形；螯足粗壮，钳指为黑色。在澳大利亚，皇帝蟹的做法很简单，直接把皇帝蟹放入水中煮，煮熟后直接捞出来吃，蟹肉味道鲜美。最后喝汤，清澈的汤水和鲜美的蟹肉相得益彰。

（3）塔斯马尼亚生蚝。

塔斯马尼亚生蚝产自澳大利亚塔斯马尼亚岛附近的海域，那里的水质特别清澈，是世界上少数没有受到污染的海域之一，非常适合生蚝的生长。那里出产的塔斯马尼亚生蚝肉质洁白，莹莹如玉，被奉为"蚝中极品"，也是"食蚝族"的最爱。开盖后，在蚝肉上挤上鲜柠檬汁，轻啜一下，酸酸的柠檬汁混合着鲜美的蚝肉，令人回味无穷。

3. 两款甜点

（1）巴甫洛娃蛋糕。

巴甫洛娃蛋糕（如图8-1所示）是一款以俄罗斯芭蕾舞演员巴甫洛娃的名字来命名的甜点。20世纪20年代，巴甫洛娃在澳大利亚和新西兰进行巡回演出，当地一位名厨从她的舞蹈中获取灵感，改良了本地的乡村蛋白脆饼，使其口感更轻盈，并直接以巴甫洛娃的名字来命名这款蛋糕。另外一个版本的故事则是，在一次演出结束后，酒店后厨希望为巴甫洛娃做一款不含脂肪的甜点来犒劳这位勤苦的舞蹈家。不料厨房的玉米淀粉用完了，厨师在原料不足的情况下突发奇想，用蛋清制作出了如今的巴甫洛娃蛋糕。

图8-1　巴甫洛娃蛋糕

无论巴甫洛娃蛋糕最早出自澳大利亚还是新西兰，这款甜品在这两个国家都广受欢迎，堪称"国家级甜点"。巴甫洛娃蛋糕专卖店遍布这两个国家，这些店家只售卖巴甫洛娃蛋糕这一种甜点。而在超市中，也能找到巴甫洛娃蛋糕的半成品，人们对这款"国家级甜点"的喜爱可见一斑。

（2）梅尔芭蜜桃。

梅尔芭蜜桃是一款以澳大利亚第一位闻名世界的歌剧演唱家梅尔芭的名字来命名的甜点。1892年，梅尔芭在伦敦演出时住在泰晤士河畔的萨沃伊酒店，当时的厨师长埃斯科菲耶在欣赏了她的演唱后大为感动，于是便制作了这道甜点，在梅尔芭主持的晚宴上送给她。在经过梅尔芭的同意后，这道甜点便以她的名字来命名。这道甜点是由桃子泥、木莓酱和香草冰激凌混合而成的。

8.2 拉美饮食：墨西哥、巴西、阿根廷

8.2.1 墨西哥饮食

墨西哥位于北美洲南部，北邻美国，南接危地马拉、伯利兹，东临墨西哥湾和加勒比海，西南濒太平洋，是南美洲、北美洲陆路交通的必经之地。墨西哥国土面积约196.44万平方千米，总人口约1.28亿（2020年）。

1. 墨西哥饮食概说

古代墨西哥人驯化了玉米，并推动了农业革命，从而形成了许多文明，其中包括奥尔梅克文明、提奥提华坎文明、阿兹特克文明和玛雅文明。

墨西哥是中美洲的文明古国，其饮食非常丰富。由于长期被西班牙统治并受到古印第安文化的影响，墨西哥的菜肴以酸辣为主，辣椒成为墨西哥人不可缺少的食品。墨西哥本土出产的辣椒有百款之多，颜色由火红到深褐色，各不相同。

（1）传统食俗。

墨西哥人对其传统饮食一直深感骄傲，这种融合了本土和欧洲的食材，加上印第安人和西班牙人的烹调技术所制作出的菜肴独具特色。同时，墨西哥菜还受到法国、威尼斯和古罗马的一些影响，演变成了如今既有浓郁口味又精致的墨西哥菜。

墨西哥原产的辣椒、玉米、豆类、可可、番茄等，几千年来一直是墨西哥重要的食材。玉米是当地人的主要食物，而豆类、果蔬的产量也很丰富。火鸡和狗是当地驯养的肉类食材，有时还可猎捕到一些小野味。总体上来说，古代墨西哥的饮食明显缺乏稳定的动物性食物来源。

（2）西班牙人的贡献。

随着西班牙人的到来，墨西哥开始引进肉桂、大蒜、洋葱、大米、甘蔗、小麦等农作物，但最重要的是猪的饲养，这为墨西哥菜肴增加了比较优质的蛋白质和脂肪来源。将这些从西班牙引进的新食材和当地原产的食材融合后，墨西哥出现了一些流行的经典

菜肴，如加入猪肉的玉米薄饼，用番茄、辣椒、洋葱丁做成的沙拉酱，加入豆类煮的饭，还有煮熟后用猪油炒过的菜豆等。利用当地特有的植物——龙舌兰，并结合欧洲引进的蒸馏技术所酿造出的特其拉酒在1968年墨西哥奥运会后被世界所知。

2. 代表性食物

墨西哥的食物种类很多，在一些较为偏僻的地方，食物仍保留着本土风味。在某些地区，水果、蔬菜和肉类的采购受限，形成了独特的制作方法。

（1）墨西哥薄饼。

传统的墨西哥薄饼是用玉米粉手工制作的。首先，需要将玉米粒浸泡在石灰溶液里。因为单独食用玉米很容易导致一种B族维生素——烟酸的缺乏，而石灰溶液能将结合型的烟酸水解为游离型的烟酸，使其易被机体利用，这种方法也体现出墨西哥人的生存智慧。经过加热，玉米粒表皮破裂，将去皮玉米粒放在厚石板上磨成粗粉，然后加水揉成面团。将面团分割成小圆剂子，再轻拍成直径约18厘米的扁平圆皮。在铁板或平底锅上加少许猪油，烙成松软香脆的墨西哥薄饼。现在这种薄饼也有用小麦粉制作，或者用面粉和玉米粉混合制作的。这种薄饼通常作为主食，用它包裹不同的馅料。

（2）塔可饼。

墨西哥饮食以填塞馅料的方式闻名，其中塔可饼（如图8-2所示）就是最著名的一种。塔可饼使用墨西哥薄饼来包裹馅料，包括萨尔萨辣酱、肉类、蔬菜、豆泥和各种酱料。塔可饼源自墨西哥风味玉米饼，也被称为"墨西哥卷"。数百年来，玉米一直是墨西哥饮食中的主角，而以玉米为原料制成的薄饼也是墨西哥最基本且最有特色的食品。它是一种用玉米煎制的薄饼，食客可以根据自己的喜好加入炭烤的鸡肉条或牛肉酱，然后再加入番茄、生菜丝、奶酪等配料，看上去颜色格外丰富，好似一件艺术品。食用时，外脆内嫩，香、辣、酸、甜各味俱全，这便是塔可饼的独特魅力。

图8-2 塔可饼

（3）玉米粽。

玉米粽是对起源于土著人的一种美洲食物的统称，通常用来形容用玉米苞叶、香蕉叶、龙舌兰叶、鳄梨叶，甚至铝箔、塑料包裹的玉米面食品。玉米粽中可以装满馅料，也可以不装满；馅料可以包括肉、蔬菜、辣椒、水果、沙拉等；口味可以是甜的，也可以是咸的。

没有任何一个国家像墨西哥一样拥有种类如此丰富的玉米粽。每个地区、每个州都有其独特的玉米粽类型，据估算，墨西哥全国共有 500～5000 种玉米粽。玉米粽是墨西哥最受欢迎的食品之一。

如今，玉米粽已经成为墨西哥人饮食的重要组成部分，在圣诞节假期以及庆祝洗礼仪式时十分受欢迎，同时也在亡灵节时作为祭祀品。

（4）"许愿葡萄"。

世界各地的人们以各自独特的风俗习惯辞旧迎新。在墨西哥，人们是吃着"许愿葡萄"喜迎新年的。葡萄是每一个墨西哥家庭年末必备的食物。辞旧迎新的钟声每响一下，人们就会吃下一粒"许愿葡萄"，一共要吃 12 粒，每吃一粒便许下一个心愿，祈求平安、幸福、健康和财富，祈祷新的一年从年初至岁末的每个月都吉祥如意。

8.2.2　巴西饮食

巴西位于南美洲东部，东濒大西洋，除智利和厄瓜多尔以外同所有南美洲国家有共同边界。巴西国土面积约 851.49 万平方千米，总人口约 2.1 亿（2020 年），其中白种人约占 54%，黑白混血种人约占 38%。巴西是美洲唯一一个讲葡萄牙语的国家。

1. 巴西饮食概说

巴西是欧、亚、非三洲移民的集聚之地，因此在饮食上深受移民国的影响。它不仅融合了各个移民国的饮食习惯，而且带有浓浓的巴西风味，使巴西美食独树一帜。巴西南部土地肥沃，草木生长繁盛，有众多的牧场安置在这里，由此，烤肉成了这一地区最常见的菜肴；而东北地区则主要以木薯粉和黑豆为主食；其他地区的主食通常是大米和豆类。这种明显的美食分区已成为巴西美食的一大特色。

大多数巴西人都爱吃红辣椒，辣椒过多可能会令人吃不消，但放得适量的话，可能会辣得非常过瘾。一般情况下，辣椒酱会单独提供，随食客喜好自行取用。大多数餐厅会供应独家调制的辣椒酱，而且往往会小心翼翼地保护其调制秘方不被泄露。

2. 巴西烤肉

巴西烤肉是巴西的招牌菜，每逢家宴、野餐都是必备的食物。在巴西的每个角落，烤肉都是能登大雅之堂的风味菜之一，这主要得益于巴西发达的畜牧业。肉多菜少也是巴西饮食的一大特色。巴西人喜爱食用猪肉和牛肉，一般富有的人家更偏爱牛肉，普通家庭则以猪肉为主。

巴西烤肉主要以烤牛肉、火腿肠等为主。将刷过酱汁的原材料串在一个特制的器具上，随后置于火上翻烤，其间不断根据火势翻转并刷上油，直至肉质呈金黄色，扑鼻的香气使人胃口大开。

3. 豆饭

也许听起来有点令人意外，在巴西，真正具有强大号召力、为全民普遍接受、深入人心的佳肴并不是烤肉,而是一种更为朴素的食物——豆饭。豆饭可谓是"巴西国菜",主要食材有豆子、烟熏肉干、猪尾巴、猪耳朵、香肠等,以小火炖煮而成。

可以说,巴西是一个"豆子王国",豆子无处不在,而且是许多巴西人的基本食物之一,每年人均食用豆子近13千克。在巴西,豆子几乎被看作一种国家财富,且主要供应国内市场,很少出口。巴西人是种植、加工与烹制豆子的专家,黑豆、红豆、白豆和花豆等被用来制作各种各样的美味。早在欧洲人踏足南美大陆之前,印第安人就开始种植豆子了。葡萄牙人到来之后,逐渐发现了豆子的妙用。当他们深入远离海岸的地区寻找金子和宝石时,由于不能随身携带太多的食物,他们便向印第安人学习了种植玉米、香蕉和豆子的技术,在营地附近开荒下种,解决吃饭问题。他们发现豆子成熟快、易于保存和运输,其最大的优点是营养价值特别丰富。到了18世纪,豆子已经不仅是印第安人的主食,几乎每家菜园里都会给豆子留有几块地。

从那时开始,就有了一句俗语,"无豆不成饭"。当然,那时豆子的做法还很简单,只是用猪油、玉米面及少许蔬菜做成浓汤,最讲究的也只是加入一些咸肉或熏肠。19世纪中期,豆类食品的定位从充饥转向美食,其中最典型的一款就是巴西豆饭。

各地的豆饭从选材开始就显现出明显的地方特色。例如,里约热内卢的厨师喜欢选用黑豆,米纳斯吉拉斯州的厨师多用红豆和黑豆,而圣保罗州的厨师则多用红豆和白豆。每位厨师都自信地认为自己的选择是最正宗的。制作豆饭是一个耗时的过程,把豆子摘好洗净之后要浸泡8～10小时。厨师的想象力特别体现在肉的选择上。北方人做豆饭只用风干的牛肉、辣味香肠以及小猪排;而南方人则认为这太寡淡了,应该加上熏肠、猪肉泥、小泥肠、腌制的肥猪肉、腊肉,甚至猪脚、猪耳朵。至于使用的调味料则大同小异,就是家常必备的葱、蒜、月桂叶、橄榄油。一般来说,巴西人对调味料并不太讲究,他们注重的是主料。

8.2.3 阿根廷饮食

阿根廷位于南美洲东南部,东濒大西洋,北接玻利维亚和巴拉圭,东北邻巴西、乌拉圭,西以安第斯山脉与智利为邻,南与南极洲隔德雷克海峡相望。阿根廷国土面积约278.04万平方千米,总人口约4537.7万(2020年)。

1. 阿根廷饮食概说

和拉美多数国家相比,阿根廷的饮食文化更多了些欧洲饮食的成分,这主要与其以欧洲移民为主的人口结构有关。但仔细观察可以发现,与美国、加拿大、澳大利亚、新西兰相比,阿根廷的饮食状况又与欧洲饮食有所不同。18世纪中期,居住在阿根廷的移民后裔虽然处于西班牙帝国政策的统辖之下,但已经开始产生一种反对西班牙王室的爱国主义情感,在饮食上选择了南美的食材,有意和欧洲拉开距离。以当地人自居的他们为了和土著人有所区别,在想象中与已经消逝的印加帝国的文明有了连接。直到20世纪早期,阿根廷的经济优势远超西班牙和意大利,这才使得包括民族饮食在内的独立民族模式在阿根廷本土扎根。

2. 阿根廷烤肉

在阿根廷，无论是在城市还是乡村，你经常可以听到这样一种骄傲的说法：阿根廷的菜谱很简单，无论是总统还是普通百姓招待客人，都只有一道菜，那就是烤肉。当然，阿根廷的菜谱并非仅有一道菜，各种菜肴都很丰富，许多地方的饭菜也都味道鲜美，颇具特色。但是，阿根廷的烤肉确是一绝，不仅阿根廷人非常喜欢，在全球也很有名气。

阿根廷的烤肉大致有两种方法：横烤法和竖烤法。使用的燃料基本上也有两种：木头和煤炭。横烤法是将肉平放在铁架上，下面用小块木头或炭火慢烤；竖烤法是将大块的肉挂在铁架上，与火堆保持一定距离，再用铁皮挡住肉的另一面，以利用铁皮反射的热量进行烘烤。竖烤法多用大块木头，特别是用果木树根作为燃料，效果最佳。阿根廷人吃烤肉讲究的是"原汁原味"，也就是用最新鲜的牛肉，多为屠宰不久、未经冷冻的肉，烤的时候不对肉进行腌制，也不放除盐以外的其他调味料。在餐桌上，往往会摆有洋葱、西红柿、香菜的细末，有的地方还会摆有稍带辣味的青椒末，以及用橄榄油调制成的奇米丘里辣酱，以供人们根据自己的口味取用。

阿根廷烤肉中档次最高、烤制方式最为复杂的是烘烤带皮带毛的全牛。通常的做法是：在午夜时分将牛宰杀，将牛从腹部中间剖开但不分离，去掉内脏并洗净后，平铺在用铁丝做成的大铁床上，然后放在炭火旁慢慢烘烤，一般需要烤 10～12 小时。

3. 马黛茶

从史前时期起，马黛茶便在南美洲南部被普遍饮用。印第安部落的瓜拉尼人饮用野生马黛叶的浆汁，并将马黛茶介绍给西班牙殖民者。殖民者意识到了马黛茶的功效，很快便接受了这种饮品及其饮用方法。但是，因为马黛种子无法在丛林之外的地方发芽，殖民者无法种植马黛。直到 19 世纪初，最早的马黛树开始在阿根廷人工种植，这个秘密在于，只有经过一种羽毛颜色鲜艳的鸟类消化后的马黛种子才能发芽。

马黛茶并不是我们通常所说的茶，而是一种与冬青科大叶冬青近似的多年生木本植物，生长于南美洲。美洲人对这种叶子的处理方法和中国的茶叶相似，所以在中国把这种美洲特有的叶子称为"马黛茶"。

当地人传统的喝茶方式很特别。一家人或是一群朋友围坐在一起，在一把泡有马黛茶叶的茶壶里插上一根吸管，在座的人一个接一个地传着喝茶，边喝边聊。当壶里的水快要喝完时，再续上热开水接着喝，一直喝到聚会结束为止。喝茶用的茶壶是重要的茶具，也是当地人很重视的家庭用具。阿根廷人认为，使用什么样的茶壶招待客人，比喝马黛茶本身更重要，就像西方人待客讲究餐具一样。一般平民百姓使用的马黛茶壶大多是用竹筒或葫芦制成的，壶上不加什么装饰，吸嘴一般是金属管做的，将镂空椭圆形的管头插入壶中，可以起到过滤茶叶的作用。而高档的茶壶则是一种艺术品，有金属模压的，有硬木雕刻的，有葫芦镶边的，也有皮革包裹的，形状千奇百怪。壶的表面刻有人物、山水、花鸟等图案，并镶嵌着各种各样的宝石，在灯光的照射下闪闪发亮；吸嘴则有镀银的，有些还有艺术性的装饰。外国游客大都喜欢到手工艺品市场买一个马黛茶壶，带回去留作纪念。

当地人泡茶时往往会放入很多的茶叶，外人初次品尝时会感觉味道很苦，但习惯以后就不会觉得苦了,而且喝起来有芳香、爽口之感,还有提神解乏的效果,这一点和中国的苦丁茶很相似。在饮用方法上,20世纪以后,喝马黛茶时已不再是大家共用一根吸管。

8.3 非洲饮食:埃塞俄比亚、南非

8.3.1 埃塞俄比亚饮食

埃塞俄比亚北邻厄立特里亚,东与索马里、吉布提接壤,西与苏丹、南苏丹交界,南连肯尼亚。其境内以山地高原为主,东非大裂谷纵贯全境,平均海拔近3000米,素有"非洲屋脊"之称。埃塞俄比亚国土面积约110.36万平方千米,总人口约1.12亿(2020年)。

1. 埃塞俄比亚饮食概说

埃塞俄比亚的粟和黍的种类繁多且独特,高粱和芭蕉是当地的主要食物。埃塞俄比亚是咖啡的发源地,也是其主要的出口产品。其他食材还有大麦、小麦、玉米、马铃薯、花生和一些豆类。鸡肉、鱼肉、羊肉和牛肉也是当地重要的食物来源。

由于近一半的埃塞俄比亚人信仰东正教,禁食肉类,因此当地的素食菜肴极为普遍。素食者最常食用的"希罗"是用鹰嘴豆粉和蚕豆粉加上大蒜和洋葱混合制成的,质地黏稠,类似于豆泥,但比豆泥更柔滑,味道很辣。对于非素食者,有时也会加入水煮蛋、鸡肉或牛肉。

2. 英吉拉

英吉拉是埃塞俄比亚人的主食,由一种产自埃塞俄比亚高原的小颗粒谷物——苔麸制成,这种谷物的麸质含量较低。经过2~4天的发酵,形成气泡后,即可用平底锅煎制成大圆饼,其表面布满细洞,味道偏酸,触感绵软,通常配合酱料食用。

英吉拉的常见搭配酱料是当地一种被称为"沃特"的微辣调味汁,里面添加鸡蛋、鸡肉、牛羊肉或蔬菜。英吉拉也可以与配料小菜一起食用,如咖喱、土豆泥、蛋黄酱、豆酱以及当地特有的蔬菜,将这些配料按比例均匀地撒在饼上,使其色彩艳丽。食用英吉拉时只能用右手,先撕下一小块面饼,然后用它裹上自己喜欢的配料,送入口中。需要注意的是手不能碰到嘴巴,否则会被视为不卫生。

8.3.2 南非饮食

南非的东、西、南三面临印度洋和大西洋,两大洋交汇于好望角附近的海域,海岸线长达3000千米。陆疆与纳米比亚、博茨瓦纳、津巴布韦、莫桑比克、斯威士兰和莱索托接壤,国土面积约121.91万平方千米,总人口约5962万(2020年)。

1. 南非饮食概说

南非的烹饪技术来源于很多民族,是各种文化和传统的融合体,这是因为南非是连

接东西方的纽带,是多元民族的熔炉。

海外移民的涌入为南非带来了世界各地的菜肴,英国、德国、葡萄牙、西班牙、匈牙利、马来西亚、印度和中国式佳肴应有尽有。

南非的荷兰菜系起源于17世纪的开普敦,后来随着阿非利坎人的北迁而传到了北方。这种独特的菜系结合了欧洲农家的烹调方法和从荷兰东印度公司购买的香草和调味品。

来自亚洲的影响也极大地丰富了南非的美食,如炖西红柿配菜豆、咖喱肉末配米饭、南瓜肉桂、油炸面团、姜饼、馄饨汤、肉丸子等。南非人的肉食以牛肉为主,最受欢迎的是用特殊香料调味的碎牛肉或羊排,搭配风干桃子、杏果或葡萄干。这种典型的马来西亚菜反映出:马来西亚厨师已逐渐调整传统的东方烹调方式,并适当运用南非当地的材料,创造出全新的南非美食。

南非的特色食物还包括鸵鸟肉排、草原特色菜以及玉米食品。在沿海城市,品尝海鲜也是一件惬意的事情。在印度移民聚居地,人们可以品尝到具有异国情调的食品,如南非特色烤肉,很多小商店都出售可供游客品尝的烧烤肉类。

随着欧洲移民,以及马来西亚人和印度人的到来,南非逐渐形成了多样融合的烹饪艺术,其中芳香浓郁的咖喱料理、慢炖拼盘以及本土烧烤最为出名。

2. 南非名食

(1)恰卡拉卡。

恰卡拉卡(如图8-3所示)是一道由约翰内斯堡小镇居民发明的南非传统菜肴,是南非乡镇上常见的菜品。制作时,将胡萝卜刨丝或剁碎,加上红绿辣椒、洋葱、西红柿一起慢慢熬煮,在起锅前加上罐装茄汁、甜豆或豌豆拌匀即可。这道美食味道辛辣,常搭配面包、流质食物、炖菜或咖喱一同食用,是南非烧烤中的必备佐菜。

图8-3 恰卡拉卡

(2)南非炖羊肉。

"Bredie"(南非炖羊肉)一词来源于南非荷兰语,意思是"上好的炖肉"。由此可见,南非饮食是多元文化交融的结果。南非炖羊肉结合了南非荷兰人和印度人的烹饪精髓,有菜有肉,迎合了人们在冬季寒冷的天气里食用"温馨食物"的需要,非常适合在冬季食用。

(3)三脚铁锅炖菜。

三脚铁锅炖菜以丰富多样的肉类和蔬菜为食材,通过将食材分层铺放在圆形铁锅中,用炭火加热烹制而成。这种烹饪方法可以追溯到16世纪,是南非美食的典型代表,与南非烧烤一样深受欢迎。

(4)牛奶挞。

牛奶挞是南非最有代表性的甜点之一,在南非荷兰语中是指传统的奶油蛋挞。牛奶挞最初由荷兰人带到南非,采用的是荷兰进口的配方,现在已成为南非食品的一部分。每年的2月27日是南非官方的牛奶挞庆祝日。

 同步练习

一、判断题

1. 美国著名快餐品牌塔可钟经营的主要品种是墨西哥的塔可饼。(　　)
2. 被称为"巴西国菜"的是巴西烤肉。(　　)

二、单项选择题

1. 每年的(　　)节,美国总统都会赦免一只火鸡。
A. 复活　　　　B. 万圣　　　　C. 感恩　　　　D. 圣诞

2. 为了让玉米释放出烟酸,美洲土著居民会在玉米面里加入(　　)。
A. 食盐　　　　B. 蔗糖　　　　C. 醋　　　　　D. 石灰溶液

3. 英吉拉是(　　)的主食。
A. 阿尔及利亚　B. 阿尔巴尼亚　C. 埃塞俄比亚　D. 印度尼西亚

三、多项选择题

1. 澳大利亚的"海鲜三宝"是(　　)。
A. 澳洲龙虾　　B. 鲍鱼　　C. 鳕鱼　　D. 皇帝蟹　　E. 塔斯马尼亚生蚝

2. 南非饮食文化除本地外,还受到(　　)的影响。
A. 荷兰　　　　B. 西班牙　　C. 印度　　D. 马来西亚　　E. 中国

四、简答题

1. 请说出至少6个美国著名的快餐品牌。
2. 谈一谈阿根廷的马黛茶。

五、体验题

体验一次美式快餐汉堡,了解其发展历程。

第8讲　同步练习答案

第 9 讲　中国北方饮食特色

9.1　北京、天津、河北、内蒙古

9.1.1　北京饮食

1. 北京饮食概说

北京物产丰富、交通发达，自古以来便是中国北方的重镇和著名都城。作为全国的政治中心、文化中心，这里人文荟萃、四方辐辏，各地著名风味食品和名厨高手云集，各民族的饮食风尚也在这里相互影响和融合。经过历代人的精心耕耘，北京饮食博采众长、推陈出新，逐渐形成了别具一格、自成体系的北京地方风味。

从北京的历史变迁中可以看到，女真人（金）、蒙古人（元）、汉人（明）、满人（清）曾先后在北京建都。加之自 7 世纪后，许多回族人也迁徙于此，这便形成了多民族聚集北京、五方杂处的历史状况。金、元的统治者均为塞外游牧民族，他们的饮食习惯以羊肉为主，元代忽思慧在《饮膳正要》中所列举的大量羊肉类菜肴，就充分反映了这一情况。明代永乐皇帝迁都北京，大批官员北上，带来了不少南方厨师，南方的一些菜肴也随之传入，这对北京菜的形成产生了一定影响。例如，北京菜中的鱼类烹饪技巧就受到了江、浙、豫等地的影响。再如著名的北京烤鸭，最早来自南京的明宫御膳。历经数百年的发展，北京烤鸭的技术不断得到提高，焖炉烤与挂炉烤技术二者并存，加之这道菜以北京特产的填鸭为原料，风味卓异，成为北京最具代表性的名菜之一。到了清代，满族的一些古朴的烹调方法也传入北京，其中沿用至今的是烧、燎、白煮三法。北京人普遍喜爱食用的涮肉火锅，最初也是从东北传入的，满族人原称它为"野意火锅"。

2. 北京风味体系

对北京风味影响最大的莫过于北方流行的山东菜。山东菜大约从明代开始在北京"落户"。山东菜凭借其浓少清多、醇厚不腻、鲜咸脆嫩的特色，易于被北京人接受，因此山东人在北京开餐馆的颇多。特别是在清代初期至中期，很多山东人在北京做官，山东菜馆大量涌现。不过，经过数百年的演变，在北京的山东菜不断改进烹制方法和调味技术，已经与原来的山东菜有明显的区别，成为北京菜体系中的重要组成部分。

宫廷菜、贵族菜的烹调技艺流入民间，对北京风味的形成也产生了不可低估的影响。宫廷菜、贵族菜的用料极为讲究，工艺精细，味道醇鲜，特别注重色、香、味、形的和谐统一，高贵典雅，不同凡响，这是北京菜体系中最有特色的组成部分。

独具一格的清真菜也是北京风味中不可或缺的部分。

大体上可以说，到了清代末期，以宫廷菜、贵族菜、清真菜和改进后的山东菜为支柱的北京风味体系便已基本形成。

北京风味在原料使用上，广泛吸纳多种食材；在烹调方法上，具有多样化的特点，尤其以烤、涮为特色；在口味上，讲求味厚、汁浓、肉烂、汤肥，如半个世纪前北京一般宴席常见的肘子、扣肉、攒盘大鲤鱼等，都具有味浓肉肥的特点。近年来，随着人们对口味和营养要求的提高，北京菜开始向着清、鲜、香、嫩、脆的方向转化，并且更加讲究火候的掌握、色形的美观和营养的均衡。

3. 北京名食

（1）北京烤鸭。

北京烤鸭的历史约有400余年，明朝时，烤鸭就已成为宫廷美味之一。北京烤鸭的产生与北京填鸭的成功养殖密切相关。用北京填鸭烤出的鸭子，其鲜美程度远远超过以往的各种烤鸭，因此被称为"北京烤鸭"。

北京烤鸭主要有挂炉烤和焖炉烤两种工艺。挂炉烤鸭以全聚德为代表，是以果木为燃料，在特制的烤炉中用明火烤制而成的。果木的甜香沁入鸭体，使烤出的鸭子分外香美。焖炉烤鸭以便宜坊为代表，过去是用秫秸将烤炉的炉墙烧热，然后将鸭子放入炉内，关闭炉门，全凭炉墙的热度和炽热的柴灰将鸭子焖烤而熟；如今已改为用煤气烤。在烤制前向鸭子腹内灌水，是为了达到外烤里煮的目的，这也是北京烤鸭外焦里嫩的主要原因之一。烤鸭出炉后，先放出腹内开水，再进行片鸭。片鸭时，可以皮肉不分，片片带皮带肉；也可以将皮肉分开，先片皮后片肉。将片好的鸭子装盘，即可上桌食用。

（2）涮羊肉。

涮羊肉又称"羊肉火锅"，在清代宫廷的冬季膳单上就有关于涮羊肉的记载。在民间，每到秋冬季节，人们普遍喜食涮羊肉。1843年，位于北京前门外肉市胡同的正阳楼开业，成为汉民馆出售涮羊肉的首创者，那里售卖的羊肉片"片薄如纸，无一不完整"，使这一美馔更加受人欢迎。到了民国时期，北京市东来顺羊肉馆不惜花费重金把正阳楼的切肉师傅聘请过来，专营涮羊肉，从羊肉的选料到切肉的技术，从调味品的配制到涮肉工具的使用，都煞费苦心地进行了研究和改进，因而名声大振，赢得了"涮肉何处嫩，要数东来顺"的美誉。

在早期没有冰柜冷冻羊肉的年代，切肉片是一项极为精湛的技术，切出的肉片要求薄、匀、齐、美，然后将不同部位的肉片分别码放在盘中。芝麻酱、料酒、酱豆腐、腌韭菜花、酱油、辣椒油、卤虾油、香菜末、葱花等配料分盛在小碗中，端至席前，由食客根据个人喜好进行调配。

（3）爆肚。

爆肚属于北京回民风味小吃，是把羊肚或牛肚切成条状后用开水爆熟，蘸着调味料食用的一种传统食品。爆肚的口感脆嫩，并有一种特殊的鲜味，适合搭配新出炉的芝麻烧饼食用，同时也是佐酒的美食。爆肚的历史悠久，清代杨米人的《都门竹枝词》在描述市肆出售的各种小吃时，就提到了爆肚。民国时期，爆肚更为盛行，当时卖爆肚比较出名的有东安市场的爆肚王、爆肚冯，天桥的爆肚石，门框胡同的爆肚杨，东四牌楼的爆肚满等。

制作爆肚时，必须选用新鲜的肚子。羊肚可分为羊肚领、羊散丹、羊蘑菇、羊葫芦、羊肚板、羊食信等9个部位，而牛肚则分为牛百叶、牛肚仁等4个部位。刚下锅的肚条是软绵绵的，稍加烹煮就会变得脆挺，这时即为熟透，迅速捞入盘中，蘸着用芝麻酱、酱油、醋、辣椒油、卤虾油、酱豆腐汁、香菜段、葱花混合而成的调味料食用，还可以蘸着用蒜泥、黄酱、酱豆腐汁、芝麻油混合而成的蒜酱食用。

（4）豆汁。

外地人到北京喝豆汁，第一次的感觉多是"馊"味，然而这却是老北京人的最爱。从前北京的冬天缺少瓜果蔬菜，吃东西不易消化。经过发酵的豆汁富含乳酸菌，不仅能助消化，还能解腻。它就是北京人心目中的乳酸菌饮品。

煮豆汁需用大砂锅，锅内先放入少许凉水，烧开后倒入适量的生豆汁，待豆汁煮沸、将溢锅时，立即改用微火保温，随喝随盛。豆汁色灰绿，汁浓醇，味酸而微甜，利于消化。传统营养学认为它还有清热解毒、利水消肿、清暑止渴的功效。

喝豆汁讲究搭配焦圈和咸菜。焦圈是一种老北京传统的特色小吃，形如手镯，焦香酥脆，与豆汁一起食用别有风味。

（5）炒肝。

炒肝是用猪大肠、猪肝烩制而成的传统北京小吃，其色泽酱红，汤汁晶明油亮，稀而不懈，肠肥肝香，味厚不腻，适宜与包子或火烧同吃。

"炒肝"这个名称十分奇特，因为炒肝既不是炒制而成的，又不完全以猪肝为原料。实际上主要是烩猪肠，猪肝只不过是配搭。然而自清代开始，这个名称就已经约定俗成，并一直沿用至今。在清代，炒肝里除了肠和肝，还有心和肺，并且不用淀粉勾芡。当时北京流传着一句俚语，"炒肝不勾芡——熬心熬肺"。大约在70年前，炒肝中才免去了心和肺，改成现在这样的做法。

9.1.2 天津饮食

1. 天津饮食概说

天津风味起源于民间，得益于其地理优势，伴随着城市经济的发展而发展。早在明朝时期，天津就成为"舟楫之所式临，商贾之所萃集"的地区，漕运、盐务、商业繁盛发达。加之距离北京较近，沿海一带盛产的鱼、虾、蟹等原料不仅成为皇族、贵官席上的珍品，也促进了民间风味菜的发展。明朝灭亡以后，御膳房的厨师流散民间，天津的餐馆开始招揽这些厨艺高手，使天津地方风味菜开始有了雏形。到了清朝康熙年间，漕运税收等官府机构从北京迁至天津，官府增多，商业进一步发达，饮食业也出现了最早的饭庄。这些饭庄经营的菜品以当地民间风味为基础，吸收了元、明，特别是清朝宫廷菜的精华，独具特色，促进了天津菜的形成和发展。1860年，天津被开辟为对外开放的商埠，对饮食业的发展有很大促进。民国初期，清朝皇族、遗老遗少迁居天津，买办、官僚、军阀、洋商也云集于此，饮食业空前繁荣。

天津地方风味的原料以河海水产为主，烹饪技法以扒、熘、炒、炖见长，味道以咸鲜为主，具有北方大都市、大商埠的饮食特色。天津风味大致由汉民菜、清真菜和素菜三部分组成。

2. 天津名食

（1）狗不理包子。

狗不理包子是"天津三绝"之一，得名于其创始人高贵友的乳名。清朝末期，高贵友在南运河三岔口开设包子铺，苦心琢磨，不断实践，创造出和水馅、半发面等方法，使包子独具特色，吸引了众多食客。狗不理包子色白小巧，形似待放的菊花，面皮有咬劲，馅心松软油润，肥而不腻。

（2）耳朵眼炸糕。

耳朵眼炸糕是"天津三绝"之一，始创于清朝光绪年间，因旧时店铺紧靠耳朵眼胡同而得名。耳朵眼炸糕用糯米作为外皮，将红小豆、赤砂糖炒制成馅，以香油炸制而成。成品外形呈扁球状，内里嫩而不生，馅料香甜细腻，散发着玫瑰清香。据说，当年的耳朵眼炸糕掉在地上能碎成几瓣，可见其酥脆程度之高。

（3）十八街麻花。

十八街麻花是"天津三绝"之一。因为桂发祥麻花的店铺曾坐落在大沽南路十八街，所以人们习惯称其为"十八街麻花"。每根十八街麻花中心都夹有由芝麻、桃仁、瓜子仁、青梅、桂花、青红丝及香精水等小料配制的什锦馅酥条。麻花成型后，放进花生油锅里，用微火炸透，再夹上冰糖块，撒上青红丝、瓜条等小料。十八街麻花不仅制法独特，香、甜、脆、酥，而且规格多样，久存不绵。

（4）煎饼馃子。

煎饼馃子是天津市的著名小吃，天津人常把煎饼馃子作为早点食用。它是由绿豆面制成的薄饼，上面摊有鸡蛋，还有果子（油条）或者"薄脆"，并配有面酱、葱末、香菜、辣椒酱（可选）等调味料。趁热食用，口感焦脆。在煎饼馃子传到外地后，最大的不同是制作煎饼的绿豆面被换成了杂粮面，以迎合更多样的口味。

9.1.3 河北饮食

1. 河北饮食概说

河北地处华北平原，西倚太行山，东临渤海。殷商时代，河北的市、镇有了一定的规模，饭铺、酒肆已经出现。之后，由于青铜烹饪工具的改进，以及动物油和调味料的使用，烹调方法有了突破性发展，简单的煎、炸、烧、炖等烹调方法已较为普遍，并能制作出多种菜肴。从春秋战国时期到元、明、清，河北饮食风味由简到繁、由粗到细、由低到高，不断进步发展，到清代已日臻成熟，形成了自己的体系。其主要表现是地方菜的特色已经形成，菜肴的结构和宴席的形式形成了一定的格局。中华人民共和国成立后，河北菜又吸收了全国各地的烹调技艺，使河北菜更加丰富。

河北有山有水，有平原有海洋，气候适宜，四季分明，自然地理条件优越，物产丰富。这里有种植在田间的粮食和各种蔬菜，有广大农村山区饲养的家禽家畜，有生长在水中的鱼、虾、蟹等海产品，有山林中的野味山珍，可供食用的原料达上千种。

喜爱咸味是河北人的口味特点。河北风味以鲜咸、醇香为主，讲究咸淡适度，咸中有鲜，鲜咸适口，在咸中求味醇，在鲜中求味清。但河北菜不拘一格，口味多样，如酸甜、甜香、香辣、酸咸、怪味等菜肴也不少见。河北菜不仅注重口味，而且讲究质感，如滑炒菜讲究滑嫩，抓炒菜讲究外焦里嫩，爆炒菜讲究脆嫩。这里的调味原料十分丰富，为更好地体现河北风味特点提供了物质条件。

2. 河北风味体系

河北风味由冀中南、塞外和京东沿海三个区域的地方风味构成。

冀中南地方风味以保定为代表，同时还广泛流行于石家庄、邯郸等地，主要特点是：选料广泛，以山货和白洋淀的鱼、虾、蟹为主；重色，重套汤，口味香；讲究明油亮芡，旺油爆汁。

塞外地方风味以承德为代表，同时还广泛流行于张家口等地，主要特点是：善用鸡、鸭，刀工精细，注意火功，口味香酥鲜咸。

京东沿海地方风味以唐山为代表，同时还广泛流行于秦皇岛、唐山、沧州等地，主要特点是：选料新鲜，刀工细腻，制作精致，口味清鲜。

3. 河北名食

（1）锅包肘子。

锅包肘子是保定的名菜，距今已有100多年的历史。它外焦里嫩，香而不腻，受人喜爱。最早烧制的这道菜连汤带水，吃着油腻，色泽不雅，拿着也不方便。后来改进制作工艺，出现了锅包肘子。制作时，先把退净毛的猪肘子放在水中煮至半软，然后在原汤中放入花椒、大料、葱、姜等调味料，用温火炖软，最后用团粉挂糊，放入热油中炸成金黄色出锅，改刀后放入盘中，撒上五香粉即可。其特点是：外焦里嫩，香酥可口，香而不腻，便于携带。若搭配大葱、面酱食用，更是别有风味。

（2）槐茂酱菜。

槐茂酱菜起源于清代康熙年间，距今已有300多年的历史。槐茂酱菜的门市部原在保定大街，因门口有一棵古槐生长得十分茂盛，故得名"槐茂酱菜"。

槐茂酱菜的特点是：完全采用传统工艺，乳酸自然发酵，无任何添加剂，用料考究，生产周期长。经过精心酱制（面酱系生产酱菜的主要原料之一）的槐茂酱菜营养丰富，味道鲜美，脆爽可口，共包括酱五香疙瘩头、酱五香疙瘩丝、酱象牙萝卜、酱苤蓝丝、酱苤蓝花、酱苤蓝片、酱地露、酱子萝、酱银条、酱包瓜、酱黄瓜、酱莴笋、酱藕片等27个品种。

（3）驴肉火烧。

驴肉火烧是华北地区极为流行的传统小吃，起源于沧州河间、保定一带，广泛流传于冀中平原。其制作方法是将卤好的驴肉伴着老汤汁一同夹入酥脆的火烧（烧饼）里面。在华北地区的大街小巷，售卖驴肉火烧的店铺随处可见，完全融入了当地居民的生活。

河间驴肉火烧和保定驴肉火烧的做法和味道并不相同，最直观的区别在于保定驴肉火烧是圆形的，而河间驴肉火烧是长方形的。河间驴肉火烧采用热火烧配凉肉，面饼外酥内软，肉片很容易撕开，焖肉有弹性，青椒带来了蔬菜的清新，形成了多重味觉体验；保定驴肉火烧采用热火烧配热肉，面饼紧实微暄，肉中有汁，麦香和肉香在口中融为一体。二者各具特色，实在难较高下。

（4）烧南北。

烧南北又称"烩南北"，是张家口特色传统名肴。所谓烧南北，就是以塞北口蘑和江南玉兰片为主料，将它们切成薄片，放入旺火油锅中煸炒，加上一些调味料和鲜汤，烧开勾芡，最后淋上鸡油即可。此菜色泽银红，鲜美爽口，香味浓烈。

口蘑是产于塞北地区的一种蘑菇，因为它出产于张家口以北的内蒙古地区，张家口是其集散地，故有"口蘑"之称。口蘑肉质肥厚，醇香绵长。玉兰片是江南竹笋的干制品，经过切根、烧煮、炕焙、熏磺等四道工序制成，呈玉白色，由于形状和色泽如同玉兰花的花瓣，故得名。

9.1.4 内蒙古饮食

1. 内蒙古饮食概说

内蒙古地处北国边陲，疆域辽阔，历史上是北方少数民族集聚的地方。12世纪前，这里的居民习惯掘地为坑以烧烤肉类。12世纪末，成吉思汗统一了草原各部落，挥戈中原，这一时期是内蒙古菜的启蒙时期。成吉思汗创制的铁板烧、锄烧等菜肴，是风靡世界的内蒙古美食。到了13世纪，内蒙古菜有了很大的发展和改进，上乘宴席也初具规模。

明代后期，随着呼和浩特的发展，有些汉族人迁居到内蒙古草原，开垦种植，极大地丰富了烹饪原料，使内蒙古菜渐趋完善。到了清代，又有一批满族人随军屯驻，长城以南的山西人、陕西人也来到这里。起初他们春来秋归，后来渐渐落户于此，村落的周围开始有栽培的瓜、瓠、茄、芥、葱、韭等蔬菜和饲养的鸡、鸭、鹅、猪等禽畜。城镇内的手工业、商业也得到了发展。

京包铁路兴建后，包头逐渐发展为皮毛贸易的集散地，对内蒙古菜的发展有很大的推动，使内蒙古菜不单单局限于古老的传统菜式，而是吸收了内地的多种烹饪技法，经过长期的相互交流，逐渐形成了独特的民族风味。

2. 内蒙古风味体系

从地图上看，内蒙古呈细长的形状，东西直线距离2400多千米，南北跨度约1700千米。其地方风味主要由三个地区构成：以呼伦贝尔为代表的蒙东地区，包括兴安盟、通辽、赤峰；以呼和浩特为代表的蒙中地区，包括乌兰察布、锡林郭勒；以包头为代表的蒙西地区，包括鄂尔多斯、乌海、巴彦淖尔、阿拉善。

内蒙古风味的味型受地理环境、物产气候、民族习俗等条件的制约，具有朴实无华、技法独特的特点。尽管味型比较单一，但每种味型都有其独特之处，并不雷同。常用的味型有咸鲜味型、糖醋味型、胡辣味型、奶香味型以及烟香味型。内蒙古风味的传统烹调技法以烤、煮、氽、炸、烧为主。如今，内蒙古菜的烹调也吸收了各地的技法，不过，最能体现民族特色的仍然是烤、煮、烧。

3. 内蒙古名食

（1）手把羊肉。

这道菜是挑选膘肥肉嫩的羊，就地宰杀，扒皮入锅，放入调味料进行蒸煮而成的。因为人们在净手后吃肉时一手把着肉，一手拿着刀，割、挖、剔、片，把羊骨头上的肉吃得干干净净，所以得名"手把羊肉"。

生活在内蒙古草原的牧民，自古以来逐水草而居，养殖牛羊，以食肉为主。在长期的游牧生活中，人们创造和发展了便于携带、易于操作的烹调工具和利于消化的烹调技法。手把羊肉这道著名的民族菜就是内蒙古人在不事农耕，生产手段尚不发达时创造的。经过元、明、清几个朝代的发展，这道菜在城镇居民和饮食行业中的烹制方法有所改进。由于它富有民族特色和独特风味，现已成为国宴上的一道名菜。

（2）烤全羊。

烤全羊是一道具有地方特色的菜肴，是内蒙古地区人们的一道传统美食。烤全羊最初起源于西北游牧民族，是内蒙古菜中的珍品。制作烤全羊时，一般先要加入调味料进行腌制，然后再进行烤制，烤制的过程中还要不断刷上各种调味料，使羊肉更加入味。烤制好的羊肉色泽金红，羊皮酥脆，羊肉嫩香。

（3）奶皮子。

奶皮子的原料是牛羊奶静置一段时间后上层漂浮的脂肪和奶蛋白的混合物。4000克的鲜奶最后只能制作出约500克的奶皮子，可想而知其味道是多么醇香浓厚了。内蒙古人吃奶皮子喜欢搭配油饼和白砂糖，他们会在刚出锅的死面油饼上撒上一层白砂糖，然后再铺一层奶皮，把油饼和奶皮卷在一起吃，口感甜而不腻，又香又酥，十分可口。

（4）蒙古奶茶。

蒙古奶茶是流行于内蒙古地区的一种奶制品，在蒙古语中被称为"苏台茄"。在牧区，人们习惯"一日三餐茶，一顿饭"的生活方式。每日清晨，主妇要做的第一件事就是煮一锅咸奶茶，供全家人整天享用。如果有客人来到家中，热情好客的主人首先会斟上香喷喷的奶茶，以表示对客人的真诚欢迎。如果客人光临家中却不斟茶，这将被视为草原上极为不礼貌的行为。

9.2 山东、河南、山西

9.2.1 山东饮食

1. 山东饮食概说

山东风味的原料以山东半岛的海鲜、黄河与微山湖等的水产，以及内陆的畜禽为主，技法多样，尤以爆、炒见长，味型以咸鲜为主，口味适中。其影响力包括黄河中下游及其以北的广大地区。

山东是中国古文化的发祥地之一。大汶口文化、龙山文化出土的红砂陶、黑陶等烹饪器皿、酒具，反映了新石器时代齐鲁地区的饮食文明。春秋战国时期，鲁国孔子提出了"食不厌精，脍不厌细"的饮食观念。到了汉代，山东的饮食文化已有相当水平，这一点从山东出土的庖厨画像石上就可以看出。南北朝时，贾思勰所撰的《齐民要术》中有关烹调菜肴和制作食品的方法占有重要篇章，其中关于黄河中下游特别是山东地区的北方菜肴多达百种。至此，山东菜已初具规模。唐代，山东菜继续发展创新。明、清时期，山东菜不断丰富和提高，形成了以济南、胶东（福山）为主的两类地方风味，曲阜孔府内宅也发展出了自成体系、精细而豪奢的官府菜。山东餐馆进入北京，山东菜更是进入了皇宫御膳房，进而影响到黄河中下游及其以北的广大地区。

2. 山东风味体系

山东风味主要由内陆的济南风味和沿海的胶东（福山）风味构成，二者有各自不同的饮食特色。

济南风味菜制作精细，历来讲究用汤。用鸡、鸭、猪肘子煮汤，以鸡腿肉茸（称"红哨"）、鸡脯肉茸（称"白哨"）吊汤，制作出营养丰富、味鲜而醇的清汤，这种清汤既可以作为汤菜，也可以作为提鲜的调味料。在甜味菜品中，济南风味菜著名的烹调方法是拔丝。

胶东（福山）风味菜以胶东沿海的青岛、烟台等地方风味为代表，以烹制各种海鲜而著称，讲究清鲜，多用能保持食材原味的烹调方法，如清蒸、清煮、扒、烧、炒等。在甜味菜品中，胶东（福山）风味菜多用挂霜的烹调方法。

3. 山东名食

（1）葱烧海参。

山东半岛三面环海，海参是这里重要的海产资源之一。而一人多高的章丘大葱堪称"葱家族"里的"巨无霸"。袁枚在《随园食单》中曾记载："海参无味之物，沙多气腥，最难讨好。然天性浓重，断不可以清汤煨也。"这道菜针对海参天性浓重的特点，采取了"以浓攻浓"的做法，以浓汁、浓味入其里，浓色表其外，达到色、香、味、形四美俱全的效果。海参与大葱的结合使海参清鲜、柔软香滑，葱段香浓，食后余味无穷。

（2）九转大肠。

九转大肠以猪大肠为原料，用红烧方法烹制而成。其特点是呈枣红色，光亮油润，酸、甜、香、辣、咸五味俱有，肥而不腻。此菜创制于清光绪初年的济南九华楼饭庄，由于在烹制过程中需要反复使用数种烹调方法，应用多种调味料精心烧制而成，故取道家炼丹的"九转"术语，命名为"九转大肠"。

（3）蛤蜊配啤酒。

青岛盛产蛤蜊，其肉质肥厚，肚中无泥沙，是青岛的一张美食名片。青岛人赋予蛤蜊很多种吃法，最常见的有原汁蛤蜊、辣炒蛤蜊和微波蛤蜊，后来又开发出蛤蜊冬瓜汤、蛤蜊疙瘩汤等吃法。一盘鲜美的蛤蜊无疑是青岛啤酒最绝妙的搭配。青岛是青岛啤酒的原产地，啤酒可以算得上是青岛人生活中必不可少的存在。傍晚时分，用双层塑料袋提着扎啤回家的人们随处可见。

(4)德州扒鸡。

德州扒鸡在清代乾隆年间就已经出现,随着津浦铁路和石德铁路的全线通车,德州扒鸡顺着铁路传遍全国。德州扒鸡的特点是:形色兼优、五香脱骨、肉嫩味纯、清淡高雅、味透骨髓、鲜奇滋补。其造型独特,两腿盘起,爪入鸡膛,双翅经脖颈由嘴中交叉而出,全鸡呈卧姿,色泽金黄,黄中透红,远远望去似鸭子浮于水面,口衔羽翎,十分美观,是上等的美食艺术珍品。

(5)拔丝苹果。

拔丝菜是中华饮食文化中特有的烹调方法,原是山东菜的独门秘籍,后来逐渐被其他地方菜所吸收,但做得最好的还是山东。拔丝这种烹调方法是利用糖在加热到一定温度时具有伸延性的物理性质来制作的,只要掌握好熬糖时的温度,就能轻松拔出丝来,并没有什么神秘之处,而且一般家庭都有条件制作,只是熟能生巧。能用来制作拔丝菜的原料有很多,如山药、苹果、葡萄、香蕉、土豆、南芥、红薯等。这些原料大体上可分为两种:一种是淀粉含量较高的,如山药、红薯、土豆、南芥等;另一种是水分较多的,如苹果、葡萄、香蕉等。每当亲友会餐,或是宴席将要结束时,端上一盘拔丝菜,大家一齐下箸,银丝满席,趣味无穷。

(6)煎饼卷大葱。

煎饼是中国传统美食之一,以山东为盛,种类较多。煎饼不易变质,易保存。烙制煎饼的主要工具是鏊子,下方有三足支撑,可用柴草或煤炭加热,上方即可烙制煎饼。章丘大葱与一般大葱相比,辣味稍淡,微带清甜,脆嫩可口,葱白很大,适宜长期保存。章丘大葱的茎粗约3~4厘米,单株重1000克左右,重者可达1500克以上。煎饼卷大葱曾是山东平民的日常吃食,但如今的流行程度已大不如前。

9.2.2 河南饮食

1. 河南饮食概说

河南饮食文化的历史悠久,《左传·昭公四年》中记载夏启有钧台之享,说明早在4000多年前就已有宴会活动。《史记》中记载:"吕望尝屠牛于朝歌,卖饮于孟津。"证明早在公元前11世纪,中原已有商业性饮食业出现。东周时期,洛阳宫廷食馔十分讲究,对后世颇有影响。汉、魏时期,河南菜的烹调已相当精致,饮食文化生活也很丰富。河南密县(今郑州新密)打虎亭汉墓壁画中的"庖厨图"(如图9-1所示)、"饮宴百戏图"和南阳汉代画像石刻中的"鼓舞宴餐",都绘有刀俎、鼎釜、肥鸭、烧鱼、烤好的肉串以及投壶、六博等宴饮和娱乐场面。魏武帝曹操的《四时食制》曾对豫菜四季分明的特点起到积极的推动作用。南北朝时期,中原佛教极盛,仅嵩洛一带就有名寺1000多座,大批厨僧(尼)潜心研制素席斋饭,寺庵菜应运而生,成为豫菜的一个组成部分。

北宋时期,开封是全国的政治中心、经济中心、文化中心和中外贸易枢纽。城内商行林立,酒楼饭馆遍布。《东京梦华录》中记载:"集四海之珍奇,皆归市易;会寰区之异味,悉在庖厨。"仅当时的"七十二正店"所经营的菜肴,包括鸡、鱼、牛、羊、山珍、海味等类的菜品就多达数百种,可谓是豫菜史上的鼎盛时期。宋室南迁以后,中原地区兵连祸结,水蝗为患,社会动荡不安,民不聊生,消费水平下降,豫菜的发展受到严重影响,但许多基本烹调技法仍流传于民间。中华人民共和国成立以来,特别是20世纪80年代以来,随着整个国民经济和对外交流、旅游事业的发展,人民生活水平,特别是膳食水平普遍提高,饮食市场繁荣,豫菜的烹饪队伍、烹饪技能、菜肴品种和质量都得到了长足的发展。

图 9-1　打虎亭汉墓壁画中的"庖厨图"

2.河南风味体系

河南省地处黄河中下游,属北亚热带至温带过渡性气候,四季分明、土地肥沃、物产丰富、烹饪原料比较齐全:除了北方常见的粮、油、蔬菜、果品,河南还有一些比较名优的特产,主要有大别山、桐柏山、伏牛山地区的猴头、竹荪、羊肚菌、木耳、鹿茸菜、蘑菇、荃菜等菌类;平原河网地区的猪、牛、羊、鸡、鸭、鱼、蛋品等。特别是南阳的黄牛、固始的黄鸡、黄河的鲤鱼、淇县一带的双脊鲫鱼等,都是闻名海内的名贵原料。

河南的饮食风味多样,以咸鲜为主,具有滋味适中、适应性强的特点。虽然豫北、豫东、豫南、豫西的饮食因地理位置不同而略有差别,但总体差别不大。河南是中华文明及中国烹调方法的发源地之一。河南饮食中几乎没有非常有特色的元素,因为其精髓已经广泛融入了中国饮食文化之中。

3.河南名食

(1)洛阳水席。

洛阳水席是洛阳一带的特色传统名宴。洛阳水席有两层含义:其一,全部热菜皆带有汤汁,充满水润之感;其二,热菜每吃完一道便被撤下,再上新菜,像流水一样不断地更新。洛阳水席的特点是:有荤有素、选料广泛、可简可繁、味道多样,酸、辣、甜、咸俱全,舒适可口。洛阳人把洛阳水席看成是各种宴席中的上品,以此来款待远方来客。它不仅是盛大宴会中备受欢迎的席面,而且在平时民间婚丧嫁娶、诞辰寿日、年节喜庆等礼仪场合,人们也习惯用洛阳水席招待至亲好友。

(2)道口烧鸡。

道口烧鸡起源于安阳市滑县道口镇的"义兴张"世家烧鸡店,创始于清代顺治年间,距今已有300多年的历史。道口烧鸡采用多种名贵中药,辅以陈年老汤,成品烧鸡色泽鲜艳,形如元宝,口衔瑞蚨。它不仅极具食疗和保健功效,而且无论凉热食用,都余香满口,因而声名大振,畅销不衰。借助于古运河的交通优势以及后来毗邻京汉铁路的便利,道口烧鸡更是声名远扬。

(3)烩面。

河南本无烩面,直到20世纪50年代,郑州二七广场附近的合记饭馆开始售卖烩面。一只大碗、一碗鲜汤,汤中面、菜、肉完美结合,捧在手中沉甸甸的。一碗下肚,令人酣畅淋漓、疗饥解渴,实在是过瘾。过往旅客、居家百姓都十分中意这碗物美价廉的餐食。于是,当大量的流动人口、务工阶层和外出就餐的居民形成了刚性、基本的餐饮需求,烩面所具有的独特性及其在中国的独有性使其成为百姓果腹消费的首选。在这70多年的时间里,烩面成为最能代表河南饮食的符号。

(4)胡辣汤。

胡辣汤也称"糊辣汤",是中原地区的知名小吃,起源于周口市西华县逍遥镇和漯河市舞阳县北舞渡镇,其中尤以逍遥镇胡辣汤最为出名。胡辣汤由多种天然中草药按比例配制的汤料,再加上胡椒和辣椒,以骨头汤为底料熬制而成。其特点是汤味浓郁、汤色靓丽、汤汁黏稠、香辣可口,十分适合配合其他早点食用。目前,胡辣汤已经发展成为河南及周边省份都喜爱和知晓的小吃之一。

9.2.3 山西饮食

1. 山西饮食概说

山西在战国时期曾是唐国的所在地,当地民俗淳厚,崇尚节俭,素有"千金之家,食无兼味"的说法,但上层社会对佳肴美味的追求却是由来已久的。早在春秋时期,就有晋灵公因熊掌不熟而残杀庖夫的记载。《史记》中也有"置胙于宫中"的记载,证明早在公元前7世纪,山西人已懂得制作美味佳肴,并经常食用。据《北齐书》记载,北齐亡国的时候,北齐将士尽入酒坊饮酒,可见早在1400多年前的晋阳,餐饮业的规模已经相当可观。到了清代,随着晋商的崛起,晋菜的烹饪技术也有了迅速的发展。祁县、太谷等地的票号、钱庄曾在一个很长的时期内兴旺发达,这些地方的私家菜为了满足店主奢侈的需求,在技术上精益求精,逐渐形成了以鲁味为基础的晋中菜。后来,袁世凯窃国,盛行一时的豫菜也在这个时期传入山西,其省会城市太原出现了林香斋等河南菜馆,晋菜在兼收并蓄的基础上达到了一个新高峰。晋中的寿阳县被称为"厨师之乡",师徒相传,代代都有高手涌现。

山西饮食风味具有油大色重、火强味厚、选料严格考究、调味灵活多变的特点,刀工不追求华丽,注重精细扎实,擅长爆、炒、熘、炸、烧、扒、蒸等技法。在调味品中,山西老陈醋是"中国四大名醋"之一,与江苏镇江香醋、四川阆中保宁醋和福建永春老醋齐名,其味道醇厚沉郁,酸而不烈,在晋菜中占有相当比重的糖醋菜就是用它来调味的。

2. 山西风味体系

山西地方风味由晋中、晋南、上党和晋北四个地方风味组成。师承技法大体相近，选料操作及味型又同中有异，各具特色。

晋中风味以太原为代表，是在过去祁县、太谷等地钱庄、票号的私家菜基础上发展起来的。其烹调技法全面，选料考究，制作精细，注重色泽造型，特别讲究火候，菜品强调营养保健，糖醋味较多。晋中地区农村的"十大碗"则类似于四川的"田席"，以蒸菜为主。

晋南风味以临汾为代表，口味偏甜，略带酸辣，善于烹制汤汁菜。

上党风味工艺考究，多保留古风。例如白起豆腐，其传统的做法是用桑枝烤灼不加调味料的豆腐至皮色发黄，蘸蒜泥等调味品及豆腐渣食用。

晋北风味起源于大同、忻州一带，由于地理位置接近少数民族，其食俗也受到一定影响。主要特色是羊肉菜，盛行炖、蒸、烧、焖等烹饪方式，比晋中菜更加油大火强，口味稍重而醇香过之。

山西地区历来以面食为主，品种很多。山西面食包括晋式面点、面类小吃和山西面饭三大类，其品种不下500余种。晋式面点制作注重色味口感，做工比较精细。面类小吃品种繁杂，地方性强，这些口丰味美、形色俱佳、颇有风味的地方小吃深受大众欢迎。

山西面食中最具有地方特色的是山西面饭。面饭属于面条类，但山西面饭的做法别具一格，食法五花八门，用料异常广泛，具有浓厚的乡土气息。

3. 山西名食

（1）过油肉。

山西过油肉起源于明代晋东名城平定（今山西省阳泉市平定县），具有浓厚的山西地方特色，号称"三晋一味"。山西过油肉外软里嫩，味道咸鲜，闻起来有淡淡的醋香味，口感丰富，搭配用晋祠水稻煮制而成的大米饭一起食用，堪称一绝。山西各地制作过油肉的方法不一，较著名的有大同、太原、阳泉、晋城的过油肉，其中晋城的"大米过油肉"的特色是多汤水。

（2）平遥牛肉。

"逛平遥古城，吃平遥牛肉"已成为游览世界文化遗产平遥古城的两大乐趣。平遥牛肉距今已有200多年的历史，其传统制作工艺独特，从生牛屠宰，到生肉切割、腌渍、锅煮等操作程序和操作方法，再到用盐、用水以至加工的节气时令等，都十分讲究。平遥牛肉的制作依靠当地特有的土壤、水质、气候、人文等因素，采用考究的选料方法和独特的腌、卤、炖、焖等制作工艺，所产出的牛肉色泽红润，肉质鲜嫩，肥而不腻，瘦而不柴，醇香可口，营养丰富，具有扶胃健脾的功效。

（3）"头脑"。

"头脑"是山西特有的一种清真小吃，属于汤状食物。在一碗汤糊里，通常会放有三大块肥羊肉、一块莲藕和一条长山药，汤里的调味料有黄酒、酒糟和黄芪。品尝时，可以感受到酒、药和羊肉的混合香味，味美可口，越吃越香。因为早年太原人天不亮就起来食用"头脑"，所以又称"赶头脑"。当时需要挂灯笼照明，因此经营"头脑"的饭店门前都挂有一盏纸灯笼作为标志，这个习俗一直流传至今。每年农历白露到立春期间，太原市各清真饭店都有"头脑"上市。

（4）刀削面。

刀削面具有内虚、外筋、柔软、光滑、易消化等特点，属于面食中的佳品。清代末期，陕西人薛宝辰所著的《素食说略》中记载："面和硬……以快刀削细长薄片，入滚水煮出，用汤或卤浇食，甚有别趣。平遥、介休等处，作法甚佳。"传统的操作方法是一手托面，一手拿刀，直接将面削到开水锅里，要领是：刀不离面，面不离刀，胳膊挺直手端平，手眼一条线，一棱赶一棱，平刀是扁条，弯刀是三棱。食用时，浇上打卤或炒制的各种荤素浇头，入口筋软爽口。如今，刀削面已成为引入机器人制作的成功典范。

9.3 辽宁、吉林、黑龙江

9.3.1 辽宁饮食

1. 辽宁饮食概说

辽宁饮食文化源远流长，距今已有3000多年的历史。早在周、秦时期，生活在辽河两岸的人们就创造了自己的饮食文化。据《周礼·职方氏》记载："东北曰幽州，其山镇曰医无闾……其畜宜四扰，其谷宜三种。"出土于辽宁喀左的西周青铜器——匽侯盂上的铭文有"匽侯作馈盂"字样，这是当时此地饮食文明的佐证。辽阳市棒台子出土的东汉一号墓中的庖厨壁画，证明东汉时期辽阳一带的烹饪技艺已有相当水平。到了金代，北方人"以羊为贵"。清代满族入关后，皇帝多次东巡盛京（今沈阳），谒陵祭祀，赐宴群臣。满族善于养猪，喜食猪肉，其烹制方法独具特色。清代袁枚的《随园食单》中记载："满洲菜多烧煮，汉人菜多羹汤。"清代末期的光绪、宣统年间和民国初期是辽宁省南北菜交流、满汉菜大融合时期，饮食市场尤为繁荣。中华人民共和国成立后，尤其是近年来，经过整理、挖掘和创新，辽宁饮食博采众长，成为具有时代风貌的新兴菜系。

辽宁饮食风味以咸鲜为主，甜为配，酸为辅。与南方风味相比，其口味偏浓。在辽宁风味体系中，各地风味又稍有差异。以沈阳为中心的"奉派"菜肴是辽菜的代表，其特点是香鲜酥烂，口感醇浓，讲究明油亮芡。大连等沿海城市以海鲜资源为优势，讲究原汁原味，清鲜脆嫩。

2. 辽宁风味体系

辽宁饮食风味以沈阳和大连为代表。沈阳饮食多以山珍、河鲜、时蔬等为烹饪原料，大连饮食多以海珍品和海鲜为原料，两地菜肴的风格虽有不同，但在菜肴的口味上呈现出共同性和统一性，共同构建了一个完整的辽宁饮食体系。其相异之处为：沈阳饮食在烹饪海珍品时多用干料，而大连饮食则倾向于使用鲜料。鞍山、本溪、锦州、铁岭一带受沈阳饮食的影响较深，或者说沈阳饮食风格本就来自这些地方，是集大成者。应该说沈阳饮食是辽宁饮食的主流，但近年来，大连海鲜的饮食特色也在逐渐扩大其影响力。

3. 辽宁名食

（1）猪肉酸菜炖粉条。

猪肉酸菜炖粉条不仅是辽宁流行的佳肴，也是流行于整个东北地区的大众菜。虽然是一道大众菜，但是非常讲究选料，讲究火候，讲究色泽。比如在选料上，最好选用当地俗称的"荷包猪"，饲养6个月左右的荷包猪皮薄、肉质比较嫩，在制作时选择上五花部位，保证肥而不腻，粉条也要选择东北的土豆粉，还要根据它的宽窄粗细来确定烹饪时间，只要掌握得当，便能烹制出一道美味的猪肉酸菜炖粉条。

（2）铁板鱿鱼。

大连是鱿鱼的重要产地。改革开放后，大连人吸收了日本铁板烧的烹饪手法，制作出铁板鱿鱼，很快就风靡全国，成为全国夜市的主力。铁板鱿鱼是用铁板把鱿鱼煎熟后，再用铁铲将鱿鱼切段，然后撒上特制酱料而制成的。其主要原料是鱿鱼、洋葱、辣椒面，味道咸辣。铁板烧讲究食材新鲜，干净卫生，鲜味完全来自食材本身，没有一点腥味，丝毫不会破坏食物的原味。并且铁板导热快、温度高，食材可以迅速成熟，最大程度地保留了食材的营养，口感鲜美多汁，令人回味无穷。

（3）炒焖子。

焖子是一种用特殊凉粉炒制而成的美食，起源于大连。这种凉粉的主要原料是红薯，制作时需要将红薯磨成粉，提取其中的淀粉，与开水混合，加热成胶态。焖子通常是不透明状态，通常切成块摆放。

炒焖子用的是大口平底煎锅，油的用量是炒焖子能否成功的决定性因素，油太少了容易糊，而油太多了会使焖子过于油腻，影响口感。炒焖子的火候也很关键，火不能太大，时间要有保证，否则焖子容易炒不透。吃焖子必不可少的调味料有三样：一是加盐的蒜汁，二是酸甜口味的芝麻酱，三是鱼露。

（4）萨其马。

萨其马是满语的音译，是一种满族特色的甜味糕点。萨其马起源于清代关外三陵的祭品，满族入关后在北京开始流行，成为京式四季糕点之一，是当时重要的小吃。《燕京岁时记》中记载了旧时萨其马的制作方法："萨其马乃满洲饽饽，以冰糖、奶油合白面为之，形如糯米，用不灰木烘炉烤进，遂成方块，甜腻可食。"其制作方法是将面条炸熟后，用糖拌匀，再切成小块食用。萨其马色泽米黄，口感酥松绵软，香甜可口，尤其是桂花蜂蜜的香味浓郁。

9.3.2 吉林饮食

1. 吉林饮食概说

据《清史》记载，满族的祖先肃慎族早在3000多年前就居住在长白山、松花江一带，从出土的陶猪来看，养猪、吃猪肉是他们的一大喜好。15世纪，冀、鲁、晋、豫的移民来到东北，与女真族、满族相互交往，中原的饮食文化与松辽平原的饮食风俗逐渐交融，逢年过节时，他们便吃饺子和手把肉。16世纪，吉林的农业经济有了较大发展，人们的饮食结构发生了变化，以猪、牛、羊、鸡、鱼以及豆腐为饮食常品。19世纪末，吉林风味初具规模。20世纪初期，长春官僚政客、大贾行旅云集，酒楼客栈应运而生，各地名厨纷至沓来，食肆繁荣，厨师们用熘、扒、爆、烩、酱、熏等技法烹制出近百种风味的山珍菜肴。20世纪七八十年代，吉林菜山珍野味的特殊地方风味已定型。

吉林地处东北腹地，优越的自然条件为吉林菜提供了丰富的烹饪原料，长白山区的特产包括花尾榛鸡、松茸蘑、猴头蘑、蕨菜、薇菜等山珍野味，松辽平原盛产五谷杂粮、蔬菜瓜果，尤以大豆及其豆制品、豆油及葵花油特别著名，江河湖泊及水库的水产鱼类也十分丰富。吉林风味在延续满族饮食风俗的基础上，吸取其他地方风味，尤其是山东风味之长。在调味手法上，吉林菜多用复合味，擅长以咸、辣、酸、鲜来调和山珍野味。吉林气候寒冷，菜肴向来有"无辣不成味，一热顶三鲜"之说。吉林菜的季节性差异明显，口味上冬季多咸酸，夏季多清淡，总体上油重、色浓、偏咸。

2. 吉林名食

（1）小鸡炖蘑菇。

小鸡炖蘑菇是一道东北名菜，是用干蘑菇、鸡肉和粉条一同炖制而成的。这道菜属于东北炖菜类，久炖的鸡肉格外软嫩，蘑菇鲜香四溢，粉条顺滑香浓，尤其适合冬天食用，以达到活血祛寒、预防风寒侵袭的作用。炖鸡的蘑菇最好选用野生的榛蘑，细秆小薄伞的榛蘑可以在最大程度上衬托出鸡肉的鲜香。长白山野生榛蘑是吉林长白山区特有的山珍之一，也是极少数不能人工培育的食用菌之一。

（2）地三鲜。

地三鲜是一道东北传统名菜，其制作材料是三种时令蔬菜：茄子、土豆和青椒。这道菜不仅以其鲜浓的味道、天然绿色的食材著称，更因其涵盖多种食材的营养，将三味非常普通的食材制成鲜爽无比的佳肴而备受赞誉。

地三鲜是东北菜中的经典之作，百吃不厌。最常见的做法就是将这三样食材过油锅。在烹制过程中，将茄子和土豆先用盐腌制一下，裹上干淀粉后再进行炸制，这样就可以降低茄子和土豆的吸油能力，味道更加香脆。

（3）朝鲜冷面。

朝鲜冷面是一道朝鲜风味食物，因深受居住在延吉的朝鲜族群众喜爱而风靡。

朝鲜冷面是用荞麦面、淀粉、牛肉、辣椒面、胡萝卜等材料制作而成的朝鲜族传统食品，深受国内外人们的喜爱。朝鲜冷面通常以牛肉汤或鸡汤为底，佐以辣白菜、肉片、鸡蛋、黄瓜丝、苹果条、梨条等配料。食用时，先在碗内放入少量凉汤和适量面条，再放入调味料，最后再次浇上汤汁。其面条细韧有弹性，汤汁凉爽，酸辣适口。

（4）雪绵豆沙。

雪绵豆沙原为满族名菜"炸羊尾"。羊尾中含有大量脂肪，游牧民族都非常喜欢食用。农耕民族在接触到这道菜后，感觉羊尾膻味较重，于是将其改良为豆沙馅，外包高丽糊。高丽糊又称"蛋泡糊"，是由鸡蛋白加工而成的。

雪绵豆沙的主料选用红豆沙，辅以高丽糊，在制作过程中，需特别注意，在搅拌蛋白糊的过程中不能添加一滴水，这样才能确保采用松炸的烹调方法炸制的豆沙口感松软。成品暄软饱满，形圆色白，似朵朵棉桃。雪绵豆沙要达到不焦不脆，正好适当，这才是最佳口感。

9.3.3 黑龙江饮食

1. 黑龙江饮食概说

早在远古时期，黑龙江地区就有早期人类活动的迹象，这些活动为该地区的饮食文化奠定了基础。进入新石器时代，饮食文化又前进了一步，密山市新开流、昂昂溪遗址出土的菱格纹陶罐、盆、钵等烹饪器皿，以及宁安市莺歌岭上层文化遗址出土的磨盘、陶釜、陶甑等烹饪器皿，均证实从商周至隋朝，这一地区的饮食文化水平有明显提高。689—926年，唐代在今宁安市渤海镇建立了渤海国，该国的农业、手工业、交通运输业、商业发达，饮食原料丰富，为黑龙江地方风味菜肴的形成与发展打下了基础。辽、金两代，从达官贵人的宫廷宴会上看，黑龙江一带的饮食文化在食俗和烹饪方面都很有民族特点。到了金代，黑龙江的民族风味菜肴又取得了新的发展。

元、明、清时期，由于渤海人被迫南迁，女真人入主中原，满族入关等大规模的迁徙虽然促进了中华民族的大融合和全国历史的发展，但同时也造成了黑龙江地区的人口锐减、经济萧条及边境空荒的后果，这一时期的饮食文化发展很不平衡。清代初期，一批文人被流放到黑龙江，将中原饮食文化传入此地。从此，山东风味开始在这些地区流传。17世纪中叶以来，边境地区处于空荒局面，沙俄开始侵入黑龙江地区，俄式大菜的烹饪技法也随之传入。于是，以鲁菜为主的风味菜肴在黑龙江地区逐步发展起来，同时俄式、英法式等西餐也有明显发展。黑龙江地方风味菜肴与鲁菜以及俄式、英法式等西餐的烹饪技艺相互融合，创制出别具特色的地方大菜。

2. 黑龙江名食

（1）锅包肉。

锅包肉（如图9-2所示）又称"锅爆肉"，诞生于清代末期光绪年间，是由老厨家创始人郑兴文在哈尔滨道台府担任官厨时发明的。为了迎合俄罗斯人的饮食习惯，郑兴文将京菜咸鲜口味的焦炒肉片改为酸甜口味。锅包肉以精选猪里脊肉为主料，将其切片挂糊油炸后，以大火烹汁，最后配以水果成盘。这道中西合璧的菜肴深受俄罗斯人的喜爱，成为他们每次来到道台府用餐必吃的一道菜。郑兴文给这道菜取名为"锅爆肉"，以此区别于京菜的焦炒肉片。由于俄罗斯人发音时将"爆"字读作"包"，久而久之，这道菜便更名为"锅包肉"。后来，郑氏第二代传人郑义林建议将所配的水果去掉，仍用京菜焦炒肉片中的葱姜丝和蒜片，点缀香菜，这种做法一直延续至今。如今，正宗的锅包肉已成为哈尔滨的代表菜，它与哈尔滨这座城市一起走过百年的兴衰，且已传遍东北各地，成为东北菜的经典之作。

图 9-2　锅包肉

（2）血肠。

血肠原为居住于东北地区的满族和锡伯族祭祀祖先神灵所用的传统食品，现已成为东北地区的家常菜。血肠的制作原料多为猪血。其制作过程大致是用盐反复揉搓、清洗猪小肠，一端用线扎紧，然后将新鲜猪血、盐、花椒等从另一端灌入肠中，最后放入锅中大火煮熟即可。制作精良的血肠味道鲜美，营养丰富，是深受东北民众喜爱的一道传统美食，常和酸菜、白肉等一同炖煮，尤其适合在冬日里食用。

（3）得莫利炖鱼。

得莫利炖鱼因起源于方正县伊汉通乡得莫利村而得名。"得莫利"一词源于满语，意为"码头"。该村北临松花江，人们主要靠打渔来补贴家用。100多年前，村里的一对老夫妇开了一间小饭店，把当地的新鲜鲤鱼、鲇鱼、鲫鱼或嘎牙子鱼等和豆腐、宽粉、茄子、白菜等一同炖煮，味道鲜美，既符合东北人豪爽的性格，又满足了食客的味蕾，于是小饭店的生意越来越红火，传遍了城里的大街小巷。哈尔滨人认为，如果外地朋友不喜欢吃西餐，那就去吃得莫利炖鱼。这道菜的主料应当选用新鲜鲤鱼，以确保鱼肉的鲜嫩。

（4）哈尔滨红肠。

红肠是一种原产于俄罗斯、立陶宛，用猪肉、淀粉、大蒜等材料加工而成的香肠，因颜色火红而得名，其味道醇厚、鲜美。中东铁路建成后，红肠由沙俄传入中国，并逐渐成为东北的哈尔滨、佳木斯、七台河、满洲里等地的特产，其中以哈尔滨所产的红肠最为著名。哈尔滨秋林百货公司所产的里道斯红肠已有100多年的历史。"里道斯"是"立陶宛"的音译，表明秋林里道斯红肠的加工工艺来源于立陶宛。秋林里道斯红肠的口感偏咸，嚼劲十足，肥瘦相间，色泽偏暗红，具有浓郁的蒜香味和果木香味，一口下去唇齿留香。红肠表面有时会带有少量烟熏的黑灰，但这并不影响食用，如果食客对此有所介意，可以剥掉肠衣。

同步练习

一、判断题

1. 挂炉烤鸭以全聚德为代表,是以果木为燃料,在特制的烤炉中用明火烤制而成的。( )

2. 河间驴肉火烧和保定驴肉火烧的做法和味道并不相同,最直观的区别在于保定驴肉火烧是圆形的,而河间驴肉火烧是长方形的。( )

二、单项选择题

1. 洛阳水席有两层含义:其一,全部热菜( );其二,热菜每吃完一道便被撤下,再上新菜,像流水一样不断地更新。

　　A. 皆带有汤汁　　　　　B. 菜名都带"水"
　　C. 在食用时要喝水　　　D. 食材是水生植物或水产

2. 下列食品中,( )不属于"天津三绝"。

　　A. 狗不理包子　　B. 耳朵眼炸糕　　C. 十八街麻花　　D. 李连贵大饼

3. 萨其马是一种( )族特色的甜味糕点。

　　A. 汉　　　　　　B. 满　　　　　　C. 朝鲜　　　　　D. 蒙古

三、多项选择题

1. "头脑"是山西特有的一种清真小吃,属于汤状食物。在一碗汤糊里,通常会放有( )。

　　A. 羊头　　　B. 肥羊肉　　C. 羊脑　　　D. 莲藕　　　E. 山药

2. 因火车通车而享誉全国的食物有( )。

　　A. 葱烧海参　　B. 九转大肠　　C. 道口烧鸡　　D. 德州扒鸡　　E. 蛤蜊配啤酒

四、简答题

1. 请说出至少 5 个东北菜。

2. 谈一谈锅包肉的历史。

五、体验题

东北菜在当今餐饮市场上异军突起,以量大、质优、价廉著称,在许多地方的餐饮市场中占有一席之地。请用手机搜索附近的东北菜馆,品尝经典的东北菜。

第 9 讲　同步练习答案

第 10 讲　中国东部饮食特色

10.1　上海、浙江

10.1.1　上海饮食

1. 上海饮食概说

早在 2400 多年前，上海地区就是被誉为"战国四公子"之一的春申君的领地。那时，依靠江南鱼米之乡的自然环境，烹制的是地道的乡土风味，即所谓的"楚越之地，地广人稀，饭稻羹鱼"。7 世纪后，上海逐步发展成为"江海之通津，东南之都会"，海外百货云集，南来北往人员繁杂，菜肴的选料、花色、风味也随之丰富起来。19 世纪中叶，上海被迫对外开埠。畸形繁荣的经济推动着上海菜的变化，并以世所罕见的速度飞跃发展。各地风味菜为了在上海生存，只能适应上海的风土人情，古今中外、兼收并蓄，相互借鉴、竞相争艳，与时俱进，在开拓中发展。从此，上海菜形成了风味多样的特征。

上海饮食风味随着上海这个城市的演变而发展，既受到了全国各地风味菜肴的影响，又带着浓郁的上海地方气息，具有清新秀美、温文尔雅、风味多样、富有时代气息的特点。其追求的是口味清淡，讲究真味至上，款式新颖秀丽，刀工精细，配色和谐，滋味丰富，口感平和，形式高雅脱俗。上海菜各种风味荟萃，又糅合进上海地区的风土人情和饮食文化，能够满足不同层次的消费需求。

上海地处温带地区，春秋短、冬夏长，全年平均气温约 15℃。上海饮食习俗讲究五味调和，追求清淡的真味。上海人口众多，但真正的本地人不多，绝大多数来自全国各地。他们带着各自的习俗生活在这个地区，既有受这里自然环境的影响而相互同化的一面，也有顽强表现自己特色的一面。上海饮食汇集了各种风味，菜肴以清淡为主，讲究层次，既有辣、酸、浓等多种复合味，又保持口感平和、质感鲜明，该嫩则嫩、该酥则酥，嫩、脆、酥、烂绝不混淆，因此适应面特别广。

2. 上海名食

（1）草头圈子。

"草头"是上海人对南苜蓿（在江浙地区被称为"金花菜"）的俗称。草头原为野菜，现多由人工种植。而"圈子"则是猪大肠的别称，因其横截面呈现一圈一圈的形状而得名。

好的草头圈子应该具备圈子外形挺直、色泽红亮的特点，卤汁胶稠且紧紧包裹着圈子，有明显的"自来芡"光亮质感。圈子藏不牢是因为烹饪火候过大或预处理后没有放进冰箱冷藏，卤汁过于稀薄或过于干涩都是火候掌握不当所致。烧好的圈子口感应该入口酥糯绵软、肥而不腻、略带嚼劲。

草头圈子是一道极具上海特色的菜肴，红烧的圈子与酒香扑鼻的草头相互衬托，圈子增加了草头的香气，草头解了圈子的油腻。

（2）虾籽大乌参。

在精致的上海菜中，虾籽大乌参无疑是一道令人垂涎的佳肴。虾籽大乌参的原料选用产自南海东沙、西沙一带水域的梅花参。这些梅花参生长在清澈的海水中，经过自然的滋养，肉质饱满，口感鲜美，它们与辽宁的刺参一起被并称为"北刺南梅"。

上好的虾籽大乌参色泽乌光发亮，醇厚鲜香，质感软糯中略带胶滑咀嚼感，使得每一口都充满了层次感和满足感。当轻轻抖动时，虾籽大乌参会呈现出明显的飘移式浮动感，给人一种灵动而鲜活的感觉。

（3）八宝鸭。

优质的八宝鸭外观呈"和尚头"的形状，色泽红亮饱满，卤汁浓稠厚滑。八宝鸭的口感酥烂，鸭体完整饱满，鸭肉鲜嫩多汁、入口即化，八宝料各具特色。打开鸭腹，八宝料与鸭肉的香气相互交织，令人垂涎。入口后，主要以鸭肉的香味为主，辅以八宝料的独特风味，整体口感柔腻，令人回味无穷。

（4）八宝辣酱。

八宝辣酱的主料没有固定搭配，一般包括肚片、鸡丁、肉丁、肚丁、虾米、笋丁、花生、豆腐干等八样（也可以加入其他丁粒状的原料）。其中，脆的是肚片、笋丁、花生，软的是虾米、肚丁、豆腐干，嫩的是鸡丁、肉丁。八宝辣酱是用上海人称为"辣糊酱"的辣酱——一种用当地的鲜辣酱腌制出来的低辣度土酱烧制而成的，一勺入口，各种不同的口感相互映衬，令人回味无穷。

这是一种咸、甜、辣、鲜兼而有之的复合味，这种极富上海特色的酱香既"鲜爽开胃"又"挂口持久"，两种看似矛盾的味道却相得益彰。当这种轻与重、柔与刚、淡雅与浓烈、活泼与老沉同时冲击味蕾时，"味道的穿透力"尽显无遗。

（5）南翔小笼馒头。

20世纪二三十年代，老城隍庙的"三头"最负盛名，其中之一就是南翔小笼馒头。制作南翔馒头皮面的面粉是不发酵的，采用手工揉搓到软硬适中。经过小笼蒸制后，皮薄而不破，透明光亮，吃起来爽口有劲。至于作为馅心的肉糜，旧时用切菜刀斩成，店内专门设置了一个直径约75厘米的木质大砧墩，三个师傅围在一起，手工将腿肉斩碎成肉糜。此种馅心肉嫩、味鲜、韧糯，即使不放肉冻也能保持一包汤汁。中华人民共和国成立后，为了减轻劳动强度，开始使用绞肉机来制作肉糜，在质量上精益求精。馅心只选用夹心腿肉，并加入皮冻。待蒸熟后，一只只小笼馒头形似宝塔，晶莹透明，入口一咬便有一包汤汁溢出，鲜美异常。每只小笼馒头约重50克，8只为一笼，每只都有近20个皱褶，小巧玲珑，现做现卖，带笼上桌，再伴以香醋、姜丝，味道更佳，被称为"沪上一绝"。

10.1.2 浙江饮食

1. 浙江饮食概说

浙江余姚河姆渡文化遗址的实物表明，早在 7000 多年前，浙江先民就已将水稻脱壳炊煮作为主食。至先秦时期，用以调味的绍兴酒已经产生。浙江作为鱼米之乡，又濒临东海，拥有优越的资源条件，因此浙菜形成了追求味美、擅长烹制鱼鲜的特色。秦汉直至唐宋的浙菜一直以味为本，并进一步讲究精巧烹调，注重菜品的典雅精致。唐代的白居易、宋代的苏东坡和陆游等诗人关于浙菜的名篇佳作，更是把历史文化名家同浙江饮食文化联系到了一起，增添了浙菜典雅动人的风采。特别是南宋时期，中原厨师随宋室南渡，黄河流域与长江流域的饮食文化交流融合，浙菜引进了中原烹调技艺的精华，发扬本地名物特产丰盛的优势，采用"南料北烹"的方式，创制出一系列具有独特风味的名馔佳肴，成为"南食"风味的典型代表。

宋代陈仁玉所著的《菌谱》、赞宁所著的《笋谱》，都反映了浙菜运用本地特产作为原料的特色。浦江吴氏的《吴氏中馈录》，以浙西南76种菜点的制法，体现出浙菜的江南烹调风味。明代潘清渠的《饕餮谱》记录了当时 400 多种精美肴馔。清代朱彝尊的《食宪鸿秘》、顾仲的《养小录》、童岳荐的《调鼎集》等著作，反映了清代浙菜已进入鼎盛时期的兴旺景象。特别是杭州人袁枚、李渔两位清代著名的文学家分别撰写的《随园食单》和《闲情偶寄·饮馔部》，对浙菜的风味特色进行了理论上的阐述，进一步扩大了浙菜的影响。现代以来，特别是中华人民共和国成立后，随着社会的发展和人民生活水平的提高，浙江菜的风味特色日臻完善，步入了突飞猛进的发展阶段。

2. 浙江风味体系

浙江风味具有醇正、鲜嫩、细腻、典雅的特色，讲究时鲜，取料广泛，多用地方特产；烹调精巧，擅长烹制河鲜、海鲜，以清鲜味真见长。浙江饮食风味主要由平原饮食风味、沿海饮食风味和山区饮食风味组成。

平原饮食风味以杭州为代表，同时也广泛流行于绍兴、湖州、嘉兴等地。这一地区是典型的鱼米之乡，"饭稻鱼羹"是其主要特征；对河鲜的处理方式多样，最有特色，对新鲜蔬菜和笋的运用堪称一绝，对食材的处理方法独具一格。杭州饮食历史悠久，极负盛名，被称为"杭帮菜"，主要特点是做工精细，清鲜爽脆，因时而异，风味诱人。绍兴菜则因其固守传统，保留了较多的老味道而著称。

沿海饮食风味以宁波为代表，同时也广泛流行于温州、台州、舟山等地。这些地区位于东海之滨，海上大小渔场密布，水产资源十分丰富，烹制海鲜的手法独到。宁波风味以鲜咸合一为特色，以蒸、烤、炖制海鲜见长，讲究鲜嫩、香糯、软滑，注意保持食材的原汁原味。

山区饮食风味以金华为代表，同时也广泛流行于衢州、丽水等地。这些地区的主粮有水稻、小麦、玉米、番薯、麦类等。在山区，日常菜肴除了四季所出的新鲜蔬菜，还包括用干制、腌渍等方法加工而成的菜肴。这里还是香菇的原产地，金华火腿更是中国肉类腌制品的头牌。

3. 浙江名食

（1）西湖醋鱼。

西湖醋鱼（如图10-1所示）通常选用草鱼作为原料进行烹制。烹制完成后，其表面覆盖一层平滑油亮的糖醋，胸鳍竖起，鱼肉嫩美，带有蟹味，鲜嫩酸甜。

西湖醋鱼由早期的醋搂鱼演变而来，而醋搂鱼则借鉴了河南瓦块鱼的烹饪方法。南宋初期，大量北方移民涌入南方，尽管他们的饮食仍保持原有的习惯，但食材已经因地理环境的不同而产生了显著变化。于是，原本的鲤鱼被替换为草鱼，鱼要切块，而且要用油煎或炸，还要蒸，并渐渐演变成以酸味为主，略带甜味的口感。民国时期，品尝西湖醋鱼的一种时尚方式被称为"醋鱼带柄"，即在享受一份西湖醋鱼时再搭配一份生鱼片。后来，爱国卫生运动开展后，生鱼片逐渐退出了人们的餐桌。

图 10-1 西湖醋鱼

（2）东坡肉。

1079年，苏轼因"乌台诗案"被贬为黄州团练副使。因黄州当地猪肉供应丰富且价格低廉，苏轼便发明了一种吃肉的方法，戏作《猪肉颂》："净洗铛，少著水，柴头罨烟焰不起。待他自熟莫催他，火候足时他自美。"也许正是苏轼所发明的这种"慢着火，少着水"的烹饪方法，赋予了这道菜肴独特的口感与风味，使得后世用他的名字来命名这道菜肴。

关于东坡肉，宋元史料均无记载。最早关于东坡肉的文字记录出自明代沈德符的《万历野获编》卷二十六中的一句："肉之大胾不割者，名东坡肉。"胾，指大块肉。关于当时的东坡肉究竟如何，我们只能从这句记载中得知它是用大块肉制作的。到了清代，东坡肉的制作方法已和现在所见的相差无几。

东坡肉的主料和造型大同小异，主料都是半肥半瘦的猪肉，成品菜肴中的肉块码放得整整齐齐，红得透亮，色如玛瑙，夹起一块品尝，软而不烂，肥而不腻。东坡肉虽然在苏轼曾经驻留过的眉山、黄州、常州、梅州等地都有流传，但尤以杭州的东坡肉最为著名。

（3）绍兴臭豆腐。

绍兴臭豆腐是绍兴特色小吃，闻着有臭气，吃起来满口留香。其原料是白豆腐，制作时，先将白豆腐切成小块，随后在太阳下晾晒一番，再浸入"霉苋菜梗"卤汁中约半天，捞出后用清水冲洗，去其黏着物，摊开在太阳底下暴晒，雨天则采用烘烤的方式去除水分，之后即可进行油炸。臭豆腐的质量好坏，在于"霉苋菜梗"卤汁是否优良，浸泡的时间是否掌握得当，以及油炸时油锅的火候是否到位。油炸时，要一块一块地捞出，先捞锅中心的，再捞锅边的，一边捞出已熟的，一边放入生的，两手不停。看似简单，但想要炸好并不容易。

绍兴菜中"臭菜""霉菜"的种类之多，居全国首位。江南水乡夏季高温、湿度大，食物不易保存，通过微生物发酵，一方面满足了贮存食物的需要，另一方面也通过实践寻找到了食物的特殊风味。

（4）清蒸带鱼。

带鱼是全国各地都能品尝到的海鲜。但冷冻过的带鱼一般带有腥味，很少用清蒸的方式烹饪。宁波、舟山则凭借渔场的地理优势，将新鲜带鱼清蒸食用。东海产的带鱼个头较大，尾部细长如鞭，背鳍是灰白色的，没有腹鳍，也没有鳞，但有明显的侧线，身体呈银白色，被称为"白带鱼"，是清蒸的好食材。相比之下，其他地区产的带鱼如短带鱼、南海带鱼、沙带鱼以及进口的大西洋叉尾带鱼的口感要稍逊一筹。清蒸带鱼时，保留其鳞片是确保美味的关键。

（5）金华火腿。

金华火腿的历史始于唐代，唐代开元年间陈藏器编纂的《本草拾遗》中记载："火腿，产金华者佳。"金华火腿以金华特有的"两头乌"猪的后腿为原料，加上金华地区特殊的地理环境、气候特点，以及民间千年形成的独特腌制和加工方法，为金华火腿的生产提供了得天独厚的条件。

金华火腿在高档菜肴中常起增香增鲜的调味作用，其本身也可单独制作成菜肴。蜜汁火方就是一道以火腿为主料制作的名菜，其色泽火红，卤汁透明，食之令人回味无穷。

10.2 江苏、安徽

10.2.1 江苏饮食

1. 江苏饮食概说

江苏饮食文化历史悠久。青莲岗、草鞋山等新石器时代出土的文物表明，至少在距今 6000 多年以前，当地先民已用陶器烹饪。《楚辞·天问》中所记载的彭铿制作的雉羹，是最早见于典籍的江苏菜肴。《尚书·禹贡》和《吕氏春秋·本味》等文章中收录了当时被视为美食的淮鱼、太湖韭花等烹饪原料。春秋时期，江苏已有较大规模的养鸭场，这反映了江苏烹饪对水禽的充分利用。战国时期，江苏已有全鱼炙、腼鳖、吴羹和讲究刀工的鱼脍等名馔。两汉、两晋、南北朝时期，江苏的面食、素食和腌菜类食品得到了显著的发展。隋唐、两宋时期，不少海味和糟醉菜被列为贡品，并得到了"东南佳味"的称誉。《清异录》中所记载的扬州缕子脍、建康（今南京）七妙、苏州玲珑牡丹鲊等肴馔受到了世人的广泛赞誉。元、明、清时期，江苏菜南北沿运河、东西沿长江发展得更为迅速，东面临海的地理优势、便捷的交通和繁荣的商业贸易等条件促进了江苏菜进一步向四方皆宜的特色发展，并扩大了江苏菜在海内外的影响力。据《清稗类钞·各省特色之肴馔》记载："肴馔之有特色者，为京师、山东、四川、广东、福建、江宁、苏州、镇江、扬州、淮安。"其中江苏地区占了5个。

江苏风味的主要特点是原料以水产为主，注重鲜活；加工精细多变，因料施艺；烹制善用火功，调味清鲜平和。

2. 江苏风味体系

江苏风味由淮扬、金陵、苏锡和淮海四大地方风味构成。

淮扬风味以扬州为中心，南起镇江，北至洪泽湖附近的淮河以南地区，东含里下河及沿海一带，菜肴以清淡为主，味道融合南北之长。扬州在历史上曾经是南北交通枢纽和东南经济文化中心，饮食市场繁荣发达。

金陵风味以南京为中心，口味以醇和为主，素以鸭馔闻名。秦淮河夫子庙的小吃，花色品种也很丰富。

苏锡风味以苏州、无锡为中心，还包括太湖、阳澄湖、滆湖等周边地区，菜肴清新爽口，浓淡适度。

淮海风味指的是自徐州沿东陇海线至连云港一带的菜肴风味，口味咸鲜，五味兼蓄，淳朴实惠。淮海风味在饮食文化上与前三者所代表的江南风格完全不同，以徐州为中心的苏、鲁、豫、皖周边地区，其饮食文化同属淮海风味。

3. 江苏名食

（1）蟹粉狮子头。

狮子头是指菜有造型大而圆，故而形象地称之为"狮子头"。蟹粉狮子头是淮扬菜的传统名菜，口感松软，肥而不腻，营养丰富。它既可以红烧，也可以清蒸，还可以清炖，深受人们喜爱。扬州的狮子头在不同的季节有不同的配料，春季河蚌上市，有河蚌狮子头；冬季风鸡上市，有风鸡狮子头；而蟹粉狮子头则是秋季的时令菜。蟹粉狮子头的制作关键是在肉末中加入蟹粉调制，再将蟹黄嵌在肉圆上，确保有蟹黄的一面朝上，下面的过程与普通的狮子头做法相同，成菜汤色澄清而略带浅黄，味极鲜美。除了加入蟹粉，也可以根据个人喜好加入虾籽、香菇、荸荠等食材。清蒸狮子头的制作较为方便，成熟快，适合食堂大批量制作，但嫩度、滋味不及清炖的好；红烧狮子头的做法与清炖不同，生坯做好后，先下油锅煎至外层微焦，然后加入酱油和各类调味料，大火烧开后转小火焖透，最后再用大火收汁，口感酥嫩，滋味浓厚，肥而不腻。

蟹粉狮子头也是著名的"扬州三头"之一，另外两道菜是扒烧整猪头和拆烩鲢鱼头。

（2）软兜长鱼。

长鱼是淮安等地对鳝鱼的称呼，软兜长鱼是淮安等地的一道名菜。《清稗类钞·饮食类》中记载："淮安多名庖，治鳝尤有名，胜于扬州之厨人。且能以全席之肴，皆以鳝为之，多者可至数十品，盘也，碗也，碟也，所盛皆鳝也，而味各不同，谓之全鳝席。"软兜长鱼则是鳝鱼中的精品。制作软兜长鱼时，需将活长鱼用纱布包裹，放入带有葱、姜、盐、醋的沸水锅内，余至鱼身卷曲、口部张开时捞出，随后取其脊肉进行烹制。成菜后鱼肉十分鲜嫩，用筷子夹起，两端自然下垂，形如小孩胸前的兜肚带。食用时，可以用汤匙兜住，故名"软兜长鱼"。

（3）松鼠鳜鱼。

松鼠鳜鱼是苏州地区的传统名菜，一直被视为江南宴席上的上品佳肴。用鳜鱼制作的菜肴各地都有，但一般以清蒸或红烧为主。清代《调鼎集》中记载："松鼠鱼，取鲚鱼肚皮，去骨，拖蛋黄，炸黄，炸成松鼠式，油、酱烧。"在20世纪，苏州松鹤楼制作的松鼠鳜鱼最为有名。厨师们在鱼肉上雕出花纹，调味后裹上蛋黄糊，放入热油锅中炸至成熟，然后浇上熬热的糖醋卤汁。成菜后形似松鼠，外脆里嫩，酸甜可口，故得名"松鼠鳜鱼"。

（4）盐水鸭。

盐水鸭是南京著名的特产，又称"桂花盐水鸭"。南京盐水鸭的制作历史悠久，积累了丰富的制作经验。其特点是鸭肉白嫩，肥而不腻，香鲜味美。特别是在中秋时节，桂花盛开之际制作的盐水鸭色味最佳，故又称"桂花盐水鸭"。

盐水鸭咸甜清香，口感滑嫩。肉玉白，油润光亮，皮肥骨香，鲜嫩异常，咸鲜可口。盐水鸭采用低温熟煮的方式，经过一个小时左右的煮制，使得盐水鸭的嫩度达到一定程度。低温熟煮使得盐水鸭的肌肉储水性好，保持了鸭肉的多汁性。

（5）鸭血粉丝汤。

鸭血粉丝汤在南京的流行始于改革开放后。20世纪80年代初期的鸭血汤仅由清汤鸭血、葱花和香油组成，偶尔加入少许鸭肠，虽然简单却自有一分清爽。后来鸭血与粉丝的结合逐渐流行，并加入了油豆腐、鸭肝，成为现在流行的样式。鸭血粉丝汤已成为南京小吃的标志性名片。与南京相邻的镇江地区也盛行鸭血粉丝汤。

（6）地锅鸡。

地锅鸡是一道徐州的传统名菜。地锅菜起源于苏北和鲁南交界处的微山湖地区。以前，微山湖上的渔民受船上条件所限，往往取一个小泥炉，炉上坐一口铁锅，下面支几块干柴生火，然后按家常的做法煮上一锅菜，锅边还要贴满面饼，由此形成了这种饭菜合一的烹调方法。地锅菜的汤汁较少，口味鲜醇，饼借菜味，菜借饼香，具有软滑与干香并存的特点。如今，有厨师将传统地锅菜的制法加以改良，从而推出了地锅鸡、地锅鱼、地锅牛肉、地锅三鲜、地锅豆腐、地锅龙虾等地锅佳肴。

10.2.2 安徽饮食

1. 安徽饮食概说

徽菜起源于南宋时期的古徽州（今安徽歙县一带），原是徽州山区的地方风味。由于徽商的崛起，这种地方风味逐渐进入市肆，流传于苏、浙、赣、闽、沪、鄂等长江中下游地区。徽商富甲一方，生活奢靡，其饮馔之盛、宴席之豪华，对徽菜的发展起到了推动作用，可以说，哪里有徽商，哪里就有徽菜馆。明清时期，徽商在扬州、武汉盛极一时，这两地的徽菜也因此得到了迅速的发展。抗日战争前后，徽菜馆遍布上海、南京、苏州、扬州、芜湖、武汉等大中城市。据不完全统计，当时上海的徽菜馆就有130多家，武汉也有40多家。徽菜的影响已经遍及长江中下游和东南各地。

狭义上来说，徽菜指的是原徽州区域的饮食，包括如今的黄山市、宣城市绩溪县和江西省婺源县。安徽其他地区的饮食风味应称为"皖菜"，当然也可以说是广义上的徽菜。

2. 安徽风味体系

安徽位于中国南北交界处，其饮食文化也呈现出明显的地域特色。安徽风味的基本味型是咸鲜微甜。由于不同的自然条件和迥异的民风食俗，安徽菜形成了丰富多样、各具特色的复合味型，大致可分为皖南、沿江和淮北三大地方风味。其中，皖南、沿江风味显现出典型的南方饮食文化特征，而淮北风味则属于北方饮食文化区域。

皖南风味以徽州地方风味为代表，其主要特点是喜用火腿佐味，以冰糖提鲜，善于保持食材的原汁原味，口感以咸鲜香为主，即便放糖也不会显得过甜。

沿江风味以芜湖、安庆地区为代表，善于用糖来调味。

淮北风味以咸鲜辣为主，很少用糖来调味，多用芫荽、辣椒、生姜、八角等来调味。

3. 安徽名食

（1）臭鳜鱼。

臭鳜鱼（如图10-2所示）是最有特色的徽州名菜之一。徽州本地不产鳜鱼。在古代，徽商告老还乡后，他们的后辈子侄会一代接一代沿着先辈的足迹走出大山。临行请安时，他们总会询问长辈，下次回来需要带些什么，其中有些老者会怀念大山外面的鳜鱼。而山道崎岖，从产地到徽州至少要六七天的时间。后生们为了防止鳜鱼变质，只好用盐腌制，且需要不停翻动，以防变质。即便如此，到家后鱼鳃仍红，鱼鳞不脱，但表皮会散发出一种臭味。将鱼洗净，用细火烹制后，这道菜成了一道充满奇异臭味的佳肴。臭鳜鱼也是中国少有的动物性臭味食物之一。

图10-2　臭鳜鱼

（2）毛豆腐。

上好的毛豆腐长有一层浓密纯净的白毛，上面均匀分布着一些黑色颗粒，这是孢子，也是毛豆腐成熟的标志。毛豆腐实际上是通过人工在豆腐上接种毛霉菌制作而成的。这种霉菌能产生蛋白酶，将豆制品中的蛋白质分解成游离的氨基酸，使豆腐具有多重鲜味。

这道菜以长有寸许白色茸毛的毛豆腐为主料，经过油煎后，佐以葱、姜、糖、盐、酱油等烩烧而成。上桌时以辣椒酱佐食，鲜醇爽口，芳香诱人，并且有开胃的作用。

（3）包公鱼。

合肥市原有一条古代挖掘的护城河，它从包公祠旁流过，人称"包河"。河里出产一种鲫鱼，只因鱼背是黑色的，人们看到它，便联想到了铁面无私的合肥人——包公，即北宋政治家包拯。因此，人们赋予了它"包公鱼"的美名。

包公鱼取材于包河中的黑背鲫鱼，辅以莲藕、冰糖等食材，上锅用旺火烧干，后改用小火焖炖，下锅待其冷透后覆扣于大盘中，淋上芝麻油即成。成菜后，骨酥肉嫩，回味无穷。

（4）八公山豆腐。

豆腐作为中国最常见的豆制品，是中国人合理利用植物性食物提供蛋白质营养的杰作。最早有关豆腐的记载，是宋代陶谷所撰写的《清异录》："时戢为青阳丞，洁己勤民，肉味不给，日市豆腐数个，邑人呼豆腐为小宰羊。"但世人普遍认为豆腐的起源远早于这一记载。目前说法较多的是豆腐由西汉淮南王刘安发明，这一推测的依据在于：其一，制作豆腐的器具、材料、工艺在西汉时都已出现；其二，刘安崇道，常炼丹药，而豆腐的制作过程与炼丹相似；其三，后人著有《淮南王食经》，说明其喜爱美食。但以上都是推测，并没有切实的证据。但刘安所在的八公山确实是豆腐的著名产地。

八公山豆腐采用纯黄豆作为原料，加入八公山的泉水精制而成。当地农民制作豆腐的技艺世代相传，制作出的豆腐细、白、鲜、嫩，深受群众欢迎。因此，以豆腐为主材制作的豆腐宴也深受欢迎。

（5）蒿苔炒肉丝。

蒿苔又称"蒌蒿""芦蒿"，其植株具有清香气味。在皖北一带，蒿苔是广受欢迎的家常菜。蒿苔原为野菜，穷人常在荒年用其救荒，近年来走上百姓餐桌，身价倍增，现在是相对价格较高的家常菜。蒿苔味清，单独吃并不好吃，但如果配上肉类，马上就能显示出其独特的魅力，使普遍味厚的现代人难以割舍。无论是家常便饭还是宴会聚餐，蒿苔炒肉丝、蒿苔炒香肠都是备受欢迎的菜品，往往是最先被吃完的一道菜。

10.3 江西、福建、台湾

10.3.1 江西饮食

1. 江西饮食概说

在秦汉时期，江西省鱼米之乡的特色已日益明显。东汉以后，南昌地区"嘉蔬精稻，擅味于八方"（雷次宗《豫章记》）。江西的地理位置史称"吴头楚尾，粤户闽庭"，其菜肴在保留自身特点的基础上，又吸收各方精华，从而形成了如今独具特色的江西风味。

江西气候温和，地形多样，既有丘陵、山脉，又有平原、湖泊。优越的自然条件为江西菜提供了丰富而优质的原材料。江西的味型可分为复合味型和原汁原味型两类。讲究原汁原味是江西菜的一大特色。在复合味型中，咸鲜兼辣味型在江西菜中占有的比重较大。

2. 江西风味体系

江西饮食风味讲究味浓、油重，主料突出，注意保持食材的原汁原味，偏重鲜、香，兼有辣味，具有浓厚的地方色彩。江西饮食风味大体可分为赣北、赣南两大地方风味。其中，赣北风味清淡味型较多，赣南风味偏重咸辣味型。

3. 江西名食

（1）南昌瓦罐煨汤。

在南昌吃货行家的心目中，南昌瓦罐煨汤除了讲究食材的新鲜，更注重煨制的方法。这款汤品不添加任何色素和香精，只有经过数小时的煨制，具备汤清澈、色流金、入口鲜、味回甘的特点，才能算是一款正宗的南昌瓦罐煨汤，才能满足南昌人挑剔的味蕾。从最简单的肉饼汤，到各种家禽、菌菇等食材，唯有用慢火煨制出的汤品，才是精华的体现。

（2）三杯鸡。

三杯鸡因烹制时不放汤水，仅用米酒一杯、猪油或茶油一杯、酱油一杯而得名。这道菜通常选用三黄鸡等食材制作，成菜后，肉香味浓，甜中带咸，咸中带鲜，口感柔韧，咀嚼感强。

三杯鸡起源于江西省，后来流传到台湾地区，成了台湾菜的代表性菜品。其中，江西省内的宁都三杯鸡、南昌三杯鸡、万载三杯鸡最为出名，最具代表性。

（3）粉蒸肉。

粉蒸肉是以带皮五花肉、米粉和其他调味料制作而成的一道美食，口感糯而清香，有肥有瘦，米粉油润，五香味浓郁。清代诗人袁枚在《随园食单》中记载："用精肥参半之肉，炒米粉黄色，拌面酱蒸之，下用白菜作垫，熟时不但肉美，菜亦美。以不见水，故味独全。江西人菜也。"以米入菜是江西菜的一大特色，粉蒸肉就是其中最有影响力的代表之一。

（4）庐山石鸡。

庐山石鸡是一种生长在阴涧岩壁洞穴中的蛙类，又名"赤蛙""棘胸蛙"，其体呈赭色，前肢短小，后肢强壮，表皮光滑细腻，肉质鲜美，因叫声似鸡鸣，故得名"石鸡"。庐山石鸡昼伏夜出，以石窟为藏身之地，夜晚出来觅食。它属于蛙类的一种，体型较大，一般体重在150～200克，大的约重500克。庐山石鸡易于消化，营养丰富，是菜肴中的佳品。在庐山的各大旅游餐馆中，以石鸡为原料的菜肴比比皆是，其中"黄焖石鸡"就是庐山名菜之一。石鸡以庐山产的为最佳，庐山石鸡以色泽酱红、浓香肉嫩、原汁原味的特色，广受游客喜爱。

10.3.2 福建饮食

1. 福建饮食概说

福建饮食文化的历史可以追溯到新石器时代。在福州、闽侯等地的原始社会文化遗址中出土的陶制釜、鼎、壶、尊、罐、簋、豆、杯、盆、鬲、甑等器皿，表明4000多年前闽地先民已开始烹饪熟食。商周时期，已有上釉的陶瓷器出现，烹饪技艺也进一步发展。到了唐代，福州、漳州等地的贡品中已出现海蛤、鲛鱼皮。宋代福建泉州人林洪所著的《山家清供》一书中记载了蟹酿橙的烹调技法，并描述了这道菜的色、香、味、形、器等特点。其后，典籍中多有载述，笔记杂著更为繁富。

福建风味原料丰富，烹调技法严谨，重在开发原汁本味，以味取胜。闽菜的烹饪具有刀工巧妙、汤菜考究、调味独特、烹调细腻的特点。福建烹调技法的最大特点在于特别讲究熬汤。另外，将猪油当作烹饪油食用也是福建饮食的一大特色。

2. 福建风味体系

由于福建省的自然条件、原料结构和民间食俗的差异，加上各地交通、文化、经济开发程度的不同，以及边远地区受外来文化的影响，闽菜的构成可明显区分为福州、闽南和闽西三大地方风味。

福州风味盛行于福州、闽东、闽中、闽北一带。其特点是清爽、鲜嫩、淡雅，偏于酸甜，汤菜居多，善于以红糟为调味料，尤其讲究调汤，给人百汤百味、糟香四溢之感，不仅深受当地群众的喜爱，也广受海外侨胞的欢迎。

闽南风味盛行于厦门、泉州、漳州地区。其菜肴具有鲜醇、香嫩、清淡的特色，并以讲究调味料、善用香辣著称，在使用沙茶、芥末、橘汁以及药物、佳果等方面均有独到之处。

闽西风味盛行于广袤的客家话地区。其菜肴具有鲜嫩、浓香、醇厚的特色，体现了山乡的传统食俗与风格。

3. 福建名食

（1）佛跳墙。

佛跳墙又称"福寿全"，是福州的一道名菜。相传，它是在清代道光年间由福州聚春园菜馆的老板郑春发研制而成的。佛跳墙将几十种原料煨于一坛之中，既融合了各种食材的荤香，又保持了各自的特色，吃起来软嫩柔润，香气浓郁，味道丰富。

佛跳墙在煨制过程中几乎没有香味冒出，反而在煨成开坛之时，只需轻轻掀开荷叶，便有酒香扑鼻，直入心脾。盛出来的汤汁色泽深褐，浓稠而不腻。食用时，酒香与各种香气混合，香飘四座，口感鲜美，回味无穷。

（2）姜母鸭。

姜母鸭是福建著名的药膳，它既能补气血，同时搭配的鸭肉还有滋阴降火的功效。美食中的药膳滋而不腻，温而不燥。

姜母鸭与其他食用鸭的不同之处首先在于选用的鸭的品种——红面番鸭。而制作姜母鸭的配料则更加丰富，包括老姜、米酒、老抽、芝麻油、枸杞、八角、桂皮、香叶、白糖、食用盐等。

制作姜母鸭时，首先需要将备好的老姜切成片，然后在锅中倒入芝麻油，中火烧至六成热时放入姜片，慢慢地煸香。接着，将鸭洗净后去除内脏，将鸭肉切块后倒入煸炒至微微发黄的姜片中。当鸭肉变色后，倒入适量的老抽为鸭肉上色，再倒入半瓶米酒继续翻炒大约15分钟。待锅内汁水收干后，加入白糖、八角、桂皮、香叶以及适量的食用盐，再加入足量的水，使水面高于鸭肉表面，先大火烧至水开后，再转小火慢慢炖煮大约1.5小时。在出锅前15分钟内加入洗干净的枸杞，随后改用大火翻炒后出锅即可。姜母鸭口味鲜咸香浓，它的汤汁中除了鸭肉的香气，还带有一丝微微的辛辣，这是姜片所赋予的美味。不仅如此，姜母鸭对于身体健康还有诸多益处，食用后让人感到神清气爽，气血通畅。

（3）土笋冻。

土笋冻的主要原料是一种名为"土笋"的蠕虫。这种蠕虫属于星虫动物门，学名为"可口革囊星虫"，野生于沿海江河入海处咸淡水交汇的滩涂上，体内富含胶质，身长约6～10厘米。其外形粗陋，颜色黑褐，体形粗者如食指，细者似稻茎，约有拇指长短，尾部拖着一条长约3～6厘米、细如火柴梗、伸缩自如的"尾巴"。清代周亮工所著的《闽小记》中记载："予在闽常食土笋，味甚鲜异，形类蚯蚓，终不识作何物。"土笋经过熬煮后，虫体所含胶质溶入水中，冷却后即凝结成块状，其肉质清透，味美甘鲜。食用时可以搭配酱油、陈醋、蒜蓉。

（4）肉燕。

肉燕又称"太平燕"，是福州一道著名的特色风味小吃，也是福州风俗中的喜庆名菜。在福州，无论是逢年过节、婚丧喜庆还是亲友聚别，人们都会吃太平燕，即取其"太平""平安"的吉祥寓意，故"无燕不成宴，无燕不成年"。肉燕亦由此成为馈赠佳品，深受福州人以及海外乡亲的喜爱。

肉燕有别于福建其他地区的馄饨，肉燕皮是由猪肉加上番薯粉手工打制而成的，与馄饨皮的口感是完全不一样的。肉燕皮薄如白纸，色泽如玉，口感软嫩，韧而有劲。

（5）沙县小吃。

沙县小吃的门店数量之多，堪称世界之最。在全国各地经营的沙县小吃的品种是经过选择的，由于考虑到销售范围和市场接受度，某些福建沙县本地的特色小吃可能并没有在沙县小吃门店中出现。沙县小吃门店里常见的品种主要有蒸饺、水饺、拌面、各种汤粉汤面、馄饨、卤鸡腿、卤鸡翅、卤蛋、卤豆腐等。

10.3.3 台湾饮食

1. 台湾饮食概说

台湾地方风味是台湾人民在长期的生活实践中，继承先辈从大陆带来的以福建菜为主的烹调手法，结合台湾的物产、气候及人民食俗的特点而发展起来的。台湾饮食以海鲜海味为主，兼及家禽，家常菜在日常饮食中占据较大比重，宴席菜相对较少。风味上，以清淡、鲜美、香烂为主，略带酸辣。

300多年前，郑成功收复台湾后，大陆人民尤其是福建和广东沿海的大量居民移居台湾，在台湾岛的开发史上写下了重要的一页，在涉及人民生活的饮食文化方面也不例外。台湾菜与其他名菜相比历史较短，同时大都受到闽菜、粤菜的影响。日本菜对台湾菜也产生了一定的影响，如味噌汤、生鱼片、寿司以及著名小吃"甜不辣"（又称"天妇罗"）等一直流传至今。

总体而言，台湾风味与闽南风味相似，但在烹饪过程中更多地使用植物油和海鲜，二者之间的主要差别在于台湾风味更多受到了来自日本饮食文化的影响。

2. 台湾名食

（1）香烤乌鱼子。

台湾地区市面上流行的菜肴多数带有大陆饮食文化的影子，而香烤乌鱼子则是少有的台湾本地风味菜肴。

乌鱼子是台湾西部沿岸的特产，是由乌鱼卵腌制而成的。乌鱼子经过烘烤，再搭配白萝卜片或青蒜片食用，就成了极为地道的台湾传统料理——香烤乌鱼子（如图10-3所示）。这道菜对刀工要求极其细致，片乌鱼子时也非常讲究，要薄到几乎可以透光。入口时，略带黏牙感，先咸而后甘香，再搭配上萝卜片的清爽，令人回味无穷。

图10-3 香烤乌鱼子

（2）台湾牛肉面。

台湾牛肉面是当年渡海来台的老兵因思念大陆家乡而发明的特色饮食。细细品来，牛肉面可以说汇集了中华美食精华，比如上海菜的红烧技法、广东菜的煲汤传统，以及四川菜的辛辣味等。

在台湾，以前几乎很少有人吃牛肉，一般家庭也不大懂得煮牛肉的方法，以及牛肉部位的挑选等学问。退伍的老兵用很便宜的价格买来"退役"的老牛，制作牛肉面。和大陆的牛肉面相比，台湾的牛肉面里会有几大块牛肉，即便后来选用价格昂贵的黄牛肉，这一特点依然保持了下来。

（3）卤肉饭。

卤肉饭是台湾地区常见的经典美食。卤肉饭的特色在于肉酱和肉汁，它们是制作的关键部分。卤肉饭在台南、台中、台北的制作方法和特点均有所差异。如同许多的台湾小吃一样，在台湾各地都有店家售卖卤肉饭。卤肉饭在台湾南北地区有着不同的意义。在台湾北部，卤肉饭是一种在米饭上淋上含有煮熟碎猪肉及酱油卤汁的料理，有时酱汁里亦会有香菇丁等成分，这与焢肉饭有所不同。此种做法在台湾南部被称作"肉燥饭"；

而所谓的"卤肉饭"在台湾南部则是指有着卤猪三层肉的焢肉饭。

（4）凤梨酥。

凤梨是一种台湾特有的菠萝品种。普通菠萝削掉外皮后还有"内刺"需要剔除，而凤梨削掉外皮后没有"内刺"，无须刀划。凤梨在闽南话中的发音与"旺来"相近，象征子孙兴旺。而凤梨亦是台湾地区祭拜时常用的贡品，取其"旺旺""旺来"之意，所以在当代台湾婚礼习俗中，凤梨也被广泛应用，深受民众喜爱。

凤梨酥结合了西式派皮与中式凤梨馅料，由于外皮酥松化口，凤梨内馅甜而不腻，这种中西结合的凤梨酥逐渐成为岛外观光客最喜欢的台湾伴手礼之一。

 同步练习

一、判断题

1. 上海菜八宝辣酱的八种主料是固定的，不能随意改变。（　　）
2. 台湾地方风味是台湾人民在长期的生活实践中，继承先辈从大陆带来的以福建菜为主的烹调手法，结合台湾的物产、气候及人民食俗的特点而发展起来的。（　　）

二、单项选择题

1. 杭州人袁枚、李渔两位清代著名的文学家分别撰写了（　　）。
   A.《随园食单》和《闲情偶寄》　　　　B.《调鼎集》和《养小录》
   C.《闲情偶寄》和《调鼎集》　　　　　D.《养小录》和《随园食单》
2. 松鼠鳜鱼是（　　）地区的传统名菜。
   A. 南京　　　　B. 苏州　　　　C. 无锡　　　　D. 扬州
3. 佛跳墙是（　　）名菜。
   A. 江苏　　　　B. 安徽　　　　C. 江西　　　　D. 福建

三、多项选择题

1. 著名的"扬州三头"指的是（　　）。
   A. 蟹粉狮子头　　B. 拆烩鲢鱼头　　　C. 扒烧整猪头
   D. 香辣兔头　　　E. 糖水鸡米头
2. 江西名菜三杯鸡，以放入（　　）各一杯而得名。
   A. 黄酒　　　　B. 米酒　　　C. 猪油或茶油　　　D. 酱油　　　E. 醋

四、简答题

1. 浙江饮食风味主要由哪几种饮食风味构成？
2. 不产鳜鱼的徽州为什么会有名菜臭鳜鱼？

五、体验题

你所在的地方周边有台湾小吃吗？有机会请品尝一次。

第10讲　同步练习答案

第11讲 中国南方饮食特色

11.1 湖北、湖南

11.1.1 湖北饮食

1. 湖北饮食概说

湖北风味起源于江汉平原，距今已有2800多年的历史。早在先秦时期，荆楚地区的食风就已风行长江流域，《诗经》《楚辞》中均有关于鄂菜的记载，其主要菜品包括露鸡、炮羔、腾凫等，口味偏重酸甜。曾侯乙墓中出土的青铜冰鉴、九鼎八簋、炙炉与髹漆食具典雅精美，说明当时楚地的饮食文化已有相当水平。进入汉魏时期，《七发》中记载了牛肉烧笋蒲、狗羹盖石花菜、熊掌调芍药酱、鲤鱼片缀紫苏等荆楚佳肴，《淮南子》也盛赞楚人调味精于"甘酸之变"，当时还制造出了"造饭少顷即熟"的诸葛行锅和光可鉴人的江陵朱墨漆器，这些都反映了这一时期楚地饮食文化的进一步发展。到了唐宋时期，《江行杂录》中介绍了制菜"馨香脆美，济楚细腻"，工价高达百匹锦绢的江陵厨娘。同时，五祖寺的素菜风靡一时，苏轼命名的黄州美食更是脍炙人口。到了明清时期，黄云鹄的《粥谱》集古代粥方之大成，楚乡的蒸菜、煨汤和多料合烹的技法在众多的食经中得以体现。至此，鄂菜作为一个地方风味已基本定型。

湖北风味多以淡水鱼为主料，注意动植物食材的合理调配，擅长蒸、煨、炸、烧、炒等烹饪技法，菜肴汁浓芡亮，口鲜味醇，以质取胜。

2. 湖北风味体系

湖北风味的组成以武汉为中心，包括荆南、襄阳、鄂州和汉沔四大地方风味。

荆南风味活跃在荆江流域，擅长烧炖野味和小水产，鱼肉与鸡鸭合烹，肉糕、鱼圆鲜嫩。

襄阳风味盛行于汉水流域，以肉禽菜品为主，精通红扒、熘、炒，对山珍的烹制尤为熟练。

鄂州风味多见于鄂东南丘陵，以加工菜豆瓜果见长，烧炸技艺高超，主副食结合的肴馔十分有特色。

汉沔风味植根于古云梦大泽一带，包括汉口、沔阳、孝感、黄陂等地，以烧烹大水产和煨汤著称，善于调制禽畜海鲜，蒸菜的历史悠久。

在楚文化的影响下，湖北风味凭借"千湖之省"和"九省通衢"的地理优势，形成了以水产为本、以鱼馔为主、口鲜味醇、秀丽大方的特色，适应面广。

3. 湖北名食

（1）清蒸武昌鱼。

三国时期，东吴最后一个皇帝孙皓想要再次迁都武昌，但官僚贵族不愿远离故土，反对迁都。当时，左丞相陆凯引用了民谣："宁饮建业水，不食武昌鱼；宁还建业死，不止武昌居。"这既反映了当时吴国上下一致反对迁都，同时也说明了在1700多年前的三国时期，武昌鱼就已经名声在外，其美味更是备受赞赏。这段历史使得武昌鱼的名声大振，历代多有文人以此事入典，一代伟人毛泽东也借用此典故，在《水调歌头·游泳》一诗中写下了著名的诗句："才饮长沙水，又食武昌鱼。"这更使武昌鱼名扬天下。

武昌鱼肉质肥嫩、鲜美，富含脂肪，宜清蒸、红烧、油焖等，但尤以清蒸为佳，故清蒸武昌鱼（如图11-1所示）被誉为"楚天第一菜"。

图11-1　清蒸武昌鱼

（2）莲藕排骨汤。

莲藕排骨汤是湖北家喻户晓、人人喜爱的家常菜。猪排骨的多少、肥瘦可根据自己的需要而定，至于是横排（肋条）还是直排（脊椎）并不重要，只要新鲜即可，但是莲藕的选购却要十分注意季节和品种。莲藕是湖北的特产，但并不是所有的莲藕都适宜用来煨汤。莲藕大致可分为两大类：红莲藕和白莲藕。一般来说，煨汤时多用白莲藕。

莲藕排骨汤的具体做法也是很有讲究的。先将猪排骨洗净，切成一寸大小的方块，用油在铁锅中稍加煸炒，加入盐、料酒、生姜等调味料，然后放入砂锅中，加入足量的水，用旺火煮沸后，改用文火煨煮，约1小时后，再放入切好的莲藕块，同样用旺火煮沸后，改用文火煨煮，直到莲藕煮烂即可食用。需要注意的是，莲藕要切成大棱角块，以免在煨煮时烂成碎块。切莲藕时最好用不锈钢刀，翻动藕汤的勺子、锅铲也尽量避免使用铁制的，以免汤变色。

（3）蟠龙菜。

蟠龙菜又称"盘龙菜""卷切"，俗称"剁菜"，被誉为"钟祥三绝"之一。蟠龙菜诞生于明代武宗年间，得名于嘉靖皇帝登基之时，距今已有500多年的历史，其主要原料有鸡蛋、猪肉、鱼肉、葱、姜等，菜品色泽鲜艳、肥而不腻、肉滑油润、香味绵长。

蟠龙菜是钟祥地区人们逢年过节、婚丧嫁娶时不可或缺的传统名菜，凡大宴必有"龙席"。其吃法也在传承中不断推陈出新，既可蒸、煎、炒、熘，也可作为火锅、面条、汤品的配料。

（4）沔阳三蒸。

沔阳三蒸是湖北沔阳（今仙桃市）传统的食物做法。所谓"三蒸"，即蒸畜禽、蒸水产、蒸蔬菜，可随意选择青菜、苋菜、芋头、豆角、南瓜、萝卜、茼蒿、莲藕等数十种食材，颇为符合荤素搭配、营养均衡的原则。粉蒸菜都裹着捣细的米粉，菜的本香配上大米的清香，回味深长。说到蒸法，所谓的"三"实为概数，粉蒸、清蒸、炮蒸、汤蒸、扣蒸、酿蒸、包蒸、封蒸、花样造型蒸、旱蒸，蒸的技法不下十种。

（5）热干面。

"过早"是武汉人对吃早饭特有的说法，过早时最常见的食物就是热干面。热干面既不同于凉面，也不同于汤面，其制法十分独特，是将面条煮熟之后，拌上油，摊开晾干，等到食用时再放到沸水里烫热，加上调味料，即可食用。吃起来香气浓郁，耐嚼有味。

武汉热干面的历史并不长，大约出现在20世纪30年代初。当时一个叫李包的人住在汉口长堤街，每天在关帝庙一带卖凉粉和汤面。为防止面条发馊变质，李包将剩下的面条用开水煮过后摊在案板上，偶然间不小心碰倒了香油壶，油洒在面条上，从而成就了后来的热干面。

11.1.2 湖南饮食

1. 湖南饮食概说

东周时期是湖南饮食文化的启蒙时期。《吕氏春秋·本味》中称赞湖南洞庭湖区的水产："鱼之美者，洞庭之鱄①。"可见当时的湘菜已初具雏形。到了汉代，湘菜逐渐形成了一个从用料、烹调方法，到风味特点都较为完整的烹饪体系，为今后的发展奠定了基础。1972年，在长沙市马王堆汉墓出土的随葬物品清单中，记载着近百种精美的菜肴。从笥五到笥一一六，有96种属于食物和菜肴，仅肉羹一项就有5大类24种，食物类原料多达72种。晚清至民国初年，由于商业的发展，官府菜品及其烹调技法大量流入饮食市场，湘菜遂以其独有的风味享誉国内。

2. 湖南风味体系

湖南风味由湘江流域、洞庭湖区和湘西山区三大地方风味组成。

湘江流域风味以长沙、湘潭、衡阳为中心，尤以长沙为代表，菜肴浓淡分明，口味讲究酸、辣、软嫩、香鲜。洞庭湖区风味以常德、益阳、岳阳为中心，菜肴以烹制家禽、野味、河鲜见长，色重、芡大油厚，咸辣香软。湘西山区风味以吉首、怀化、大庸为中心，擅长制作山珍野味、烟熏腊肉和各种腌肉，口味咸香酸辣。

---

① 鱄，音同"专"，即古书上说的一种淡水鱼。

湖南风味具有用料广泛、取材精细、刀工讲究、味别多样、菜式适应性强等特点。多种多样的调味品经过湖南民众的精心调配，形成了多种复合味型，常用的味型有酸辣咸鲜的家常味型、咸甜酸香鲜兼有的复合味型等。由于湘菜烹调技法精巧，故有味浓、色重、清鲜兼备之称。在质感和味感上，湘菜注重鲜香酥软，其特点是集酸、辣、咸、甜、焦、香、鲜、嫩为一体，尤以酸、辣、鲜、嫩为主。

3. 湖南名食

（1）剁椒鱼头。

剁辣椒又称"剁辣子""坛子辣椒"，是湖南的特色食品，可以直接食用，其味辣而鲜咸，口感偏重，原料为新鲜红辣椒、食盐、白酒。辣椒剁好后要装入坛中密封，放置一段时间。剁辣椒既可出坛即食，也可作为调味料烹制菜肴。

剁椒鱼头是湖南菜的代表之一。这道菜选用鳙鱼头，将其剖为两半，洗净后抹盐，加入葱姜汁稍加腌制。然后将鱼头摆放入盘，铺放一层剁辣椒，撒上豆豉、蒜片、姜丝、紫苏，入高压锅蒸8～10分钟，出锅后撒上葱花即可上桌。

（2）东安子鸡。

东安县位于湖南西南部，当地农民天然喂养的子鸡肉质细嫩鲜美。制作时，将鸡宰杀后放入汤锅内煮，煮至七成熟时捞出待凉，再切成小长条。炒锅放油烧至八成热，下鸡条、姜丝、醋、花椒末等煸炒，随后加入鲜肉汤焖至汤汁收干，最后放入葱段、麻油等，翻炒均匀后出锅装盘即可。东安子鸡有三巧：一巧在原料，产自东安县芦洪市的子鸡肉质鲜嫩；二巧在煮，煮鸡要以腿部能插进筷子且拔出后无血水为最佳；三巧在调味，姜煸醋炒的烹饪技巧使得肥嫩鲜香的东安子鸡在姜、醋、辣椒的调味下，口感嫩滑，酸辣中更添风味。

（3）发丝百叶。

发丝百叶又称"发丝牛百叶"，是一道经典的湖南名菜。发丝百叶以牛百叶为主料，切丝后急火爆炒而成。成菜后，色泽白净，形如发丝，质地脆嫩，集咸、鲜、辣、酸于一体，口感极为丰富。原本黑乎乎的牛肚，经厨师巧手处理，不仅颜色由黑变白，更被切成细如发丝的形状，经过烹饪，最终形成一道酸辣爽脆的美食。

（4）米豆腐。

米豆腐是川、渝、鄂、湘、黔武陵山地区的一道地方小吃，其口感润滑鲜嫩、酸辣可口。制作时，先将大米淘洗浸泡，然后加水磨成米浆，接着加碱熬制，待冷却后形成块状的"豆腐"。食用时，将米豆腐切成小片放入凉水中，捞出后盛入容器中，将切好的大头菜、酥黄豆、酥花生、葱花、生抽等适合个人口味的不同调味料与汤汁放于米豆腐上即可。

湘西米豆腐是湖南湘西土家族、苗族地区少数民族的一种传统小吃，且在夏天最受欢迎。湘西米豆腐的颜色润绿明亮，口感清香，软滑细嫩，既可以热食，也可以冷食。

（5）长沙臭豆腐。

长沙臭豆腐是长沙传统的特色名吃，当地人又称其为"臭干子"。其色墨黑，外焦里嫩，鲜而香辣；焦脆而不糊，细嫩而不腻，初闻臭气扑鼻，细嗅浓香诱人。

长沙臭豆腐的起源可追溯至清代同治年间，由湘阴县一户姜姓人家首创。其后，在民国时期，家族中的后人将这门独特的手艺带到了长沙火宫殿，并在此摆摊经营，逐渐赢得了广大食客的喜爱。值得一提的是，1958 年 4 月 12 日，毛泽东在湖南视察期间，曾亲临火宫殿品尝臭豆腐，这一美味因此更加声名远扬，成为湖南饮食文化的一张名片。

11.2 广东、香港、澳门

11.2.1 广东饮食

1. 广东饮食概说

广东地区的饮食文化在新石器时代前就已初具雏形，但青铜器时代的发展在时间上比中原地区稍晚，杂食之风甚盛。公元前 214 年，秦始皇统一岭南地区，遣 55 万人南迁，广东菜受到中原饮食文化的影响，逐渐进入新的阶段。此后，广东饮食文化又经历了几个重要的历史时期。三国至南北朝时期，中国多次分裂，战乱频频，唯岭南地区较为安定。当时，汉人纷纷南移，广东饮食再度受到中原文化的影响，烹饪技艺不断提高。到了唐代，广东菜的烹调技法已包括炒、炸、煮、炙、脍、蒸、甑、煸等十几种，所用的调味料有酱、醋、酒、糟、姜、葱、韭、椒等，而且刀工精细，制作巧妙。到了宋代，特别是南宋以后，中国的经济重心南移，海上对外贸易更加繁荣，许多名食如馄饨、东坡肉、东坡羹等陆续传入广东，海外的食谱如罗汉斋等也相继传入。由本地传统名肴发展起来的蛇羹也先后进入食肆。南宋末期，少帝南逃，失落在广东的一批御厨把临安的饮食文化传到了岭南地区，使广东菜进入了精烹细制的阶段。明清时期，广东腹地逐步得到开发，珠江三角洲和韩江平原发展成为商品性农业区，并出现一批很有活力的城市，商贾云集，食肆兴隆，民间饮食丰盛。清代中期，广东菜开始进入鼎盛时期。到了清代后期，"食在广州"的美誉已享誉国内外。

2. 广东风味体系

广东风味由广州风味、潮州风味和东江风味三大地方风味组成，其中以广州风味为代表。这三种风味在原料、技法、味型上均各有特色。

广州风味包括珠江三角洲各市、县以及肇庆、韶关、湛江等地的菜肴。其特点是用料广博奇异，选料精细。各地所用的家养禽畜、水泽鱼虾，广州菜都能巧妙运用。

潮州风味包括潮州、汕头、潮阳、普宁、饶平、揭阳、惠来等市、县的菜肴。潮州风味注重造型，口味清纯，以烹制海鲜见长，甜菜荤制更具特色。

东江风味又称"客家风味"，多以家养禽畜入馔，较少使用水产品，故有"无鸡不清，无鸭不香，无肉不鲜，无肘不浓"之说。东江风味主料突出，菜量较大，造型古朴，味偏咸，力求酥烂香浓。

广东风味的影响力广泛，广东菜馆遍布世界各地，特别是在东南亚以及欧美各国的唐人街，广东菜馆占有重要地位。

3. 广东名食

（1）烤乳猪。

烤乳猪是广东人祭祖的祭品之一，是家家户户都少不了的应节之物。用乳猪祭拜完先人后，亲戚们再聚餐食用。

制作烤乳猪一定要选用专用品种，如香猪，重量在5～6千克，要求皮薄，躯体丰满。制作过程中，首先需要将乳猪洗净，从背上切口挖出内脏和猪脑，接着用各种调味料腌制入味，再用沸水淋遍猪皮，最后涂上糖醋。随后，用特制的烤叉从臀部插入，置于木炭火上慢烤，烤制时需要不停地转动烤叉，并均匀地涂上花生油，烤至猪皮呈大红色即可。食用时，将烤好的猪同千层饼、酸甜菜、葱球、甜面酱一起食用。此菜色泽大红，油光明亮，皮脆酥香，肉嫩鲜美，风味独特。

（2）白灼虾。

白灼虾的主要烹饪工艺是白灼，这里的"白"指的是白水，"灼"指的是快速焯烫，"白灼"二字合在一起，是指将食材直接放进清水里煮食。

广州人喜欢用白灼之法来做虾，为的是保持其鲜、甜、嫩的原味，然后将虾剥壳蘸酱汁而食。

白灼虾看似简单，但是它的制作过程却丝毫不容马虎，火候、配料以及虾的选择都是有讲究的。广东人喜欢生鲜，对虾的选择也是十分挑剔的，以基围虾为例，身体透明、虾壳光亮的最为新鲜。

（3）咕咾肉。

咕咾肉（如图11-2所示）又称"咕噜肉"，是一道广东的传统特色名菜。因广东华侨早年多在国外以开餐馆为生，这道菜深受外国人的喜爱。此菜始于清代，由糖醋排骨演化而来。当时，广州市的许多外国人都非常喜欢食用中国菜，尤其喜欢吃糖醋排骨。但他们在食用时不习惯吐骨，于是广东厨师便将出骨的精肉加入调味料和淀粉拌匀后制成大肉圆，入油锅炸至酥脆，再淋上糖醋卤汁。这道菜酸甜可口，广受中外宾客的欢迎。由于外国人发音不准，常把"咕咾肉"读作"咕噜肉"，又因为肉圆有弹性，嚼肉时会发出"格格"声，故长期以来这两种称法并存。如今，这道菜在国内外享有较高声誉，市面上常见的是罐头菠萝搭配的咕咾肉。

图 11-2 咕咾肉

（4）潮汕牛肉火锅。

潮汕牛肉火锅以牛肉为主，其重要的招牌就是现宰现卖。从宰杀到上桌，牛肉的处理过程最好控制在 4 小时左右，以确保其鲜嫩的口感。上桌的牛肉都是经过精细分拣的，不同部位的肉质、口感不同，价位也不同。潮汕人品尝牛肉火锅时，甚至集齐了牛的 16 个部位，包括脖仁、吊龙、匙仁、匙柄、三花腱、五花腱、肥胼、胸口朥、嫩肉等，堪称"全牛盛宴"。切牛肉的手法是非常讲究的，一定要手切。下刀时，刀与牛肉的纹理呈 90° 角，厚薄均匀。精湛的刀工使得牛肉下锅不超过 10 秒即可熟透，这就是传说中的"秒牛"。潮汕人喜好清淡，火锅汤底也一样。一般是用白萝卜、土豆和骨头熬制的清汤做汤底，还可以根据个人喜好加入生菜、金针菇、芋头等食材，内容丰富，形式不拘。搭配芹菜粒和沙茶酱食用，这就是潮汕人爱吃的牛肉火锅。

（5）盐焗鸡。

盐焗鸡是客家人最著名的食物之一，其独特之处在于将用盐腌制后的鸡用纸包裹，再放入炒热的盐中用砂煲煨熟，这道菜的形成与客家人的迁徙生活密切相关。在南迁过程中，客家人频繁搬家，经常受到土著侵扰，难以安居。在迁徙过程中，他们饲养的家禽家畜不便携带，便将其宰杀后放入盐包中，以便贮存、携带。到达新的居住地后，这些贮存、携带的食物既可以缓解食材匮乏的困境，又可以滋补身体。盐焗鸡就是客家人在迁徙过程中运用智慧制作并闻名于世的菜肴。起初，客家人将整只宰净的鸡用盐堆腌制、封存，食用时直接蒸熟即可，这就是"客家咸鸡"的起源。

（6）早茶。

喝早茶是广州地区的一种民间饮食风俗。在外用早餐是城市化的产物，早年的广州盛行"二厘馆"，供应各种方便早点，茶价统一为二厘。后来更为高档的"茶居"出现，方便商人们谈生意。广州的茶馆多以"茶楼"相称，一般高三层，舒适清雅。茶楼内有单间，有雅座，有辉煌的大厅，有雅致的中厅；装修风格有中式的、西式的、日式的及东南亚式的。茶楼的点心讲究精、美、新、巧，种类繁多。广州人把饮茶称为"叹茶"（即享受之意），至今仍流传着"叹一盅两件"（即享受一盅香茶、两件点心之意）的口头禅。茶点的主要品种包括水晶虾饺、叉烧包、裹蒸粽、肠粉、薄皮虾饺、干蒸烧卖、灌汤饺、奶黄包、莲蓉包、流沙包、榴莲酥、蛋挞、豉汁凤爪、排骨、皮蛋瘦肉粥、艇仔粥、鱼生粥、及第粥等，而喝茶已成为陪衬。

11.2.2 香港饮食

1. 香港饮食概说

1842 年，英国以武力迫使清政府签订不平等条约，强行占领了香港。1997 年，中国政府恢复对香港行使主权，香港自此成为中国的特别行政区。香港被誉为"美食天堂"，其多元化的社会环境不仅提供了驰誉世界的中国内地各省份的风味美食，还融合了亚洲及欧美的著名佳肴。这座拥有 700 多万人口的都市，遍布着上万家大大小小的餐馆。这里的食物种类丰富，物美价廉，不论口味和消费预算如何，香港的餐馆总能满足食客的要求。香港餐馆的类型很多，大体上可以分为酒楼、茶楼、餐厅、茶室、快餐店、自助餐厅、冰室、粥面店、大排档、甜品店、凉茶铺等。

由于大部分香港居民来自邻近的广东省，加上广东人喜欢外出就餐并招待朋友，这使得香港的饮食业非常发达。同时，香港是一个国际化大都市，是中西文化汇聚之地，因此香港虽然以广东菜而驰名，但对其他中国内地各省份的著名菜肴及外国菜肴也不排斥，反而能够兼收并蓄，使各种美食相得益彰。食在香港，美尽东西，味兼南北，山珍海味，应有尽有。事实上，人们可以在香港遍尝中西美味。

2. 香港名食

（1）盆菜。

盆菜是香港新界和广东沿海地区的饮食习俗，据传这一习俗起源于南宋末年，已有数百年的历史，是一种杂烩菜式。每逢喜庆节日，例如新居入伙、祠堂开光或新年点灯，新界的乡村都会举行盆菜宴。

看似粗放的盆菜实则十分讲究烹饪方法，食材分别要经过煎、炸、烧、煮、焖、卤后，再层层装入盆中。盆菜的用料并没有特别规定，但一般都会包括萝卜、腐竹、鱿鱼、猪皮、冬菇、鸡、鲮鱼球和炆猪肉等。如今，不少盆菜更是加入了花胶、大虾、发菜、牡蛎、鳝干等高级食材。其中，炆猪肉是整个盆菜的精粹所在，亦是制作过程中最费工夫的。盆菜中的食物会按照一定的次序一层叠一层地由下至上排好。上层会放一些较名贵和需要先吃的东西，例如鸡和大虾；而下层则放一些容易吸收汤汁的材料，例如猪皮和萝卜。吃盆菜的时候，会由上至下逐层吃下去。传统的盆菜以木盆装载，如今则多数改用不锈钢盆，部分餐厅还有采用砂锅的，可以随时加热，兼有火锅的特色。

（2）鸡蛋仔。

如果你曾去过香港，一定会看到有一种小吃店的门前经常大排长龙，人们不知疲倦地等候一种小吃新鲜出炉，往往等上一两个小时也毫无怨言，这种小吃就是鸡蛋仔。鸡蛋仔是香港独有的传统街头小吃，是华夫饼的一种变体。制作时，先将鸡蛋、砂糖、面粉、淡奶等原料混合成汁液，随后将汁液倒在两块特制的蜂巢状铁制模具中间，放在火上烤制即可。烤好的鸡蛋仔呈金黄色，有蛋糕的香味，中间是空心的，咬下去时口感特别弹牙。

（3）云吞面。

云吞面起源于广州，20世纪50年代在香港蓬勃发展，至今依然深得人心，成为香港特色美食之一，也是香港饮食文化中不可或缺的一部分。云吞通常以鲜虾和猪肉糜为馅包制，被称为"鲜虾云吞"。

制作云吞面时，先将云吞煮熟，捞出备用。再煮面，煮熟后将面条过冷水备用。然后将鸡汤、盐、生抽、鱼露、胡椒粉、香油用大火煮沸后浇入面里，最后加入云吞即可。云吞面要求面条既要有蛋香，爽滑而弹牙，更要色泽鲜明。汤底也非常重要，用鸡、猪骨和大地鱼清炖，必须澄清透澈，鲜香扑鼻，才可突显云吞和面条的色泽和口感。

（4）港式奶茶。

港式奶茶是香港独有的饮品，以茶味重、偏苦涩，口感爽滑且香醇浓厚为特点。其制作经过"捞茶、冲茶、焗茶、撞茶、再焗茶、撞茶（奶）"六道工序，保证奶茶中保留茶叶的浓厚香气。港式奶茶之所以能在香港声名鹊起，一个重要原因是得益于香港得天独厚的地理位置和贸易自由的优势，港式奶茶中所用的红茶都是从斯里兰卡大量进口的。斯里兰卡独特的雨水充沛的热带气候使得这里出产的红茶香味浓郁。

港式奶茶入口的感觉是先苦涩、后甘甜，最后是满口留香，茶味浓郁，奶香悠久，入口润滑，细腻绵长，有奶油般的口感。

11.2.3　澳门饮食

1. 澳门饮食概说

澳门以前是一个小渔村。16世纪中叶，葡萄牙借晒货之名占领了澳门。在后来的400多年时间里，中西方文化一直在此地相互交融。自1999年回归后，澳门成为中华人民共和国的一个特别行政区。

澳门居民以华人为主，占总人口的95%，葡萄牙人及其他外国人占5%左右。澳门的饮食风味主要受广东风味的影响。澳门是一个国际化的都市，几百年来一直是中西文化交融的地方。澳门华洋共处，汇聚了来自世界各地的风味美食。在澳门，游客可以品尝到葡萄牙、日本、韩国、泰国，以及中国的澳门、广东、上海风味的各种菜肴。澳门的葡萄牙菜分为葡式及澳门式两种。经过改良，更适合东方人口味的澳门式葡萄牙菜是世界上独一无二的菜式，它是葡萄牙、印度、马来西亚及中国广东烹饪技术的结晶。

2. 澳门名食

（1）薯丝炒马介休。

葡萄牙菜中最有名的是马介休，马介休在葡萄牙语中是"鳕鱼"的意思。由于南海中并不出产鳕鱼，澳门只能从葡萄牙进口，而只有咸鳕鱼才便于长途运输，所以澳门的马介休实际上是咸鳕鱼。腌制得当的马介休，即便存放一两年都不会变质，而且一旦泡在水里，冲淡其咸味，吃起来又会如新鲜鳕鱼一般丰腴鲜嫩。进口的马介休需每天更换清水浸泡3天以去除咸味，之后才可以进行料理。

用番薯丝炒的马介休是澳门的一大特色，用新鲜的小番薯配以马介休、葡式肉肠等大火炒成，薯丝香脆味浓。炒制时，还需加入鸡蛋，使用橄榄油翻炒。火候的控制很重要，鸡蛋不可以炒老了，否则口感不佳。腊肠里有点烟熏香，这是因为它是用烟熏后才用橄榄油浸泡保存的。入口的时候，炸脆的薯丝加上烟熏的腊肠，脆香可口，不过一定要趁热吃，否则变软了就不香了。

（2）葡国鸡。

葡萄牙本土并没有葡国鸡，这是一道在亚洲发明出来的"欧洲菜"。葡国鸡的雏形最初在印度的果阿等地形成。由于果阿地处印度文化腹地，烹饪时的主要调味料就是咖喱。而印度本土与南洋地区运来的各种香料，则成为提升口感的关键。虽然其使用的烘烤手艺，是在亚洲比较少见的烹饪手法，但食材与调味料几乎全部来自东南亚地区。例如在印度十分常见的红咖喱，在澳门则难以获得，于是便使用东南亚更为常见的黄咖喱替代。如今葡国鸡标志性的淡黄色酱料，就源自于此。椰汁也被当作提升口感的调味料引入，增加了葡国鸡的清香口感。葡萄牙人自己坚持的欧洲奶酪传统，也让这道其实源自亚洲本土的混合料理，往往给人以传统西式菜肴的错觉。特别是当源自美洲的土豆加入后，这种错觉更为明显。从16世纪中期开始，葡国鸡便成为澳门当地的主要特色食品。在开埠后的上海，葡国鸡更是作为易于接受的西餐而受到欢迎。

（3）猪油糕。

猪油糕当初创名时取其软滑、滋润之意，然而澳门的猪油糕实际上并不含猪油。它洁白晶莹，口感软糯湿润，入口油而不腻。猪油糕是重糖、重油的糯米制品，在澳门各家中式糕饼店均有销售。

猪油糕已经有百年的历史，如今澳门的特色猪油糕，既保留了传统的手工工艺和古法秘制配方，又融入了现代的先进生产工艺。好吃的芝麻猪油糕软糖，咬下去口感软滑，香味浓郁，滋味无穷。其主要制作材料包括葡萄糖、白砂糖、黑糖、棕油、生粉、麦芽糖、琼脂等。

（4）葡式蛋挞。

蛋挞是葡萄牙的传统甜点。在澳门旅游时可以在街道上看到众多的蛋挞店，许多人可能会误以为由于澳门400多年来被葡萄牙人殖民，蛋挞应该是澳门历史悠久的传统食物。但实际上，蛋挞在澳门也只是近40年来才如此闻名。

葡式蛋挞又称"葡式奶油塔""焦糖玛奇朵蛋挞"，港澳地区称"葡挞"，实际是一种小型的奶油酥皮馅饼，属于蛋挞的一种，其特征是焦黑的表面，这是糖过度受热后形成的焦糖。葡式蛋挞的兴起与一对夫妻——安德鲁、玛嘉烈有关。尽管安德鲁、玛嘉烈的名字都带着满满的葡萄牙风情，但他们并不是葡萄牙人。去澳门的游客大都会去安德鲁和玛嘉烈两家店品尝蛋挞。玛嘉烈的蛋挞皮稍微有点咸，而安德鲁的蛋挞则是更为纯粹的甜味。

11.3 海南、广西

11.3.1 海南饮食

1. 海南饮食概说

海南菜是粤菜的一个支系，其取料立足于海南特产，以鲜活食材为主。在口味上，海南菜以清鲜为首要特点，注重食材的原汁原味，甜、酸、辣、咸兼蓄，讲究清淡，菜式多样，适应性较强。

海南风味的形成与海南岛的开发密切相关。自唐宋以来，中原名臣、学士如李德裕、李纲、李光、赵鼎、胡铨、苏轼等人相继被贬谪至海南，他们带来了中原的饮食文化。与此同时，大批移民（主要是闽南人）陆续迁入海南岛，也带来了各地的饮食习俗，使海南风味初具雏形。清末民初，海南对外开放扩大，海运和商业迅速发展，烹饪事业也随之兴起。特别是在1926年海口市成为海南岛的中心城市之后，大型茶楼酒馆随之出现，粤菜烹饪技术大量涌入，使得海南的地产及其传统烹饪方法得以进一步提升，逐渐形成了海南风味。

海南岛地处亚热带，四面环海，岛上多山林，盛产各种海鲜和野味；饲养业和种植业发达，家禽家畜和热带植物都具有一定的独特性。其中，最著名的特产包括文昌鸡、嘉积鸭、东山羊、和乐蟹、临高乳猪、后安鲻鱼、三亚海蛇、崖州鲍鱼、龙虾、海参、对虾、血蚶、石斑鱼等。此外，热带植物如椰子、腰果、菠萝、柠檬、胡椒以及各种青菜果蔬，四季皆有。调味料则广集四方名产。

2. 海南名食

（1）文昌鸡。

文昌鸡是海南最负盛名的传统名菜，被誉为海南"四大名菜"之首，是每一位到海南旅游的游客必尝的美味。文昌鸡是一种优质育种鸡，起源于文昌市潭牛镇天赐村。此地盛长榕树，树籽营养丰富，家鸡啄食后体质极佳，逐渐形成了如今这种身材娇小、毛色光泽、皮薄肉嫩、骨酥皮脆的优质鸡种。在海南，素有"没有文昌鸡不成席"一说。海南人吃文昌鸡，传统吃法是白斩，这样能充分体现文昌鸡鲜美嫩滑的原汁原味。文昌鸡的调味料一般有两种：一种是咸鲜味，用姜丝、蒜泥、老抽调制而成；另一种是甜酸味，用白醋、白糖、精盐、姜蓉、蒜泥调制而成。另有辣椒酱备用。民间还有用山柚油调配姜丝、蒜泥、野橘子汁、精盐等制成的调味料，别有风味。

（2）嘉积鸭。

嘉积鸭盛产于琼海市嘉积镇，是海南"四大名菜"之一。制作嘉积鸭所用的番鸭原产于中、南美洲热带地区，是清代光绪年间海南华侨从国外引进的良种鸭，故称"番鸭"。其形体扁平，红冠黄蹼，羽毛黑白相间，区别于本地的草鸭和北京鸭。

嘉积地区饲养番鸭的方法特别讲究：小鸭仔刚出生时的食物主要是新鲜的淡水小鱼虾或蚯蚓、蚱蜢；大约经过两个月的放养后，待小鸭羽毛渐丰，便以小笼进行笼养，缩小其活动范围，用米饭、米糠掺和捏成小条进行填喂；20天后，小鸭便长成肉鸭。由于嘉积地区饲养番鸭的方法与其他地方不同，故其脯大、皮薄、骨软、肉嫩、脂肪少，食之不腻。嘉积鸭同样以白斩的做法最为有名。

（3）东山羊。

东山羊产自万宁市东山岭，是海南在特殊自然地理和社会经济条件下培育出的一个地方优良肉用品种。在体型外貌方面，它在山羊当中是属于体型比较大的一种。东山羊的味美与其生长环境——"海南第一山"东山岭有着十分密切的关系。

东山羊是海南"四大名菜"之一，具有肥而不腻、食无膻味、气味芳香、味道鲜美、营养滋补和美容养颜的特点。民国时期，南京政府也将其列入"总统府"膳单，如今更是名扬四海。海南人无论娶嫁寿丧，还是过年过节，都讲究"无羊不成宴"。东山羊的食法多样，有红焖、清汤、椰汁、干煸及火锅涮等多种吃法，配以各种香料、调味料。经过滚、炸、炆、蒸、扣等多种烹调方式，每种吃法都各有特色，红焖东山羊、清汤东山羊、椰汁东山羊、东山羊药膳汤等菜式都赫赫有名。

（4）和乐蟹。

和乐蟹也称"青蟹"，是海南"四大名菜"之一，产于万宁市和乐镇。在和乐镇，尤其是港北、乐群村一带的螃蟹最有名气，以其肉肥膏满而著称，在其他蟹种中十分罕见。

特别是其脂膏，金黄油亮，如咸鸭蛋黄，味道极佳。和乐蟹以甲壳坚硬、肉肥膏满而知名，其烹调方法多种多样，蒸、煮、炒、烤，均具特色，尤其以清蒸为佳，既保持了其原味之鲜，又兼原色形之美。

和乐蟹的肥厚味美与和乐镇所处的位置有很大关系。和乐镇的海域处于太阳河、龙首河及龙尾河三河汇集之处，海水较淡，此海域长有大量海草、海菜，是螃蟹生长的天堂。

11.3.2 广西饮食

1. 广西饮食概说

广西风味的发展始于宋元时期。当时，全国经济重心自北南移，大量中原人民进入广西，带来了包括烹饪技艺在内的先进文化技术，促进了广西风味的初步形成。进入明清时期，广西被建为行省，经济有了显著的发展。自1876年起，北海、梧州、南宁、龙州等地先后被开辟为通商口岸，百商云集，华洋贸易频繁，饮食市场日益繁荣，推动了烹饪技艺的发展。在此基础上，广西风味又吸收了西餐的一些技法，开始使用引进的原材料，这些做法使广西风味渐具规模，广西菜能够博采各地之长，从而进一步丰富和发展。

2. 广西风味体系

广西风味主要由桂北风味、桂东南风味、滨海风味和民族风味四大地方风味组成。

桂北风味由桂林、柳州的地方菜肴构成。其口味醇厚，色泽浓重，善炖扣，嗜辛辣，尤其擅长将山珍野味入菜。

桂东南风味包括南宁、梧州、玉林一带的地方菜肴。它讲究鲜嫩爽滑，用料多样化，善于利用当地良种禽畜、蔬果等食材制作风味菜肴。

滨海风味以北海、钦州地方菜为代表。它讲究调味，注重配色，擅长海产制作，河鲜、野禽、家禽的菜式也有独到之处。

民族风味以各少数民族风味菜肴组成。它就地取材，讲究实惠，制法独特，富有乡土气息。壮族擅长以各种动物副产品制作菜肴，品种多，技法精，使用率高，颇具特色。此外，侗族的竹笋肉、苗族的竹板鱼、毛南族的烤香猪等都是颇有影响力的民族风味食品。

3. 广西名食

（1）柠檬鸭。

高峰柠檬鸭产自距离南宁市20多千米的高峰林场。在高峰林场的集市中，有一些大排档会提供一道家常菜，那便是柠檬鸭。这道菜以柠檬作为鸭肉的配料，味道很特别。尽管鸭子的制法有很多种，但柠檬鸭的出现打破了人们对鸭子原有滋味的固有印象。每到空闲时，南宁的居民就会带上家人或叫上朋友，专程驾车前往高峰林场品尝柠檬鸭。其实柠檬鸭的制作也很简单，将鸭煮至半熟，切成小块，然后将腌制好的柠檬、酸辣椒、酸姜、紫苏、香菜等切碎，加入生油、酱油等调味料一起炒熟，最后淋到鸭肉上即可。这道菜酸辣可口，不肥腻，口感独特，充分展示了广西风味的特色。如今，广西很多地方都以柠檬鸭作为招牌菜。

（2）荔浦芋。

荔浦芋产自广西的荔浦市。它个头大，营养丰富。将它切成薄片，油炸后夹在猪肉里做成红烧扣肉，风味独特，肉不腻口，是宴会上的一道佳肴；将它煮熟后剥皮，放入热锅中，加上猪油、白糖、少量奶粉，压制成奶芋，味道甘香软甜；将它与鱼肉、鸡肉、冬笋、香菇等食材混合，用油轻炸，香酥爽口。

荔浦芋又称"魁芋""槟榔芋"，是经过野生芋长期的自然选择和人工选育而形成的一个优良品种，在荔浦市进行人工栽培已有300多年的历史，最初是由福建人将芋头引入荔浦市。在荔浦市特殊的地理和自然条件下，受到环境气候的影响，逐渐形成了集色、香、味于一体的地方名特优产品，其品质远胜于其他地方所产的芋头。早在很久以前，周边县对荔浦所产的槟榔芋就有了"荔浦芋"这一称谓。清代康熙年间，荔浦芋被列为广西首选贡品，于每年岁末向朝廷进贡。

（3）桂林米粉。

制作桂林米粉（如图11-3所示），需先将上好的早籼米磨成浆，装袋滤干后，揣成粉团，煮熟后压成圆根或片状。圆根的称为"米粉"，片状的称为"切粉"，通称为"米粉"。其特点是洁白、细嫩、软滑、爽口。桂林米粉的吃法多样。其中，卤水的制作最为讲究，其工艺各家有异，大致以猪、牛骨、罗汉果和各式调味料熬煮而成，香味浓郁。卤水的用料和做法不同，米粉的风味也不同。常见的米粉类型有生菜粉、牛腩粉、三鲜粉、原汤粉、卤菜粉、酸辣粉、担子米粉、马肉米粉等。

图11-3　桂林米粉

马肉米粉是桂林米粉中的名品，其全盛时期是在抗日战争结束后的一段时间。当时，流亡群众聚集在桂林，又因战争频繁，兵马来往日多，马肉来源甚易，马肉米粉生意因此格外兴隆。马肉米粉所用的米粉是特制的。桂林米粉本来就以质佳、味美著称，而用来制作马肉米粉的米粉，更要求品质上乘，色泽白亮，一碗米粉只能有一条，长度在一米以上，并用人工绕成团。这种米粉的制作成本较一般米粉高4～8倍。按照传统规矩，盛马肉米粉的碗是特制的小碗，一碗米粉只有15克，一般要吃上十几二十碗，才算真正懂得品尝其美味。

（4）螺蛳粉。

螺蛳粉是柳州市的特色米粉，具有辣、爽、鲜、酸、烫的独特风味。之所以称之为"螺蛳粉"，是因为它的汤底是用螺蛳熬制而成的。外地人可能不习惯螺蛳汤的辣味和腥味，但这恰恰是螺蛳粉最大的特色。精心熬制的螺蛳汤具有清而不淡、麻而不燥、辣而不火、香而不腻的独特风味。螺蛳粉最早出现于20世纪70年代末，虽然其历史较短，但螺蛳和米粉在柳州却传承已久。螺蛳粉由柳州特有的软韧爽口的米粉，加上酸笋、花生、油炸腐竹、黄花菜、萝卜干、鲜嫩青菜等配料，以及浓郁适度的酸辣味和煮烂的螺蛳汤水调和而成，因而具有奇特鲜美的味道。地道的柳州螺蛳粉都会带着一股特殊的"臭"味，这股"臭"味来源于螺蛳粉里的酸笋，它是新鲜笋经过工艺发酵后酸化而成的，其味道让许多人"退避三舍"。然而，这种独特的味道也正是柳州螺蛳粉独特饮食文化的表现。

同步练习

一、判断题

1. "过早"是长沙人对吃早饭特有的说法，过早时最常见的食物就是热干面。（   ）
2. 香港云吞面中的云吞，通常是以纯猪肉糜为馅包制的。（   ）

二、单项选择题

1. 剁椒鱼头是（   ）菜的代表之一。

   A. 湖北　　　　B. 湖南　　　　C. 贵州　　　　D. 四川

2. 葡国鸡是在（   ）形成并发展起来的。

   A. 葡萄牙里斯本　B. 中国澳门　　C. 印度果阿　　D. 安哥拉罗安达

3. 螺蛳粉是（   ）的特色米粉。

   A. 南宁　　　　B. 桂林　　　　C. 柳州　　　　D. 玉林

三、多项选择题

1. 沔阳三蒸是指蒸（   ）。

   A. 畜禽　　　B. 水产　　　C. 谷物　　　D. 蔬菜　　　E. 鸡蛋

2. 海南"四大名菜"是（   ）。

   A. 文昌鸡　　B. 嘉积鸭　　C. 后安鲻鱼　　D. 东山羊　　E. 和乐蟹

四、简答题

1. 潮汕牛肉火锅中的牛肉分成许多部位，请说出3个部位的名称。
2. 流行于香港新界和广东沿海地区的盆菜中有哪些食材？

五、体验题

如果有机会，请品尝并比较一下长沙臭豆腐和绍兴臭豆腐的不同特点。如果没有机会，请网购一份武汉热干面，尝一尝"九省通衢"的味道。

第11讲　同步练习答案

第 12 讲　中国西部饮食特色

12.1　四川、重庆

12.1.1　四川饮食

1. 四川饮食概说

四川食材以省内所产的山珍、水产、蔬菜、果品为主，同时也采用沿海的干品原料；调味料以本省出产的井盐、川糖、花椒、姜、辣椒、豆瓣、腐乳为主。其味型以麻辣、鱼香、怪味为突出特点，素以"尚滋味""好辛香"著称。其影响广泛，除在国内各城市普遍流行外，还流传到东南亚及欧美等 30 多个国家和地区，是中国地方菜中辐射面最大的流派之一。

四川饮食文化历史悠久。考古资料证实，早在 5000 多年前，巴蜀地区已有早期烹饪。《吕氏春秋·本味》里就有"和之美者，阳补之姜"的记述。西汉扬雄的《蜀都赋》中对四川的烹饪和宴席盛况就有具体的描写；西晋左思的《蜀都赋》在描写四川宴席盛况时称："金罍中坐，肴槅四陈。觞以清醥，鲜以紫鳞。羽爵执竞，丝竹乃发。巴姬弹弦，汉女击节。"东晋常璩的《华阳国志》中首次记述了巴蜀人"尚滋味""好辛香"的饮食习俗和烹调特色。杜甫诗中也赞美了四川菜肴，如"饔子左右挥霜刀，脍飞金盘白雪高""日日江鱼入馔来"等名句。两宋时期，四川菜已传入汴京（今开封）和临安（今杭州），深受上层人士的欢迎。明末清初，四川已种植辣椒，为"好辛香"的四川烹饪提供了新的调味料，进一步奠定了川菜的味型特色。清末民初，川菜技法日益完善，麻辣、鱼香、怪味等众多的味型特色已成熟定型，成为中国地方风味中独具风格的一个流派。

四川风味的特点在相当大的程度上取决于四川的特产原料。四川被誉为"天府之国"，烹饪原料丰富而有特色。自贡井盐、郫县豆瓣、新繁泡菜、简阳二荆条辣椒、汉源花椒、德阳酱油、保宁醋、资中冬尖、叙府芽菜、潼川豆豉等都是烹调川味菜的重要调味料。

2. 四川风味体系

四川风味由成都风味、川北风味、川南风味、少数民族风味和重庆风味组成。

成都风味是川菜中最主要、影响力最大的饮食风味，主要集中于成都并辐射至周边地区。成都自古就是巴蜀文化的中心，饮食业发达，多数传统川菜名品都发源于成都，或传到成都后再由成都影响四川乃至外地。

川南风味包括乐山、自贡、宜宾、内江、泸州等长江沿岸及附近的地区，这一地区水运发达，擅长烹制河鲜，也擅长烹制家禽，以小煎、小炒、火爆的烹饪方式见长。

川北风味包括广元、巴中、南充、广安、达州等嘉陵江沿岸及附近的四川北部地区，这一地区是丘陵传统农耕地区，受粗放的北方饮食文化及陕甘饮食文化影响较大，饮食风格粗犷。

少数民族风味包括甘孜、凉山、阿坝、雅安等少数民族聚居区，饮食上因民族不同而各有特色。

重庆风味主要包括现重庆直辖市范围。因本书是以行政区划为范围讨论，故这一风味放在后面进行论述。

3. 四川名食

（1）回锅肉。

回锅肉是四川家常风味最有代表性的名菜，家家都会做，有人将此菜列为川菜之首。过去，四川民间流行打牙祭的习俗，特别在手工业、商业等行业中盛行。每年的农历初二、十六，是人们打牙祭的日子，打牙祭的实质就是改善伙食，回锅肉是打牙祭的当家菜。回锅肉的主料是猪后腿肉，配料为青蒜，调味料包括郫县豆瓣酱、甜面酱、酱油、混合油等。此菜的烹饪方式是先煮后炒，成菜红绿相间，肥而不腻，味道咸鲜、微辣、回甜，酱香浓郁，肉片呈灯盏窝状，味美可口，吃起来十分过瘾，深受广大人民群众的喜爱，是一道色、香、味、形俱全，物美价廉的平民菜肴。

（2）鱼香肉丝。

鱼香肉丝因有"鱼香"而得名，顾名思义就是有"鱼香"味的肉丝。此道菜最有特色的调味料是泡红辣椒，又称"鱼辣子"。泡红辣椒要选用二荆条辣椒，下入泡菜坛，并要在坛子里放入几尾鲫鱼，泡制数天，入味后就成了鱼辣子。由于用带有鲫鱼香味的辣椒作为调味料烹制此道菜，"鱼香"味就非常显著。如今，在制作泡红辣椒时，一般都不加鲫鱼，其"鱼香"效果显然差一些，不过风味当然还是有的。鱼香肉丝的主料是猪腿肉，配料为净冬笋、水发木耳，调味料有精盐、酱油、白糖、醋、泡红辣椒、葱花、蒜粒、姜、湿淀粉、肉汤、混合油等。其色泽红亮，肉丝兼有咸、鲜、甜、酸、辣多种味道，肉质细嫩，"鱼香"味诱人食欲。如今，鱼香菜已成为系列并传遍全国。

（3）麻婆豆腐。

麻婆豆腐（如图 12-1 所示）创立于晚清同治年间，该菜的特点是麻、辣、烫、香、酥结合。最有意思的是，绰号"麻婆"的饭店掌灶和老板娘创作这道菜的目的并不是让这道菜扬名，而是以此菜的重口味与麻辣刺激让过路的脚夫多买饭吃。麻婆豆腐被精致化处理以后，十分讲究调味料，除了香辣的辣椒粉、郫县豆瓣酱，以及起锅后大量撒上的花椒粉以外，还需川西平原特产的小叶蒜苗。在做工上，炒酥的牛肉细屑、红亮的菜油与白色的豆腐块、碧绿的蒜苗，创造了颜色和口感上的强烈对比。麻婆豆腐是平民菜肴里第一个进入现代川菜名菜的代表，如今已经风靡全球。

图 12-1　麻婆豆腐

（4）蒜泥白肉。

蒜泥白肉创始于清代末期，是著名餐馆"竹林小餐"的一道蒜泥型凉拌荤菜。此菜承袭了《醒园录》里的"白煮肉法"，并将这道来源于北方的菜在原料和调味料上加以改进。在原料上，它使用川西平原上的高质量生猪，以玉米这样的精饲料养肥，并选取半肥连皮的"二刀肉"（即猪腿上端部位的肉）。在调味料上，它摒弃了古代白肉只用盐调味的原则，而是以蒜泥为主要调味料，并配以红油和德阳酱油。在烹饪方法上，它做到精确把握炖煮猪肉的火候分寸，避免猪肉过熟，并凭借厨师精湛的刀工将煮好的猪肉切成半个巴掌大小、薄得几乎透明的肉片。此菜须慢慢品尝，方能回味出它那带有核桃仁般的滋味。

（5）开水白菜。

开水白菜是现代川菜中一道著名的高档原汁味汤，创始于清代末期。其原料为白菜心、肥母鸡、猪排、火腿，并加入适量的川盐、料酒等调味料。烹制方法重在吊汤上。汤料由肥母鸡、猪排、火腿在砂锅中煨成，须以鸡脯肉馅在汤里仔细吸除油与其他能见到的物质，使之成为"开水"似的清汤；白菜心须经过十几道工序，再与清汤混合上笼蒸透。成菜呈现微黄色，新鲜的白菜心似乎漂浮在开水之上，香气四溢。此菜的吊汤似继承和发挥了鲁菜吊汤的传统技术。开水白菜不仅是一道鲜美高雅的川菜名汤，其本身的视觉效果与其含蓄的表现更具有强烈的艺术感染力。

（6）川北凉粉。

川北凉粉创始于清代末期的四川南充。川北凉粉的原料是豌豆粉，分为黄、白两种。味道也分两种：一种是酸辣味，调味料包括由辣椒、花椒、生姜、葱叶、冰糖等调制的红油，以及由大蒜捣制的蒜泥和香醋，色、香、味俱全，红辣味醇、鲜香爽口；另一种不加醋，但使用豆豉泥，红油照旧，但更辣。川北凉粉的突出特点是麻、辣、略甜以及与蒜泥配合，人们的主要目的在于"吃调味料"，而原料凉粉不过是调味料的"寄存器"。

12.1.2　重庆饮食

1. 重庆饮食概说

历史上，重庆长期归属四川，重庆风味也因此被视为四川风味中的一种。尽管 1997 年设立了重庆直辖市,但习惯上仍把重庆风味作为四川风味的一种来看。

重庆的历史地位从南宋时期开始上升,特别是近代开埠后,其地位显著上升,外来文化的大量渗入,使得重庆成为中国西部地区最早接受西方文化和受西方文化影响最深的城市。到了抗日战争时期,重庆成为国民政府的陪都,大量外来文化的涌入使得重庆文化的多元化特征特别明显。从地理环境看,重庆紧邻大江大河,山地丘陵相间,资源多样性明显。在这样的背景下,重庆菜帮的烹饪方式多元,食材中山地、丘陵、平坝资源多样并存。所以,在近代重庆饮食中,既有传统川菜的一些精品,也催生出一些有重庆地域特色的名菜。其中,烹制鱼类的菜品成就突出,许多菜都彰显出重庆人爽直的个性特征,如毛肚火锅、锅巴肉片、毛血旺、烧杂烩等。在烹饪方式上,重庆菜仍然多样,但力求简明扼要,用料生猛,喜欢用泡椒、干椒子,但红油、豆瓣、老生姜的使用相对较少。重庆菜的这种风格为近几十年江湖菜的流行打下了基础。

2. 重庆名食

(1)毛血旺。

20世纪40年代,沙坪坝磁器口古镇水码头有一位姓王的屠夫,他每天把卖肉剩下的杂碎以低价处理。他的媳妇张氏觉得可惜,于是在街边摆起了卖杂碎汤的小摊,以猪头肉、猪骨为主料,加入老姜、花椒、料酒,用小火煨制,再加入豌豆熬成汤,最后加入猪肺叶、肥肠,味道特别好。在一个偶然的机会下,张氏在杂碎汤里直接放入鲜生猪血旺,发现它越煮越嫩,味道更鲜。由于这道菜是将鲜生猪血旺现烫现吃,且以毛肚、百叶等杂碎为主料,遂取名"毛血旺"。"毛"是重庆方言,就是粗犷、马虎的意思。毛血旺是重庆市的特色菜,如今猪血多已被鸭血所替代。

(2)重庆火锅。

火锅是中国的传统饮食方式,起源于民间,历史悠久。重庆火锅又称为"毛肚火锅"或"麻辣火锅",起源于清末民初重庆码头和街边下力人所吃的廉价实惠的"水八块"。水八块中全是牛的下杂(毛肚、肝腰和牛血旺),将其生切成薄片后摆在几个不同的碟子里。在食摊的泥炉上,砂锅里煮着麻辣牛油的卤汁,食客自备酒,自选一格,站在食摊前,用筷子夹起碟里的生片,且烫且吃,吃完后按空碟子计价。由于水八块价格低廉,经济实惠,吃得方便、热乎,因此受到码头力夫、贩夫走卒和城市贫民的欢迎。由于重庆火锅的影响,四川地区的火锅逐渐兴盛起来,且内容更加充实。四川地区的大部分火锅以重庆火锅为主流、各地火锅为支流一起汇聚成一条美食之河。随着岁月的推移,重庆火锅逐渐风靡全国、名扬四方。

(3)重庆小面。

重庆小面原本就是一碗以几片藤藤菜(空心菜)垫底,麻辣汁调味,加上煮好的含碱面条的素面,唯一的荤香是汤底的那一勺猪油。在做法上,没有必须遵守的规范,放什么青菜得看季节,而辣度、麻度,选择干拌还是宽汤则全看个人喜好。尽管如此,重庆小面的一些特征还是显而易见的。首先,它必须够麻够辣,汤汁火红,辣中有多重复合增香增鲜的香料,至于是14种香料还是18种香料,那就是各自店家的独门秘方了;其次,对于重庆小面来说,臊子并不是必需品,但各个店家通常都备有杂酱、豌豆、牛肉等配料。每家店的重庆小面味道都不相同,外地人又哪里尝得出其中千变万化的麻辣口感呢?

（4）麻辣烫。

麻辣烫是起源于川渝地区的传统特色小吃。麻辣烫的汤料需用放置7天以上的陈汤熬制，当日先做调味料，用布囊包裹，浸入汤中，待汤煮开后，依据蛋、丸及各种食材下锅烫熟之快慢，依次放入食材，煮至七八成熟即捞起，再取调羹将蒜泥、姜末作为调味料，在上面撒少许熟芝麻，令人食指大动。麻辣烫看起来色泽诱人，闻起来浓香四溢，尝起来辣味层层递进，越来越浓郁。

12.2 贵州、云南、西藏、青海

12.2.1 贵州饮食

1. 贵州饮食概说

贵州风味是在贵州少数民族创造的饮食文化的基础上，不断吸收中原、邻省烹调技艺而逐步形成的。早在西周以前，生活在今贵州省境内的许多少数民族就利用所居地区丰富的种植、养殖和野生的饮食原料，创造了比较原始的饮食文化。春秋战国时期的牂牁国、夜郎国就与四川、云南、广东，以及中原地区有了政治和经济联系。经过两汉、三国，特别是蜀汉诸葛亮"南抚夷越"的战略实施，贵州和邻近省份的经济、文化交流日益频繁，中原和邻近省份的饮食文化也随之传到贵州，与当地传统饮食文化融合、互补，使贵州风味逐步发展完善。大约在明代初期，贵州风味已趋于成熟。到了清代咸丰年间，进士出身的贵州平远（今贵州省毕节市织金县）人丁宝桢的家厨所创的以旺火油爆鸡球并加辣而食的名菜已脍炙人口。因丁氏被清廷授衔"太子少保"（尊称"宫保"），此菜也被人们以"宫保鸡"命名，并随着丁氏的宦途足迹流传到山东、四川等地，成为闻名世界的宫保鸡丁。之后，人们又以宫保鸡丁的烹调方法烹制其他食材，仍以"宫保"命名，可见当时黔菜烹调水平之不凡。

2. 贵州风味体系

贵州风味由贵阳风味、黔北风味、少数民族风味组成，总的特色是辣香适口、酸辣浓郁、淡雅醇厚。

贵阳风味以辣香为主，兼具咸鲜、煳辣、红油、姜汁、酸辣、糖、醋等味。

黔北风味由于受毗邻四川菜的影响，多以辣香、麻辣、咸鲜取胜。

贵州是一个多民族聚居的省份，除汉族外，还有苗、布依、侗、彝、水、回、仡佬、壮、瑶、满、白、土家等少数民族，这些少数民族的人口数量超过1000万，约占全省人口总数的三分之一。以南部三州为代表的少数民族食俗和饮食风味独特，他们喜食糯米和酸食。

3. 贵州名食

（1）酸汤鱼。

源于黔东南苗族侗族自治州的酸汤鱼（如图12-2所示）是生活在贵州南部地区迁徙

性最大的苗族人民所发明的菜肴。由于该地区缺盐，为了改善生活，人们在不经意间发现了用发酵的米酸、菜酸、肉酸等煮制江河溪湖鱼，并拌辣椒食用的方法。改革开放后，商业兴起，餐饮业中出现酸汤鱼火锅，其中白米酸和西红柿酸同时呈现，酸汤鱼因此一举成名，是目前餐饮店中非常受欢迎的单品，已发展到全国各地。近年来，随着贵州旅游业的发展，辅以苗家的"高山流水"敬酒文化，酸汤鱼已成为贵州独具特色的饮食文化。到贵州必吃酸汤鱼，体验民族饮食风情。以白米酸为基础，加上野生小西红柿发酵而成的红彤彤的酸汤，煮一锅鱼，搭配由煳辣椒、烧青椒和木姜子调制的蘸水，鱼嫩汤鲜，酸味醇厚，辣香不燥，烫食各种荤素菜肴，开胃健脾、消食清爽。

图 12-2 酸汤鱼

（2）盗汗鸡。

百年前就盛行的布依族盗汗鸡是黔西南布依族苗族自治州贞丰县的特色菜。它采用独特的双层土陶器皿，以蒸汽融合原料和辅料，再通过天锅水的冷凝，形成了独特的盗汗汤汁。这道菜以黔西南布依族苗族自治州的矮脚鸡为主要食材，是黔菜中颇具特色和代表性的经典菜肴。传承了四代人的盗汗鸡酒楼在黔西南布依族苗族自治州经营了30余年，已成为老字号，并成功注册了"盗汗鸡"商标，盗汗鸡制作技艺也被列入"云岩区非物质文化遗产代表性项目"。见汤不加水的盗汗鸡是通过独具酿酒蒸馏工艺的盗汗锅经过4个小时以上的时间蒸制而成的。蒸气冷凝的盗汗鸡汤清澈见底，鸡味浓郁，加入少许盐，撒上几颗花椒，喝上一碗汤，再咬一口鸡肉，顿觉神清气爽，令人感叹先人们的智慧结晶。黔菜馆必备的盗汗鸡，还可变化为排骨、甲鱼等食材。

（3）酸菜炒汤圆。

酸菜炒汤圆是贵州厨师杨荣忠根据贵州人喜爱炸汤圆的习惯创新而成的一道菜，全国各地的餐饮店纷纷模仿贵州风味制作并销售。制作时，先用高温炸制冰冻的宁波小汤圆，再以干辣椒节炝香，随后放入酸菜末炒香，最后与炸裂口未露馅的汤圆一同翻炒，让酸菜末粘连于汤圆裂缝。食用时，皮脆细腻，酸香解腻，辣香不燥，别有一番风味。这道菜一改汤圆煮食的传统工艺，成为新时代少有的创新菜肴。

（4）肠旺面。

肠旺面起源于清代末期的贵阳北门桥。制作时，将肥肉制作成脆臊（特制油渣），将肥肠经过煸炒出油后炖熟，油炸豆腐丁用鲜汤浸泡后作为面臊。红油的制作更是讲究，采用遵义辣椒、花溪辣椒、大方辣椒混合制成糍粑辣椒，随后将其融入由脆臊猪油、肥肠油及菜籽油共同熬炼的热油中，形成香辣诱人的红油。传统上，面条均为手工擀制，和面时特别加入鸭蛋以增强面团的凝结性和劲道。鸭蛋的加入不仅提升了面条的弹性和色泽，还赋予了面条独特的亮色效果。肠旺面是贵阳人最喜爱的早餐小吃之一，食用时，面条脆不黏牙，脆臊香脆化渣，肥肠软糯不腻，豆腐丁灌汤香醇，猪血旺色艳滑嫩，整体口感香辣爽口，回味悠长，再加入当地人钟爱的折耳根（鱼腥草），别有一番滋味。

（5）丝娃娃。

丝娃娃类似于全国各地的春卷，贵州人因其独特的包制方法和灌汤食用方式，使得成品形似襁褓中的婴儿，又因包裹着十几种蔬菜丝，故称之为"丝娃娃"。现烫烙制的春卷面皮，包裹时令蔬菜切制的丝，偶尔也加入小脆臊等，食用时，需灌制鲜汤调制的煳辣椒蘸水，若灌入热汤，则称为"热汤丝娃娃"；若灌入酸汤，则称为"酸汤丝娃娃"。这道菜的特色还在于食客自己动手包制，体验感十足，因此颇受喜爱。从最初的夜市最佳美食，逐步发展为商超美食和精品酒楼的主打菜品，丝娃娃已成为黔菜发展中的黑马，其连锁发展态势继酸汤鱼之后，再度掀起热潮。

12.2.2 云南饮食

1. 云南饮食概说

云南风味于先秦时期已打下基石，于汉魏时期初具规模，兴于唐宋时期，盛于元明时期，最终在清代形成独特风格。云南虽地处中国西南部，且少数民族较多，但在饮食文化上却与中原颇为相近，菜肴的水准较高。追其根源，早在公元前300—前280年楚将庄蹻率兵进入云南后，云南与中原地区之间开通了灵关道和五尺道，这对云南风味产生了深远的影响。此后，汉、唐、宋、元、明、清等朝代，无不派兵遣将、设置郡吏，并将犯罪的大官充军云南。这些大官尽管在政治上失意，但他们的文化熏陶和饮食生活经验仍在，只需他们稍加指点，云南菜便大不一样。

2. 云南风味体系

云南风味的特点是酸辣适中、重油醇厚、鲜嫩回甜、讲究本味。云南风味由滇东北、滇西、滇南和昆明四大地方风味构成。

滇东北风味。滇东北地区接近内地，交通较为便利，是五尺道的咽喉地段，与中原地区往来较多，其烹饪技法受中原地区影响较深。特别是与四川接壤的地区，其烹调技法、口味与四川菜相似。

滇西风味。滇西地区与西藏毗邻，并与缅甸、老挝接壤，位于南方陆上丝绸之路的灵关道、永昌道地段，其少数民族较多。历史上，南诏国、大理国均曾建都于大理，其烹调技法受汉、藏、回寺院菜的影响。因此，滇西风味汇聚了云南各少数民族风味，如清真风味、傣族风味、白族风味、哈尼族风味、纳西族风味等。

滇南风味。滇南地区气候温和,雨量充沛,自然资源丰富,自元代以来经济文化发展较快。滇南地区与越南接壤,自修建滇越铁路后,交通方便,城镇人口猛增,饮食业非常兴旺,其烹调技法成熟,到清代末期已形成滇味菜。

昆明风味。昆明城距今已有2000多年的历史,历代未遭大的毁灭性战争,市区逐步扩大,烹饪技艺逐步提高。明代末期,昆明风味受江苏风味的影响较大;近代以来,还受到了川、鲁、广等风味的影响。

3. 云南名食

(1)汽锅鸡。

汽锅鸡称得上"云南第一名菜",它由建水产的汽锅烹制而成。建水汽锅已有近百年的历史,它采用建水城郊特有的红、黄、青、白、紫五色陶土烧制而成,具有"色如紫铜,声似磬鸣,光洁如镜,永不褪色"的特点。

由于汽锅产生蒸汽的途径与众不同,它通过锅底中间伸出的一个喇叭形管道喷出的蒸汽来蒸熟食物,而蒸汽凝聚于汽锅内,成为汤汁,因此能较好地保存鸡肉的营养,使得肉嫩、汤鲜、味浓。

汽锅鸡之所以能"培养正气",不仅在于鸡汤、鸡肉,还在于其中加入了各种不同的药材,使其成为滋补、营养、保健的药膳。云南素有"天然植物王国"的美名,三七、虫草、天麻尤为著名,于是便有了三七汽锅鸡、虫草汽锅鸡、天麻汽锅鸡、花旗参汽锅鸡、党参汽锅鸡等多种做法。

(2)过桥米线。

过桥米线是云南蒙自的小吃,由五部分组成:一是汤料,上面覆盖着一层滚油;二是调味料,有油辣子、味精、胡椒、盐;三是主料,有生的猪里脊肉片、鸡脯肉片、乌鱼片,以及过水至五成熟的猪腰片、肚头片、水发鱿鱼片;四是辅料,有豌豆尖、韭菜、芫荽、葱丝、草芽丝、姜丝、玉兰片、氽过的豆腐皮;五是主食,即用水略烫过的米线。鹅油封面,汤汁滚烫,但不冒热气。以前多是用热汤将食材烫熟,如今多是像煮面条一样将食材煮熟。

(3)乳扇。

乳扇是主产于大理白族自治州洱源县的奶制品,也是当地的特产,在大理市的喜洲镇、下关镇亦有出产,但尤以洱源邓川出产的乳扇品质最佳。乳扇的形制独特,是一种含水较少的薄片,呈乳白、乳黄色,形状大致如菱角状的竹扇,两头有抓脚。

大理山川秀丽,土地肥沃,气候湿润,适合饲养乳牛,当地人也善于用牛奶制作乳制品,乳扇就是他们的独创。乳扇的制作方法颇有特点,先是在锅里放入少量酸水并加热,然后加入牛奶,用竹筷轻轻搅动,使奶浆中的蛋白和脂肪逐渐凝结。再用竹筷将凝结的奶浆挑起,摊成片状,卷在架子上晾干即可。这样制成的乳扇质轻、微卷,因看上去像乡村所用的扇子而得名。因其容易晾干,故存放时间较长。乳扇的吃法很多,烘烤、油炸皆可。油炸时可以撒上白糖或椒盐,也可以在乳扇中夹入豆沙再进行油炸。白族有名的菜肴中,很多都以乳扇为主料,如乳扇凉鸡、炒乳扇丝等。有名的三道茶也用乳扇作为原料。

(4)炸竹虫。

竹虫是寄生在竹子中的一种虫子,有的地方也叫"竹蜂"。它们大约有一寸长,形如筷子般粗细，颜色洁白，以嫩竹为食，从竹尖开始逐节向下啃食。农历十月份左右，竹虫最为肥壮，常常藏在竹子的根部。生活在西双版纳以及普洱市思茅区的傣族、哈尼族、拉祜族以及文山地区的壮族、布依族等许多民族都喜欢采集竹虫。他们对一片竹林中有无竹虫了如指掌，因为被竹虫啃食过的竹子是畸形的，他们根据竹节的长度和形状，进行准确的判断后，只需在竹节一侧砍一个缺口，轻轻摇动竹子，又白又嫩的竹虫便会掉落出来。

竹虫的吃法是用开水煮烫或用盐水浸泡后，滤干水分，用油煎炸。成菜酥脆芳香，是下酒佳肴。

12.2.3 西藏饮食

1. 西藏饮食概说

藏族人口分布于中国的青藏高原，主要聚居于西藏自治区。藏族历史悠久，文化遗产丰富。生产方式以畜牧业为主，靠近城市以及与汉族和其他民族毗邻、杂处的地区也有农业及手工业。除已逐步定居者外，大部分人仍依靠天然草场，逐水草而居。历史上，他们的饮食主要是糌粑、酥油、牛奶、茶和牛羊肉等。他们不饲养鸡、猪，也不吃鱼。狩猎时，他们会猎取黄羊、岩羊、雪鸡等野生动物。他们不区分主食和副食，不吃蔬菜，偶尔采食一些野葱、野韭。调味时仅用盐，其他均为烹饪原料或食品的自然味，如蕨麻的甜、酸奶的酸等。有时，他们也会采集防风等野生植物作为煮肉的调味料。烹调方法简单、粗放，以快捷、方便为主。

中华人民共和国成立后，特别是近年来，西藏菜有了长足的发展。在城市、农业区及半农半牧区的藏族人民，烹调方法已较为细致，常用烤、炸、煎、煮等方法。除牛、羊外，猪、鸡等也被纳入他们的肉食范围。常用的蔬菜有结球甘蓝、土豆、萝卜、胡萝卜、蔓菁、茄子等。调味料也有所增多，他们喜辣、酸，重用香料。饮食分为主食和副食，以米、面以及青稞为主食，并有多种点心小吃。他们喜欢油重、味厚和香、酥、甜、脆的食品，牧区的糌粑、奶茶等仍是日常必备的食物。待客时会有宴席，一般的传统待客宴席由六道食品组成，即奶茶、蕨麻米饭、灌汤包子、手抓羊肉、大烩菜、酸奶。酒以青稞酿制，属于低度酒，常用来待客。

2. 西藏名食

（1）炸灌肺。

炸灌肺，藏语称作"洛乍"，其实就是以羊肺来制作的一道美食，多见于拉萨等地。其主要的食材是羊肺、酥油以及面粉，制作方法是将酥油以及面粉塞入羊肺之中，先煮之后再经过油炸，成品色泽淡褐，外酥里嫩，味道香美。

炸灌肺制作好之后，可以储存很长的时间。在西藏这个气候条件比较特殊的地区，这种可以长期储存的食物是非常有价值的。

（2）蘑菇炖羊肉。

每年雨季，藏北草原蘑菇丛生，品种繁多。取洗净的鲜菇与切成小块的羊肉加入调味料一起炖煮，肉有菇香，菇有肉味，其香诱人，回味无穷。有一种被当地人称为"赛夏"的蘑菇是菇中上品，用这种蘑菇与羊肉同煮，则羊肉无膻、腥之气；与鸡肉、猪肉同炖，则更是香味四溢，汤鲜肉美，令人百吃不厌。此食品被誉为"藏北三珍"之一。

（3）糌粑。

糌粑是藏族牧民每日必吃的主食。糌粑是藏语，意为"炒面"，由青稞、豌豆或燕麦制成。其特点是：便于制作、携带、保存。在藏族同胞家做客，主人一定会双手端来喷香的奶茶和青稞炒面，桌上还会叠叠层层地摆满金黄的酥油、奶黄的"曲拉"（干酪素）和糖。

制作糌粑时，要将青稞洗净、晒干，炒热后磨成细面，越细越好。讲究的还要去除麸皮。糌粑多与酥油、茶水拌food。食用时可在碗内放入奶渣、酥油，倒入茶水，等酥油溶化后放入糌粑、白糖，拌匀后捏成小团，即成了酥油糌粑。

（4）酥油茶。

酥油茶是藏族、门巴族、纳西族、柯尔克孜族、裕固族等高寒地区少数民族的日常饮品，由浓茶汁、酥油和盐制作而成。在藏族地区，有"不喝酥油茶就头痛"的说法。因此，家家户户都备有打酥油茶的酥油茶桶，讲究的更是将其制成贵重的工艺品。

酥油茶有各种制法，一般是先煮后熬，即先在茶壶或锅中加入冷水，放入适量砖茶或沱茶，加盖烧开，然后用小火慢熬至茶水呈深褐色，以入口不苦为最佳。在这种熬成的浓茶里放入少许盐，就制成了咸茶。如果再在成茶碗里加入一片酥油，使之溶化在茶里，就成了最简易的酥油茶。但更为传统的做法是将煮好的浓茶滤去茶叶，倒入专用的酥油茶桶里，用搅拌器搅拌。经过一段时间的搅拌和冲击，使桶内的茶水与酥油融合，成为乳白色的酥油茶，再加热即可饮用。

12.2.4　青海饮食

1. 青海饮食概说

青海省地处青藏高原，是中国五大牧区之一，全省约80%的面积属于草原，其余部分则位于东部，为农业区与半农半牧区。省内共有七个民族，其中汉族、回族、土族、撒拉族主要分布于农业区和半农半牧区；藏族、蒙古族、哈萨克族主要分布于牧业区。青海地广物博，土特产有牦牛、藏羊、湟鱼、发菜、冬虫夏草、蕨麻以及众多野畜野禽等，蔬菜、瓜果的产量也很可观，为当地的特色饮食提供了丰富的烹饪原料。

青海饮食文化独具特色，牧业区属于藏族风味体系，与西藏风味相近；农业区与半农半牧区主要为汉族风味与回族风味。汉族与回族两个风味互相影响，在烹制技法和调味上交错融汇，并吸取了藏族烹调的某些特点，共同构成了青海风味的主体。青海菜的制作技法以粗放为主，也有精工细做的菜品；烹调方法侧重于烤、炸、蒸、烧、煮；口味偏于酸、辣、香、咸；口感以软烂醇香为主，兼有脆嫩的特色。

2. 青海名食

（1）酿皮。

酿皮是地方风味较浓的青海传统小吃。在西宁和农业区的各个城镇，出售酿皮的摊贩到处可见。制作酿皮时，首先要在麦面中掺入适量的蓬灰和辅料，用温水调成硬面团，几经揉搓，等面团变得精细光滑后，再放入凉水中连续搓洗，洗出淀粉。当面团变为蜂窝状时，放进蒸笼蒸熟，这部分称为"面筋"。接着，将沉淀的淀粉糊舀入蒸盘中蒸熟，这便是"蒸酿皮"。将蒸熟的酿皮从盘中剥离，切成长条，配上面筋，浇上醋、辣油、芥末、韭菜、蒜泥等调味料，吃起来辛辣、凉爽，口感柔韧细腻，回味悠长。除了"蒸酿皮"外，还有"馏酿皮"。馏酿皮色泽金黄发亮，薄细柔脆；而蒸酿皮色泽褐沉，浑厚肥大。二者色形各异，但味道基本一致。酿皮虽是小吃，但可作为主食充饥解饿，也可作为菜肴，特别是作为下酒冷盘。酿皮冷热均宜，四季可食。

（2）秃秃麻食。

秃秃麻食简称"麻食"，意为"手搓的面疙瘩"，是古代突厥人的一种常见面食。制作时，先将面和好，反复揉匀后切成小方块；再用拇指搓碾成形如耳朵的小卷，故俗称"猫耳朵"；最后将做好的麻食投入沸水中煮熟，捞出后加入各种调味料，或煎炒或凉拌或焖煮，食用方法很多。一般是放羊肉、浇肉汤、下葱蒜末、香菜末调味食用。麻食的做法比面条费工夫，关键是和面、揉面、搓面，因吃法讲究、富于变化而成为青海人敬客、迎宾、聚会等活动中不可或缺的一道主食。元代宫廷食谱《饮膳正要》中的"聚珍异馔"便收录了秃秃麻食，解释为"手撇面"。明代黄一正在《事物绀珠》一书中写道："秃秃麻食是面作小卷饼，煮熟入炒肉汁食。"

（3）甜醅。

甜醅是用青藏高原耐寒早熟的粮食之一——青稞加工而成的一种风味小吃。民间有一句顺口溜："甜醅甜，老人娃娃口水咽，一碗两碗能开胃，三碗四碗顶顿饭。"甜醅具有醇香、清凉、甘甜的特点，食用时会散发出阵阵的酒香。夏天食用能清心提神，去除倦意；冬天食用则能壮身暖胃，增加食欲。

除专门制售的小摊贩外，西宁和农业区的各族群众大都会酿制甜醅。甜醅选料精细，青稞粒粒饱满，脱皮洁净，蒸煮适度，酒曲配料适中，温度掌握准确，则制作出的甜醅粒粒白嫩，食如果肉。一端上碟子，则醇香扑鼻，入口醅甘汁浓、绵软可口，食后满口留香。甜醅就地取材，制作简单，营养丰富，又具有开胃的作用。西宁人不但嗜之不舍，还将其作为访亲拜友的礼品。它的确是青藏高原上一种有独特风味的小吃。

（4）青海拉面。

2002年，青海省喇家遗址出土了一碗4000多年前的面条，这是目前所知世界上最早的拉面实物，由此可见西北人民食用拉面的历史悠久。

19世纪80年代末，青海省化隆回族自治县的一位拉面师傅，怀揣着东拼西凑的7000块钱，前往厦门，成为青海拉面走向全国的第一人。他将拉面案子放在店门前面，稀奇的制作手艺立刻引来了群众的围观，围观群众在看完制作过程后，往往因为肚子饿而品尝一碗拉面。这个靠着卖拉面发财的消息被化隆回族自治县的老乡们知道后，整个化隆回族自治县都沸腾了。化隆回族自治县的拉面师傅们纷纷按捺不住内心的激动，收拾家当、凑够本钱，带着拉面手艺走向大江南北。因为青海在全国的知名度不高，而兰州拉面却早有名声，所以青海拉面只好"借鸡生蛋"。如今，全国除西北地区以外的"兰州拉面"实际上都是青海拉面。

12.3 陕西、甘肃、宁夏、新疆

12.3.1 陕西饮食

1. 陕西饮食概说

陕西饮食文化历史悠久，早在仰韶文化和龙山文化时期，渭河流域的饮食文化就比较发达，为陕西饮食文化的早期形成奠定了基础。西周至春秋时期是陕西菜的形成期。西周"八珍"出自镐京（今陕西长安），近年来，关中地区周代墓群中出土的大量精致的鼎、簋、簠、登、爵等炊具、餐具、饮器，反映了当时贵族宴席菜肴已有一定规格。战国末期，陕西菜的烹调技法已趋于成熟。汉、唐两代是陕西菜发展史上的两个高峰。西汉时期的京畿之地，不仅继承了先秦饮食文化遗产，汲取了关东诸郡烹饪之长，而且由于丝绸之路的开辟，西域诸国的动植物以及胡食的烹调技法首先传入长安，促进了陕西菜的发展。唐代的长安是全国名食荟萃之地，江南、岭南等地的珍食纷纷贡入长安，西域人开设的饮食业（胡姬酒肆）也在长安大放异彩。北宋以后，中国的政治、经济、文化中心东移，陕西菜发展相对缓慢。后来，随着陇海铁路通车，作为西北重要城市的西安，经济逐渐发展，商旅增多，饮食市场日渐活跃，陕西餐饮业又有了新的发展。

2. 陕西风味体系

陕西饮食风味由关中（包括西安清真风味）、陕南和陕北三大地方风味组成。其复合味型偏多，尤以咸、鲜、酸、辣、香突出。陕西菜善于运用"三椒"（辣椒、花椒和胡椒），使得菜肴滋味醇厚，适应性强，是中国西北地区的代表风味。

关中风味以西安为中心，还包括三原、泾阳、大荔、凤翔等地的名菜以及近几年创制的曲江菜和"长安八景宴"等菜肴。

陕南风味以汉中地区为代表，还包括安康、商洛等地方风味，具有浓郁的陕南人民食俗特点。

陕北风味以榆林地区为代表，还包括延安风味菜肴等，反映了塞上地方特色。

3. 陕西名食

（1）羊肉泡馍。

羊肉泡馍亦称"羊肉泡"，是一道关中汉族风味美食，源自陕西省渭南市固市镇。它烹制精细，料重味醇，肉烂汤浓，肥而不腻，营养丰富，香气四溢，诱人食欲，食后令人回味无穷。羊肉泡馍已成为陕西名吃的"总代表"。

羊肉泡馍讲究汤清肉烂，其中煮汤是最重要的一环。骨汤和肉汤需分开煮，肉先腌制20小时，再煮8～12小时。常见的泡馍汤锅，口径近1米，所加入的调味料需装满25千克的面口袋，然后投到锅里煮。讲究的卖家都是把一锅汤卖光后就关门，所以味道好的泡馍店几乎都是早上7点开门，下午1点左右就关门了。

羊肉泡馍的传统做法有四种：单走、干拔、口汤、水围城。所谓"单走"，即馍与汤分端上桌,把馍掰到汤中食用,食后单喝一碗鲜汤,曰"各是各味"。"干拔"也称"干泡",其特点是煮好后碗中不见汤,筷子能戳住馍块。另一种叫"口汤",即吃完泡馍以后,碗中仅剩一口汤。"水围城"顾名思义,汤宽如大水围城。食客掰好馍后,如果把一根筷子放在碗上,伙计便会明白,这是要"干拔"。而吃"口汤"和"水围城"则不用拿筷子表示,因为掰馍的大小和煮法是统一的,原则是汤宽则馍块大,反之则小,有经验的厨师看到食客掰馍的大小就知道要加多少汤了。

泡馍的掰法很有讲究。泡馍是特制的,称"饦饦馍",每个约重100克。据说是由九份死面和一份发面揉在一起烙制而成的。若全是死面,则口感不好,且不利于消化;若全是发面,则无法泡制。掰出的馍块大小和煮法是统一的,干拔、口汤、水围城所对应的馍块大小依次如黄豆、花生、蚕豆般大小。

(2)葫芦头。

葫芦头是陕西西安的一道传统特色小吃,源于北宋街市食品中的"煎白肠"。其基本原料是猪大肠和猪肚。因猪大肠油脂较厚,形状像葫芦,因此得名"葫芦头"。

食用时,食客需先把馍掰成碎块,厨师再把猪大肠、猪肚、鸡肉、海参、鱿鱼等食材排列在碎馍块上,用煮沸的骨头原汤泡三四次,然后加入熟猪油和青菜等。食用时可以搭配糖蒜、辣酱等,吃起来鲜香滑嫩,肥而不腻,搭配泡菜更是爽口。葫芦头的特点是:馍块洁白晶亮、软绵滑韧,肉嫩汤鲜,肥而不腻,醇香扑鼻。

(3)饦饦面。

饦饦面是陕西关中的特色传统风味面食,因制作过程中会发出"biang biang"的声音而得名。因为面条又宽又长,形似裤带,所以也叫"裤带面"。

饦饦面选用关中麦子磨成的面粉,通常由手工拉成长、宽、厚的面条。面条由上等面粉精制而成,搭配酱油、醋、味精、花椒等调味料,淋上烧热的植物油即可。

"面条像裤带,辣子是主菜"这句俗语,生动地展现了陕西关中人爱吃面食的饮食习惯。

(4)肉夹馍。

"肉夹馍"这一名称源于古汉语中的被动语句,意为"肉被夹于馍中"。将"肉"字放在前面可以起到强调的作用,引人垂涎。陕西潼关的肉夹馍(如图12-3所示)尤为出色,其馍外观焦黄,条纹清晰,内部呈层状,饼体发胀,皮酥里嫩,火候恰到好处,食用时的温度以烫手为佳。充满柔韧感的馍里夹上多汁的、刚剁碎的、由30多种调味料精心配制而成的腊汁肉,吃起来气味芬芳、肉质软糯、糜而不烂、浓郁醇香,具有独特风味。

图 12-3 肉夹馍

（5）凉面皮。

凉面皮以陕西岐山县所制最佳。制作时，先将小麦粉洗出面筋，再把淀粉擀成薄饼，最后上蒸笼蒸制。制成的凉皮既软又黏。而调味料以岐山当地酿制的粮食醋和辣椒油为主，辅以洗出的面筋丝，在小铁锅内搅拌均匀，盛盘供食客享用。凉面皮入口滑、劲、糯，味道酸、辣、香，是其他食物难以达到的美味体验。

12.3.2 甘肃饮食

1. 甘肃饮食概说

甘肃饮食文化历史悠久。西汉时期，张骞两次出使西域，开辟了古丝绸之路，在甘肃形成了天水、陇西、兰州、张掖、武威、酒泉等较发达的重镇，同时引进了胡瓜（黄瓜）、西瓜、胡萝卜、胡荽等食材，极大地丰富了烹饪原料，使得甘肃的烹饪技术发展较快。魏晋南北朝时期，丝绸之路商业繁荣，加之佛教进一步通过甘肃传入，素菜在甘肃有所发展。莫高窟、炳灵寺、麦积山等石窟艺术中反映饮食文化的内容很多，也反映出东西方烹饪的融合。隋唐时期，甘肃农牧业生产快速发展，烹饪原料丰富。饮具、食器、炊具等都已相当齐全。主食增加了由西方传入的胡饼、京果、麻圆、空心果等。明清时期，肃靖王朱真淤住在兰州，命人修建了万寿宫、西花园，且十分讲究宴席菜肴。1697年，康熙亲征宁夏，由于陕甘总督府设在兰州，因此有些宫廷官府菜也传到了兰州。

甘肃为高原气候，有干燥凉爽的特点。经过多年的研究，厨师们精心调配口味，形成了适应高原的咸而浓的味型、酸辣微咸的家常味型，以及芥末味型、糖醋味型、咸鲜味型、椒盐味型、五香味型、甜香味型、腌香味型等。

甘肃是多民族地区，菜式的种类较多，不仅对西北各省份、各阶层的适应性强，对国内外食客也有较大的适应性。

甘肃风味的特点是清淡与醇厚并重，善用酸辣调味，具有味型适应性强，偏重浓、厚、重、艳等特征。

2. 甘肃名食

（1）兰州牛肉面。

兰州本地人吃的是兰州牛肉面，而遍布全国各地的兰州牛肉面馆则多是青海化隆人借兰州的名声开的。青海拉面的特点除了汤要清、面要白、辣油红润、香菜蒜苗鲜绿外，还有一个独特之处在于以青藏高原的牦牛肉、牛油、牛骨熬汤，再配上30多种天然调味料，食之味美可口，味道浓郁。相比之下，兰州牛肉面用白萝卜熬汤，牛肉的膻腥味相对较轻。

兰州牛肉面以"汤镜者清，肉烂者香，面细者精"的独特风味，以及"一清（汤清）、二白（萝卜白）、三红（辣椒油红）、四绿（香菜和蒜苗绿）、五黄（面条黄亮）"而著称。

（2）拔丝洋芋。

洋芋是我国多地民众对土豆的另一种称呼。拔丝洋芋是甘肃的一道地方菜，主要以甘肃特产的洋芋为原料制作，有时在夏天也会用白兰瓜作为原料，制成拔丝白兰瓜。制作时，先将洋芋洗净削皮，切成滚刀块或菱形块，然后分两次放入油锅中炸至金黄色。炒勺内留少许油，将白糖放入并不停地搅动，使糖均匀受热熔化，等糖液出现如小针尖般大小的泡时，迅速将炸好的洋芋块倒入，撒上芝麻后快速翻炒均匀，最后盛盘上桌。此时的洋芋色泽明亮，用筷子夹起时，糖丝如银丝般飞舞，口感香甜可口。

（3）浆水面。

浆水的制作一般以芹菜、莲花菜、小白菜等菜叶为原料，煮熟以后加上发酵的"引子"，盛入盆内盖好，用衣物闷上一天后即可食用。浆水既可以作为清凉饮料，又可以在吃面条时作为汤底。再加上葱花、香菜调味，更是美味可口。所以，兰州、定西、天水、临夏等地的群众都喜欢吃浆水面。浆水有清热解暑的功效。在炎热的夏天，喝上一碗浆水，或者吃上一碗浆水面，立即就会感到清凉爽快，还能解除疲劳，恢复体力。

（4）洋芋搅团。

洋芋搅团是甘肃陇东南小有名气的小吃，主要流行于陇中临洮、陇南武都和平凉华亭等地。制作时，先把洋芋用清水煮熟，剥去粗皮，晾在案上，待仅存余温时，便倒入特制的木槽或石臼之中，先用木槌慢慢地砸揉，待洋芋变成糊状时再举锤猛砸，直至其呈现出晶莹透亮、韧柔如胶的状态时即可食用。洋芋搅团有热食和冷食两种食用方法。热食时，将其放入酸菜浆水中略煮，然后连同酸菜浆水一同盛入碗中，再加入盐、油泼辣子即可食用；冷食时，则将其盛入由醋、油泼蒜、辣子炝煮而成的醋汤中食用。其风味独特，口感滑润、清香。

12.3.3 宁夏饮食

1. 宁夏饮食概说

西汉时期，宁夏部分地区属于朔方郡，秦朝大将蒙恬率军在此屯垦，开辟了由黄河冲积而成的原野，修建水利设施，促进了农业发展。特别是唐代灭突厥后，兴修水利，发展农牧业，使宁夏呈现繁荣景象。唐代诗人韦蟾的诗句"贺兰山下果园成，塞北江南旧有名"反映了当时这里的风物状况。这些都为饮食烹调提供了物质基础。自西汉丝绸之路开辟以来，宁夏便成为丝绸之路的重要通道。特别是唐代以来，长安与西域诸国往来频繁，宁夏的饮食文化既受到了西域人食俗的影响，又有陕、甘等地烹调技法的传入，蒸、煮、煎、炸、烤、炙等多样技艺促进了宁夏风味的日渐形成和发展。元、明、清以来，特别是中华人民共和国成立后，宁夏与周围各省份，尤其是陕、甘等地的烹饪技艺交流日益增多，使宁夏菜肴有了长足发展。因宁夏信奉伊斯兰教的回族同胞有其独特的饮食禁忌，他们在以牛、羊为主料的烹饪方面尤为擅长，使清真风味成为宁夏风味的主要组成部分。

宁夏风味从用料到习俗上，都具有浓厚的地方民族特色。

2. 宁夏名食

（1）手抓羊肉。

手抓羊肉是西北回族人民的一种地方风味名菜。在这道菜上，各地的做法基本一致，先将整只羊分为前腿、后腿、背部、脖子等几大块，用冷水浸泡并洗净血水后，再放入清水锅里煮，待水滚后除去浮沫，同时放入葱、姜、花椒、盐及大料。肉煮熟后趁热吃，每人准备一个小碟，调上酱、醋、蒜末、姜末、香菜等，然后把手洗干净，边撕边蘸着吃。在宁夏、青海的一些地方，人们吃手抓羊肉时，只用蒜片就着吃，不用其他调味料。

如果要招待客人，事先要将羊肉切成长约3寸、宽约1.5寸的条块，用同样的方法煮熟即吃。手抓羊肉的用料可以是成年羊肉，也可以是羊羔肉。回族的手抓羊肉特点鲜明，一是用冷水浸泡，二是调味料用得重，其肉味香，不腻不膻。

（2）粉汤。

粉汤是回族人民的一种家常风味佳肴，常常是款待客人的一道小吃，特别是逢年过节、婚嫁喜事等场合，家家户户都要烹制粉汤。无论哪种粉汤，一要粉好，二要汤好。粉汤的主要原料是凉粉块，要求均匀透亮，绵软细嫩，嚼起来爽口而有韧劲。

粉汤的烹制原料有羊肉、西红柿、红辣椒、葱花、菠菜、香菜、白菜、醋、胡椒粉、木耳等，将这些原料熬制成汤后，再和晶莹剔透的粉块烩在一起，即成为粉汤。纯正的粉汤略酸微辣，油而不腻，适合北方人的口味。如果再和金黄油亮、松软香酥的油香搭配在一起享用，那真是妙不可言。长期以来，回族家庭的主妇都以拥有精湛的厨艺为荣。

（3）油香。

油香拥有悠久的历史文化积淀，它维系着回族人民与伊斯兰教的关系。全国各地的回民小吃五花八门，唯独油香遍及全国回民聚居区。如给孩子过满月、过百日、行割礼、结婚等，回民们都要炸油香庆贺。每逢开斋节、古尔邦节、招待宾客以及纪念亡人时，回族人民也要炸油香，以此继承传统风俗。各地制作油香的方法和用料大同小异，以面粉、盐、碱、植物油为主要原料，辅料主要有红糖、鸡蛋、蜂蜜、香豆粉、薄荷叶粉、肉馅等。

食用油香时，应掰着吃。将炸好的油香拿在手中，应面子向上，顺着刀口掰着吃，忌讳一口一口咬着吃。有的地方可以用手撕成两半后咬着吃，但忌讳将完整的油香直接咬着吃，这也是各地回族吃油香共有的特点。

（4）八宝茶。

回族老人嗜茶，他们宁可三天不吃饭，也不能一日不喝茶。对于他们而言，茶比饭还重要。回族常饮八宝茶，其配料通常是茶叶、红枣、红糖、枸杞、核桃仁、葡萄干、桂圆、果干、芝麻等。这些干果中有很多是延年益寿的"养生果"，经常饮用有提气补虚的功效。

回族人热情好客，待客时必会冲泡一碗热气腾腾的八宝茶。冲泡的茶具由茶盖、茶碗、茶托三部分组成，称为"盖碗茶"或"三泡台"，其中茶盖为"天"，茶托为"地"，茶碗为"人"，因此又称"三才碗"。这些茶具制作得精巧玲珑，其中最好的盖碗当属陶瓷制作。回族人喝盖碗茶时十分讲究，左手托住茶托，可避免烫手，右手用茶盖刮一刮茶面，使茶料上下翻滚，营养成分充分进入茶水中，并且可拨开茶叶，便于品尝。喝茶时，一般不能用嘴吹，也不能一饮而尽，而是端起来一口一口慢慢地品尝，每喝一口的味道都不同。如果喝完一碗还想继续喝，就不要把碗底喝净，主人会继续添水；如果已经喝够了，就把碗底喝净，用手捂一下碗口，或者把碗里的桂圆、红枣等吃掉，主人就不会继续添水了。

12.3.4 新疆饮食

1. 新疆饮食概说

新疆是以维吾尔族为主体的多民族聚居地区，信奉伊斯兰教者居多，其祖辈过着游牧生活，主要食用牛羊肉。约 840 年，新疆地区建立了信奉伊斯兰教的喀喇汗王朝，经济文化得到很大的发展，生活方式也逐渐由游牧转向定居农业。人们与周边商业的贸易交往日趋频繁，饮食习惯随之改变，主食由牛羊肉逐渐向肉、面、菜混食转变，烹调技术也由简单的烤、煮发展到蒸、炒。清朝时期，左宗棠率军进驻新疆，随军进驻的厨师就地取材，用牛羊肉烹制出精美的菜肴，促进了新疆烹饪技艺的发展，使得菜肴品种日益增多。近年来，由于新疆人口结构和消费习惯的变化，加之不断派人到兄弟省份学习烹调技术，采众家之长，补新疆之短，口味清淡的菜肴和工艺菜也逐渐出现在餐桌上，得到众多食客的青睐。

新疆风味以当地出产的牛羊肉和瓜果蔬菜为主要原料，烹调技法以烤、炸、蒸、煮见长；在适应高寒气候和人体需热量大的要求下，其质地、味型具有油大、味重、香辣兼备的特点。

2. 新疆名食

（1）馕。

"馕"一词源于波斯语，在历史上它还有过其他不同的名称，例如中原人称馕为"胡饼"。敦煌遗书中记载了多种饼的名称，"胡饼"便是其中之一。据记载，胡饼自汉代传入中原后，就成为人们喜爱的食物之一，东汉时期，甚至在宫廷里都曾兴起过"胡饼热"。由于胡饼本身具有易于制作、便于携带、久存不坏等特点，因此也成为商旅行人的最佳选择。自张骞出使西域后，频繁的商业贸易活动使胡饼在内地一些地方逐渐普及，而"胡饼"这一名称从汉代到宋代一直在中原流行，说明它对中原的饮食文化有强烈的影响。

馕大都呈圆形，最大的馕叫"艾曼克馕"，其特点是中间薄，边沿略厚，中央戳有许多花纹。馕的制作方法是先以麦面或玉米面发酵，揉成面坯，再在特制的火坑（俗称"馕坑"）中烤熟。馕的品种很多，大约有 50 多种，常见的有肉馕、油馕、窝窝馕、芝麻馕、片馕、希尔曼馕等。在全国食品中，新疆的馕堪称一个独特的食品。无论在天山南北的哪个地方，你都可以吃到香脆的馕，它是新疆少数民族的主食。

（2）烤包子。

烤包子和薄皮包子都是新疆各民族喜爱的食品。城乡的饭馆、食摊多销售这两种食品，它们就像北京的夹肉烧饼和天津的狗不理包子一样，很受食客欢迎。

做烤包子得用新鲜羊肉，最好选择肥瘦均匀的羊腿肉，太瘦的肉不太适宜做馅，口感太柴，一般得肥瘦各占一半。烤包子主要是在馕坑中烤制。包子皮用死面擀薄，四边折合成方形。包子馅由羊肉丁、羊尾巴油丁、洋葱、孜然粉、精盐和胡椒粉等原料，加入少量水后拌匀而成。把包好的生包子贴在馕坑里，十几分钟即可烤熟。烤好的包子皮色黄亮，入口皮脆肉嫩，味鲜油香。

（3）大盘鸡。

大盘鸡起源于 20 世纪 80 年代，主要用料为鸡块、土豆块、青椒、红椒，再配以皮带面烹饪而成。其色彩鲜艳，鸡肉爽滑麻辣，土豆软糯甜润，辣中有香，粗中带细，是餐桌上的佳品。

大盘鸡的制作过程通常是先炒后炖。做好后，皮焦肉烂的鲜美鸡块与青椒、红椒的鲜亮色彩相互映衬，混合在汤汁中的土豆块吸收了油腻。用筷子夹起宽且薄的面片，在汤汁中搅拌几下，面片立刻被稠密的汤汁包围，放到嘴里麻辣鲜香。这道菜口感独特、味道新颖，既有西北人喜欢的粗犷豪气的辣味，又融合了四川菜的麻味。

（4）烤羊肉串。

烤羊肉串在新疆是极具名气的民族风味小吃。其制作原料主要有羊肉、洋葱、盐等。烤制前，把羊肉与洋葱拌匀后腌渍一段时间可减少膻味。选用的羊肉最好是羊后腿肉，肥瘦相间。烤制的过程中要确保受热均匀，并加入孜然调味。烤好的羊肉串吃起来肥而不腻，香味特殊，唇齿间洋溢着羊肉的香味。

 同步练习

一、判断题

1. 重庆小面有严格的标准，每家店的重庆小面味道几乎相同。（　　）
2. 过桥米线是云南蒙自的小吃。（　　）

二、单项选择题

1. 酸汤鱼源于黔东南苗族侗族自治州的（　　）族，现已成为贵州独具特色的饮食文化。

　　A. 苗　　　　B. 侗　　　　C. 瑶　　　　D. 彝

2. 糌粑是藏族牧民每日必吃的主食。糌粑是藏语，意为"（　　）"。

　　A. 米糕　　　B. 面糕　　　C. 炒米　　　D. 炒面

3. 新疆最大的馕叫"（　　）馕"。

　　A. 希尔曼　　B. 艾曼克　　C. 窝窝　　　D. 芝麻

三、多项选择题

1.（　　）是川菜里的重要调味料。

　　A. 郫县豆瓣　B. 新繁泡菜　C. 简阳二荆条辣椒

　　D. 德阳酱油　E. 叙府芽菜

2. 主料是猪大肠的各地名食有（　　）。

　　A. 炒肝　　　B. 血肠　　　C. 葫芦头　　D. 九转大肠　E. 草头圈子

四、简答题

1. 介绍一道你最喜欢的川菜。
2. 兰州牛肉面和青海拉面有何不同？

五、体验题

品尝一碗"兰州拉面"，并尝试和老板交谈，了解这家拉面的特色。请注意，不要"纠正"老板所说内容与你的认识的不同之处，多了解就好。

第 12 讲　同步练习答案

第13讲 节日食俗

何谓"节"？从"节"字的文字演化来看，金文、小篆、楷书的变化并不大：其繁体字"節"上半部分是"竹"字，下半部分是"即"字，表示趋近之意。整体来看，"節"字的本意是指竹子之间的间隔。而节日正是时间的间隔，是不同于日常生活的状态。因此，节令食品既有通常所吃的食物，但在节日这一天，它们具有不同于日常食品的功能；也有专用食物，它们和节日有历史和文化上的特别联结。

13.1 节日和节令食品

13.1.1 节日的由来

1. 天文现象

古人发现了时间的周期性，在周而复始的时间里，一些天文上的特殊节点成为最早的节日。上古时期，"二分二至"是一年中重要的节日。由于"二分二至"的现象与季节变化及作物生长有密切关联，特别是夏至与冬至，对日常生活的影响更为明显，所以人类一开始就对这些节气很敏感，往往要举行仪式，以提醒大家季节的转换，这种情形几乎是世界各地不同民族都有的习俗。

2. 历法

自古代起，到1911年的辛亥革命止，我国一直在使用"十九年七闰"的历法，即我们常说的"农历"。中国传统节日在这一历法中的分布呈现出一定的规律性。在这些节日中，有"月日同数""月内取中""年内对称"等现象出现。例如，正月正日的春节、二月二日的春龙节、三月三日的上巳节、五月五日的端午节、六月六日的天贶节、七月七日的七夕节、九月九日的重阳节等，都是"月日同数"。两数相同，一前一后，对称之意一目了然。而正月十五的元宵节、七月十五的中元节、八月十五的中秋节，则是"月内取中"。一月之内取其半，其前后的对称也是十分明显的。另外，春社和秋社、元宵节和中元节、花朝节和中秋节，它们两两之间正好相隔半年，若以一年为圆周，它们都分别位于三条直径与圆周相交的三组对称点上。这些节日的名称也体现了对称之意，如"端午""中元""中秋""重阳"等。

3. 宗教习俗

在基督教、伊斯兰教、佛教、道教等宗教中，一些宗教纪念日逐渐被世俗化，成为公众节日。据说，佛教创始人释迦牟尼的成道之日是腊月初八，因此腊八节也是佛教徒的节日，又称"佛成道节"。基督教中耶稣的降生日成为影响广泛的圣诞节。伊斯兰教的开斋节、宰牲节等也都与宗教习俗有关。

13.1.2 节令食品的功能

节日是时间的间隔，是忙碌的人们在人生旅途中歇脚的驿站。先民们在一年中的大部分时间里都在为基本的生存而忙碌，在基本生活资料有了些许剩余的年代，他们开始寻找闲暇，从一个"普通"的时间段过渡到另一个"普通"的时间段。这个过渡的闲暇就是时间的节点——节日。

从古今历史来看，节令活动作为人类生活的一个重要组成部分，其关注点在于族群的繁衍和个体的存活，即与"饮食男女"这样的"人之大欲"是直接关联的。在节令活动中，饮食同样是一个非常重要的内容。节令食品是日常饮食与节令活动相结合的产物，是智慧的中国古人在节令主题的提示导引之下对日常饮食的创造和升华。从这个意义上说，节令食品在种类的分布和特点的表现上，虽然保留有日常饮食的痕迹和印记，但更多的则是超乎日常饮食的成分。别具一格的节令食品不仅满足了人们的基本生理需求，保证了人们从事节令活动的物质动力，还起到了渲染和活跃节令气氛、增添节令魅力以及传承文化理念等多种作用。

1. 沟通人神的媒介

新石器时代晚期至青铜时代初期，人类文明的曙光初显，节日节令已经出现。在这些特殊的时间节点，人们需要通过和神灵的沟通来实现节点前后的转换。在和神灵沟通的过程中，人们按照生活经验想象神灵，将神灵完全人格化，认为神灵与人一样，第一需要就是食物。和神灵沟通的方式之一是献祭，即将自己最珍爱的东西奉献给神灵。早期的活人献祭、三牲五鼎献祭，随着社会的发展和文化的成熟，逐渐演变为食物的献祭。一直到现代社会，这类祭法仍被普遍使用。食物所具有的文化要素十分丰富，它成为一种表述人类情感思想的符号，一种联系神与人的媒介，虽然缺失了原先祭品的动物神性，但其所具有的文化色彩依然十分浓郁。人们通过献食来求得神的祝福，实现自己的愿望。人类对食物的崇拜已升华到对神的崇拜，而使用食品祭祀这件事情本身则具有"贿赂"诸神的实际意义。这种"贿赂"是具有宗教性质的，是虔诚忠信的，其目的就是请求诸神为人类造福。

2. 满足社交需要

节令的休闲性使得在"普通"的时间段劳碌的人们在时间的节点上得以调整喘息。人类是社会性动物，需要沟通合作才能生存下去。而优生的需要也使得不同部落群体里的青年男女需要交往的机会。"共食"是几乎所有人类社会表达善意和友好的行为。尽管人类可以通过种种情感交流手段来满足需要，但毫无疑问的是，在这些手段之中，利用"共食"进行情感交流和沟通仍然具有无可替代的重要作用和地位。不同于日常食品，节令食品总能营造出一种良好的增进情感交流的氛围。在节令这个特定时间节点的宴饮行为，所涉及的场地、气氛、食物、特色，以及参与节令宴饮的人员，既能表达出主人的意图，也能让客人体会到自己的价值、地位以及受尊敬的程度，无一不透露出饮食所特有的"情感交流"作用。

3. 文化传统的象征

在传统节令中，饮食文化是节令展示的核心内容之一。传统节令食品是民族文化最具代表性的具象符号之一，是民族文化的象征。在传统节令中，传统节令食品不仅是文化的主要表达方式，更是民族精神文化生活的依托。通过品尝传统节令食品，族群的个体可以直接感受文化的魅力，并传承文化。从这个意义上说，传统节令食品是民族精神文化传承的纽带。

13.2 中国节日食俗

13.2.1 春节食俗

春节，民间俗称"过年"，是我国最隆重、习俗最多、时间最长，也是最具有喜庆气氛的传统节日。每当春节来临，城乡各地都洋溢着浓浓的节日氛围，放爆竹、贴春联、舞狮子、玩龙灯、喝春酒、吃年饭……男女老少，喜气洋洋，共享节日的欢乐。

汉代崔寔的《四民月令》中记载："正旦，各上椒酒于其家长，称觞举寿，欣欣如也。"南北朝梁宗懔的《荆楚岁时记》中也有："正月一日……进屠苏酒，胶牙饧，下五辛盘。"如今，每逢春节，无论男女老少，即使平日不饮酒，也要在这一天喝一杯"团圆酒"，可见传承几千年的春节饮酒习俗至今古风犹存。

在我国多数地区流行的春节食俗中，最有代表性的莫过于包饺子、吃年糕和吃团圆饭。

1. 包饺子

春节包饺子的习俗多流行于北方地区。饺子在有些地方也被称为"角子""扁食""水点心"。据文献记载，最初饺子也叫"馄饨"。南北朝颜之推曾描述："今之馄饨，形如偃月，天下通食也。"可见，早在6世纪，饺子已是黄河流域的常见面食。

在明代以前，饺子还未被作为春节食品，到了明代中期以后，才逐渐成为北方的春节美食。究其原因，一是饺子形如元宝，人们在春节吃饺子，取"招财进宝"之意；二是饺子有馅，人们可以把各种吉祥的东西包进馅里，以寄托人们对新岁的祈望。例如，包进蜜和糖，希望来年日子甜美；包进枣子，寓意来年早生贵子。还有的人特意在个别饺子里包进一枚制钱，谁吃到这个饺子，就象征着财运亨通。可见，饺子不仅是供人们食用的美食，同时也是希望和美好愿望的象征。此外，春节的第一顿饺子必须在旧年最后一天的夜里十二时，即"子时"包完，此时食用饺子，取"更岁交子"之意，寓意吉利。

2. 吃年糕

春节吃年糕的习俗在我国南方地区比较盛行。"糕"与"高"谐音，过年吃年糕，除了尝新之外，更主要的是为了讨一个好彩头，意取"年年高"。正如一首阐发年糕寓意的诗所说："人心多好高，谐声制食品，义取年胜年，藉以祈岁稔。"新年吃年糕的习俗反映了人们对美好生活的向往和追求。在湖北、湖南、江西、海南等地，每年一进腊月，家家户户便开始制作年糕，年糕成为春节重要的食品和礼品。

3. 吃团圆饭

春节饮食活动的高潮是吃团圆饭。在民间，人们对吃团圆饭十分重视，羁旅他乡的游子，除非万不得已，再忙也要赶回家吃一顿团圆饭。

吃团圆饭的习俗，至迟在晋代已经开始。《风土记》中记载："酒食相邀，呼曰'别岁'。"可见当时在除夕，人们会举办丰盛的宴席，辞旧迎新。团圆饭是一年中最丰盛的一顿饭，其准备之充分、物料之丰富、菜肴之精美，是平常饮食无法相比的。此外，团圆饭安排在除夕这样一个新旧年更替的特定时刻，它关系到来年生活的好坏，因此，无论是菜品的安排，还是人们进餐的言谈举止，都必须特别讲究。比如在菜肴安排上，菜肴数量要成双，不能出现单数，最好是带有一定寓意的数字。例如，十道菜，取"十全十美"之意；十二道菜，取"月月乐"之意；十八道菜，取"要得发，不离八"的吉祥俚语。宴席菜肴的内容在不同地区各不相同。在江汉平原地区，除夕团圆饭必有一道全鱼，谓之"年鱼"，意取"年年有余"。年鱼一般是不能吃的，虽然个别地方可以吃，但鱼头、鱼尾不能吃，谓之"有头有尾"，来年做事有始有终。圆子菜在许多地方的宴席上是必不可少的，因"圆子"正好合"团圆"之意，所以鱼圆、肉圆或藕圆便成了宴席上的必备菜。在广东、香港等地，发菜是宴席上颇受人们欢迎的菜肴，因"发菜"与"发财"谐音，精于经商的广东人、香港人总要在宴席上吃一些发菜，希望来年能发财。总之，宴席上一般要有一至两道包含吉祥寓意的菜肴，以此表达人们对未来生活的美好祝愿。

13.2.2 元宵食俗

农历正月十五是岁首的第一个月圆之夜。"一年明月打头圆"，所以，古时人们称其为"上元"。上元之夜也叫"元夕""元夜""元宵"，所以元宵节也被称作"上元节"。

元宵佳节，家家户户都要煮食元宵。过去有"上灯元宵落灯面"的习俗。元宵也叫"圆子""团子"。因煮熟后浮在汤面上，故又称"汤圆""浮圆子"。吃元宵是取"团"和"圆"之音，寓意团团圆圆。

元宵节吃元宵这一习俗是从宋代开始的。古时元宵节除了吃元宵外，还有吃豆粥、科斗羹、蚕丝饭等食物的习俗。

在我国的不同地区，元宵节的饮食习俗各不相同，各有千秋。在上海、江苏的一些农村，元宵节吃"荠菜圆"。陕西人有元宵节吃"元宵菜"的习俗，即在面汤里放入各种蔬菜和水果。在河南洛阳、灵宝一带，元宵节要吃枣糕。在云南昆明，人们多吃豆面团。

在云南峨山一带，元宵之夜全寨人要聚在一起举办"元宵宴"。在吉林朝鲜族地区，元宵节这天要吃"药饭"或"五谷饭"。药饭以江米、蜂蜜为基本原料，加入大枣、栗子、松子等煮成。因药饭原料较贵，不易凑齐，人们一般用大米、小米、黄米、糯米、饭豆五种粮食做的"五谷饭"来代替，意在盼望当年五谷丰登。

13.2.3 清明食俗

清明是二十四节气中的第五个节气。在1582年采用现行公历至2100年的518年中，清明落在4月4日的年份有219年，落在4月5日的年份有281年。而清明落在4月6日的年份只有18年，其中20世纪占了13年，最近的一次是1943年，距今已有80多年了。进入21世纪后，这一现象再未出现，所以4月6日的清明确实是一个比较罕见的现象。

清明节在历史发展中融合了寒食节和上巳节的习俗。先秦时期，我国北方一些地方已有比较严格的禁火制度。仲春季节，气候干燥，不仅人类保存的火种容易引起火灾，而且春雷也易引起山火。古人在这个季节往往要进行隆重的祭祀活动，把上一年传下来的火种全部熄灭，即"禁火"。然后重新钻燧取出新火，作为新一年生产与生活的起点，即"改火"。在禁火与改火期间，人们必须准备足够的熟食，以冷食度日，此即寒食节的由来。民间则传说寒食节是为纪念春秋时期的晋国忠义之臣介子推而设立的节日，实则是借寒食节表达中国人对"孝"的推崇和对"忠""义"的理解。上巳节俗称"三月三"，是古代举行"祓除畔浴"活动的重要节日。人们会在这一天结伴去水边沐浴，称为"祓禊"，此后又增加了祭祀宴饮、曲水流觞、郊外游春等内容。融合了寒食节与上巳节两个节日习俗的清明节，在宋元时期形成了以祭祖扫墓为中心，将寒食节的禁火、冷食风俗与上巳节的郊游等习俗活动相融合的节日形态。由于寒食节的禁火、冷食习俗被移置到清明节，我国北方一些地方还保留着在清明节禁火与吃冷食的习惯。

"清明"一词有"物至此时皆以洁齐而清明矣"之意。每到清明，春光明媚，布谷声声，神州大地到处都是欣欣向荣、生机勃勃的景象。清明食俗是伴随着清明祭祀活动而展开的。这一天，家家户户都要准备丰盛的食品，前往本家祖坟进行祭祀。祭祀完毕，所有上坟的人便会围坐在坟场附近食用各种食品。

在江南水乡，尤其是江浙一带，每逢清明时节，老百姓总要制作清明果，用它来上坟祭祖、馈送亲友或留下自己吃。清明果又称"青团""菠菠粿（福州）""清明粑（江西）""清明馍馍（四川）""蒿子粑（安徽）""艾果"等，是中国南方各省份的汉族特色食品之一，一般在清明前后食用。清明果的外皮呈绿色，多用艾草或鼠麴草制成，质地较软，久置后会变硬。其馅料有咸甜等多种口味，形状有类圆形、饼形、元宝形和饺子形等。

13.2.4 端午食俗

农历五月初五是中国传统的端午节。"端"意为"开始"，因此一个月中的第一个五日被称为"端五"。由于五月初五中两个"五"字重叠，故又称"重五"。又因为我国习惯把农历五月称作"午月"，所以又把端五称为"端午"。

端午节吃粽子（如图 13-1 所示）是最有代表性的节令食俗。魏晋时期的《风土记》记载："仲夏端五，烹鹜角黍。"可见，早在 1000 多年以前，粽子就已经存在了。至唐代，食粽之风已非常盛行。关于端午食粽的由来，有多种说法。但民间最普遍的说法还是与纪念战国时期楚国的爱国诗人屈原有关。

图 13-1　粽子

粽子又称"角黍"，其风味、形状、大小等因地域而异。在北方，北京的江米小枣粽子堪称代表；而在南方，苏杭一带的火腿粽子则享有盛名。其形制有的呈三角形、四角形，比馒头还小；有的呈长条形，足有一尺多长。

端午节除了吃粽子外，各地应节的食品种类颇多。在江西萍乡一带，端午节必吃包子和蒸蒜；山东泰安一带要吃薄饼卷鸡蛋；河南卫辉一带吃粽子和油果；东北一些地方的习俗是在节日的早晨，由长者将煮熟的热鸡蛋放在小孩的肚皮上滚一滚，然后剥壳给小孩吃下，据说这样可以预防日后肚子疼；江南水乡的孩子们胸前都要挂一个用网袋装着的咸鸡蛋或咸鸭蛋；而在福建晋江地区，每逢端午节都有"煎堆补天"的风俗。

在我国江南的许多地方，流行着端午节食"五黄"的习俗。"五黄"是指：雄黄酒（今为黄酒）、黄鱼、黄瓜、咸蛋黄和黄鳝（有的地方也指黄豆）。然而，在现代，饮雄黄酒的习俗已逐渐消失。

13.2.5　中秋食俗

农历八月十五日，秋已过半，是为中秋节。中秋时分，五谷杂粮相继成熟，因此中秋节是庆祝丰收的节日；又因中秋节之夜的月亮最圆，因此中秋节又称"团圆节"。中秋赏月，思亲会友，借景抒情，成为中国民间风雅之举、开心之事。古往今来，莫不如此。明月下，清辉中，诗人的感情如潮水般澎湃。唐代诗人李白在月下独酌时曾吟咏"举杯邀明月，对影成三人"；出门在外时则感慨"举头望明月，低头思故乡"。宋代诗人苏轼在月下"把酒问青天"，并发出"但愿人长久，千里共婵娟"的美好祝愿。这些优美的诗句不仅在中国文学史上成为千古传诵的佳句，而且也说明我国早在唐宋时期就有赏月的习俗。

中秋节的特色食品主要是月饼。此外，还有应时瓜果、桂花酒等。这些食品成为中秋节特有情调的一部分。

月饼是一种形如圆月、内含佳馅的面点。与一般的饼不同，月饼的饼面上通常印有嫦娥奔月、白兔捣药等美好神话，或花好月圆、年丰人寿等寓意吉祥的纹饰图案。

但是，吃月饼和送月饼的习俗并非自古以来就与中秋节有关。唐代初期，农历八月只有初一是节日，而并无十五这个节日。相传，后来唐明皇曾于八月十五夜游月宫，民间这才把八月十五定为中秋节。到了唐代中期，人们开始在八月十五之夜登楼观月，而当时月饼还没有出现。

月饼的制作技术在明代已达到很高的水平，在当时一些月饼的饼面上，已出现"月中蟾兔"之类的装饰图案。其设计之精良、构图之美妙、花纹之灵细，使人获得一种艺术享受。这既充分体现了月饼制作者的匠心独运，也反映了我们伟大中华民族的灿烂文化。

元代末期，月饼已成为家家户户中秋节必备的节令食品。相传，元代末年，人们为反抗统治者的奴役，利用中秋节家家户户都食用月饼的习俗，将写有起义信息的纸条夹在月饼馅中，约好在中秋之夜，联手反抗元代统治者。

月饼作为节令食品，代代沿袭，发展至今，品种更加繁多，风味也因地而异。在诸多品种、风味的月饼中，京式、苏式、广式和潮式四种月饼名气较大。京式月饼多使用素油、素馅，多为硬皮；苏式月饼则多为酥皮，油多糖重，层酥相叠；广式月饼多为提浆，重糖轻油，多以豆蓉、柳蓉、五仁等为馅；潮式月饼重油重糖，馅心类似于广式月饼。

13.3 外国节日食俗

13.3.1 圣诞节食俗

圣诞节这个名称是"基督弥撒"的缩写。弥撒是教会的一种礼拜仪式，也可以理解为基督教的一次宗教聚会。圣诞节是基督教的一个重要节日，为了纪念耶稣的诞辰而设立，因此又称"耶诞节"，日期定于每年的 12 月 25 日。在这一天，世界各地的基督教会都会举行特别的礼拜仪式。而基督教的另一大分支——东正教，它的庆祝活动则是在每年的 1 月 7 日，节期不同是因为历法差异造成的。圣诞节是为了庆祝耶稣的诞生，可是对于耶稣的诞辰现在已无法考证，《圣经》中也没有明确的记载。因此，一直以来，人们对圣诞节的日期都是存有争议的。

西方许多家庭一进入 12 月份，便开始忙着采购各种节日用品，为圣诞节的来临做准备。西方人以红、绿、白三色为圣诞色，圣诞节来临时，家家户户都要用圣诞色来装饰。红色的有圣诞花和圣诞蜡烛，绿色的是圣诞树，它是圣诞节的主要装饰品，用砍伐来的杉、柏一类呈塔形的常青树装饰而成，上面悬挂着彩灯、礼物和纸花，还点燃着圣诞蜡烛。据称，圣诞树最早出现在古罗马12月中旬的农神节，德国传教士尼古斯在8世纪用枞树供奉圣婴。随后，德国人把12月24日作为亚当和夏娃的节日，在家中放置象征伊甸园的"乐园树"，树上挂着代表圣饼的小甜饼，象征赎罪；还要点上蜡烛，象征基督。到了16世纪，宗教改革者马丁·路德为求得一个满天星斗的圣诞之夜，在家中布置了一棵装着蜡烛的圣诞树。德国移民把圣诞树带到美国，随后传遍基督教世界。

红色与白色相映成趣的圣诞老人是圣诞节活动中最受欢迎的人物。西方儿童在圣诞夜临睡之前，要在壁炉前或枕头旁放一只袜子，等待圣诞老人在他们入睡后把礼物放在袜子内。在西方，扮演圣诞老人也是一种习俗。

12月24日晚上的圣诞夜也叫"平安夜"，是传统上摆放圣诞树的日子。在这一天，千千万万的西方人都要赶回家，在教堂进行子夜弥撒，并与家人一起共进丰盛的晚餐。他们围坐在熊熊燃烧的火炉旁，弹琴唱歌，分享彼此生活中的喜怒哀乐，表达内心的祝福与爱，祈求来年的幸福；或者举办一个别开生面的化装舞会，通宵达旦地庆祝。

正如中国人过春节吃团圆饭一样，欧美人过圣诞节也很注重全家团聚，围坐在圣诞树下，共进节日美餐。圣诞大餐吃火鸡的习俗始于1620年，火鸡烤制工艺复杂，味道鲜美持久，这种风俗在美国尤为盛行。图13-2所示为美国圣诞大餐。英国人的圣诞大餐则是烤鹅，而非火鸡。澳大利亚人喜欢在平安夜里，全家老少约上亲友成群结队地到餐馆去吃一顿圣诞大餐，其中火鸡、腊鸡、烧牛仔肉和猪腿必不可少，同时伴以名酒，吃得大家欢天喜地。

图 13-2　美国圣诞大餐

最初，传统的圣诞大餐流行吃烤猪、火腿；后来则演变为火鸡、三文鱼。总之，圣诞大餐以肉为主。除了吃肉，圣诞大餐还得有红酒。圣诞红酒有特殊的喝法：在酒中加入红糖、橘子皮、杏仁、葡萄干等配料，然后在火上一边加热一边搅拌（注意不可煮沸），最后淋上一点伏特加。一杯下肚，真是又香又暖。

圣诞大餐的另一部分是甜点，如饼干、蛋糕等。这类食品一般在圣诞节前夕就开始准备，一家人坐在一起共同制作，孩子们也喜爱参与这类充满乐趣的活动，因为圣诞糕点可以按照他们喜爱的形状和味道来制作。在瑞典语系的国家，制作圣诞糕点时，人们会故意放入一颗完整的杏仁，谁要是吃到这颗唯一且完整无损的杏仁，谁就会被视为新年的幸运之神。幸运之神当然是有奖品的，北欧人常常奖给幸运之神一个戴着红蝴蝶领结的小猪形大饼干；而在荷兰和德国，则是一个小黑人彼得的形象。可见，在西方，享用圣诞大餐不仅可以一饱口福，还可以领略一种极具情趣的文化。

13.3.2 排灯节食俗

排灯节是印度教的重要节日。为了迎接排灯节，印度的家家户户都会点亮蜡烛或油灯，因为它们象征着光明、繁荣和幸福。

在每年印度旧历的最后一天（相当于公历 10 月前后的某一天），烟火和各种节日的灯光会照亮黑暗的夜晚，这是全球约 10 亿印度教信徒在庆祝排灯节——一个灯的节日。这是世界上最广泛庆祝的节日之一，在印度、斐济和尼泊尔等地，它甚至是全国性的节日。

各地庆祝排灯节的理由不同。印度北方是为了庆祝印度教神祇罗摩率领的战士从斯里兰卡归国；南方则是为了纪念魔王那拉卡苏拉被神主克利斯纳惩杀。尽管关于排灯节的由来各地众说纷纭，不过多数人都认同，持续 5 天的排灯节旨在庆祝善行战胜邪恶、光明击退黑暗、知识打倒无知。

排灯节虽然是属于印度教的节日，但对耆那教与锡克教来说也同样重要。印度人将排灯节视为一年中最重要的节庆，其重要性就像圣诞节与新年一样。

排灯节象征着人性光明打败黑暗，因此在印度教中，它被视为最友爱、最愉快的庆典之一，就连印度北部旁遮普邦靠近巴基斯坦的边境地区都充满爱的气氛，双方的边境守军难得卸下武装，握手拥抱，甚至交换甜点。不过排灯节的重头戏还是在晚上。无论是在印度、巴基斯坦，还是在迪拜，只要是有印度教庙宇的地方，都大排长龙，善男信女都来点灯祈福、交换礼物，到处燃放烟火，气氛热闹，就算不是印度教信徒，也会以开放的心态来参加这场盛会。

由于这个节日也被视为财富女神拉克希米的节日，家家户户都会打扫清洁，点燃蜡烛与油灯，恭候女神的光临。东印度的孟加拉人与西印度的古吉拉特人，都会在这一天祭祀代表繁荣与富裕的女神拉克希米。

印度教徒有在排灯节赠送礼物的习惯。镀铜的蜡烛台上摆放着一个贴有金属皮的蜡烛，这个组合是人们送礼的热门货。当然，最受欢迎的礼物还是印度的象头神伽内什的雕像。在排灯节期间，糖果扮演着很重要的角色。亲戚朋友之间会互送称作"巴菲"的彩色椰子糖，以此表达对彼此的祝福。

多数印度家庭会在排灯节期间穿新衣、戴珠宝，拜访家庭成员与公司同事，并赠送甜食、干果和其他礼物。

13.3.3 谢肉节食俗

谢肉节又称"送冬节"或"烤薄饼周"，是一个从俄罗斯多神教时期就流传下来的传统节日。后来由于俄罗斯民众开始信奉东正教，这一节日与基督教四旬斋之前的狂欢节产生了联系。东正教有为期 40 天的大斋戒,在大斋戒期间,人们禁止吃肉,所以在斋期开始前的一周,人们纵情欢乐,家家户户都抓紧吃肉,以此弥补斋戒期间苦行僧般的生活,这便是谢肉节的由来。

谢肉节的开始日期为每年东正教复活节前的第 8 周。例如,2009 年的谢肉节从 2 月 23 日开始,一直持续到 3 月 1 日。俄罗斯人过谢肉节一定要吃薄饼、喝蜂蜜酒以及享用各种肉食,其中最具代表性的就是薄饼。这种圆圆的、焦黄的、热腾腾的薄饼象征着太阳,寓意着阳光渐渐暖和,白昼越来越长,体现了人们对春天的渴望以及对大自然万象更新的期盼。

谢肉节的一大特色便是在一周之中,每天以不同的方式庆祝。依据传统,俄罗斯人大都相信,一个人如果在谢肉节过得不开心,那么此后的一年里都将受到影响。因此,在过节的这个星期里,所有的悲伤都要抛到九霄云外,尽情享受,这样才能给此后一年的平安、成功、发达讨一个好彩头。

星期一是迎春日。这一天,人们要烹制薄饼。按照传统,第一张薄饼会送给穷人。孩子们一大早就走上街头堆雪人,人们开始用稻草和布条制作象征冬天的玩偶。

星期二是始欢日。未婚男女通过滑雪橇、到亲友家做客等方式寻找自己的意中人。

星期三是宴请日。岳母邀请女婿到家中吃薄饼,品尝各种美食。

星期四是狂欢日。人们开怀畅饮,尽情享受美食,一直到实在吃不下为止。庆祝活动在这一天达到高潮。

星期五是姑爷上门的日子。新女婿邀请岳母及其家人吃薄饼。

星期六,嫂子给小姑子送礼物,并邀请她和丈夫一家或闺中密友来家中做客。

星期日是宽恕日,也是谢肉节最重要的一天。人们在这一天拜访亲朋好友,请求他们宽恕自己在过去一年中犯下的过错。这一天的结束,标志着束缚俄罗斯人的寒冬已经过去,人们已经看到了春天的希望。

 同步练习

一、判断题

1. 上古时期,"二分二至"是一年中重要的节日,这种情形几乎是世界各地不同民族都有的习俗。(   )

2. 在清明时节吃清明果,是江浙一带特有的习俗。(   )

二、单项选择题

1. 在我国,无论南北方,春节共同的食俗是(   )。

A. 吃饺子 B. 吃元宵 C. 吃粽子 D. 吃团圆饭

2. 如今,我们只在节日前后食用,而在其他时间段里几乎不食用的节日食物是(   )。

A. 饺子 B. 粽子 C. 元宵 D. 月饼

3. 俄罗斯人过谢肉节一定要吃(   )、喝蜂蜜酒以及享用各种肉食。

A. 薄饼 B. 厚饼 C. 肉饼 D. 月饼

三、多项选择题

1. 我国作为法定节日的传统节日有（　　）。

A. 春节　　　　B. 元宵节　　　C. 清明节　　　D. 端午节　　　E. 中秋节

2. 在我国江南的许多地方，流行着端午节食"五黄"的习俗。"五黄"是指：（　　）。

A. 雄黄酒　　　B. 黄鱼　　　　C. 黄瓜　　　　D. 咸蛋黄　　　E. 黄鳝

四、简答题

1. 节令食品有哪些功能？

2. 印度教徒在庆祝排灯节时，有哪些习俗？

五、体验题

请回忆一下你的家乡在传统节日中都吃些什么，有没有独特之处，并以《我家乡的美食》为题写一篇千字短文。

第 13 讲　同步练习答案

第14讲 烹食与进食

食物的制作离不开一定的烹食空间，以及构成这一空间的四个系统，即火系统、水系统、烹系统和食系统。通过烹食空间的发展轨迹，我们可以窥见饮食文化的演进历程。同时，食具的材质和造型也不是凭空而来的，它们既承载着精神寄托，又满足着日常生活的实用需求，在盛装食物的容器上实现了二者的和谐统一。进食方式的演变则是人类文化多样性的一个缩影，不同的进食方式与食物的制作方式互为表里。

14.1 烹食场所：厨房的演变

14.1.1 厨房的由来

厨房是专门对食物进行加工和烹饪的场所、空间。在这里，食材经过人们的加工、烹饪，变为人们愿意接受的食物。

最初，厨房是用"庖"字来表示的，而"厨"字的出现稍晚。在古籍中，"庖厨""厨仓""厨下""厨廪""厨馈""庖屋""厨头""厨屋""中厨""东厨""爨室"等，都是表示厨房的词语。如果硬要找出"庖"和"厨"的区别，"庖"出现得更早，除了表示烹饪的场所外，还附带是食材处理、动物宰杀的场所；而"厨"既可以表示"庖"的意思，也可以仅指烹饪场所，即动物宰杀一类的工作可能由专人负责，随后这些食材才会被送入厨房进行烹饪。

"厨房"一词的出现较晚。最早出现"厨房"一词的文献，是成书于乾隆十四年（1749）或稍前，初刻于嘉庆八年（1803）的著名小说《儒林外史》，在其第四回中有："胡老爹上不得台盘，只好在厨房里，或女儿房里，帮着量白布，称肉，乱窜。"

我们探讨厨房的演变，不仅仅是对厨房本身的变化感兴趣，实际上考察的是厨房所处的历史时期的社会和人。不同社会历史时期的国家政策措施、经济发展水平、房屋建筑技术、器物制造、生活方式、饮食习惯、烹饪方法、思想观念等诸多因素都会对厨房的格局和功能产生或多或少的影响。厨房的变迁反映了生活习俗和社会风尚。

按照人类社会发展的过程，我们考察人类厨房的演变，大致可以将厨房的发展分为三个时期，即原始厨房、古代厨房和现代厨房。原始厨房没有灶具或只有原始灶具，古代厨房有了固定的灶具，现代厨房出现了可移动的灶具——炉子。原始厨房又可分为篝火阶段和火塘阶段，古代厨房可分为角落阶段和独立阶段，现代厨房可分为炉灶阶段和整体阶段。

通过考察厨房的变迁，我们发现，厨房一般由四个系统构成，即火系统、水系统、烹系统和食系统。火系统包括炉灶、燃料和排烟设施，水系统包括水源、水的处理储存和排水设施，烹系统包括炊具、加工工具及放置具，食系统包括进食器具和进食家具。

14.1.2　厨房的演变

1. 原始厨房时期——篝火阶段

旧石器时代，人类没有固定的居住场所，而是按照季节的变化，迁徙游居。那时，人类的用火方式比较简单，选择的住所一般是半敞开的天然洞穴，或者居于树上，有时也搭建临时的简易窝棚。在洞穴或者窝棚内生火，可以防风避雨、驱走严寒，具有遮挡的洞穴和窝棚也可以更好地保护火种。

天然形成的洞穴、悬崖下可遮挡的空间大多是当时居所的选择。在这样天然或者临时搭建的住所里，篝火的设施也很简单，一般在住所的中心或一角。为了保持火种永不熄灭，人们需不断向篝火添柴加薪，直到迁到别处为止。由于篝火在住所内，排烟往往成为一个问题，因此从很早的时候起，人类就很注意把住所内的烟排出去。在西安半坡仰韶文化的遗址中，不管是半遮掩的穴居还是地上简易的建筑，都会在屋顶处留有天窗设施，一是可以采光照明，二是可以排烟，三是天窗外的空气可以与室内实现对流，助燃篝火。

住所内的篝火使得人类得以生存和发展。狩猎归来的人们环火而坐，烧烤猎捕回来的兽肉。这时候的篝火是住所的中心，承担了多种功能，人们在篝火旁从事生活劳作，保证最基本的生存。

原始人寻找靠近自然水源的地方居住，一般是居于河流、溪水附近，便于取水。当时用于运水和储水的工具一般是天然有凹槽的石块，或是用狩猎所得的野兽皮毛或胃缝制的容器，或是植物的硬壳等，废水直接排入环境。由于当时人类的数量很少，对环境的破坏并不大。当然，天然雨水也是原始人依靠的水源，但没有河流、溪水来源的稳定性高。

2. 原始厨房时期——火塘阶段

在史前时代，不论是天然火还是人工取火，火种的保存难度都很大。由于穴居内是平地，空气不流通，生起的篝火很容易熄灭，于是一种在平地上挖出的圆形、椭圆形或其他形状的凹坑设施——火塘出现了。

火塘的设计使得平地生火或者向下挖坑成为可能，由于其本身没有排烟口，因此通常将其置于居室中央并对着门口，以便充足空气的进入和烟气的排出。此时的厨房是一个集合了休息、烧烤食物、取暖等综合功能的空间，也可以说厨房的炊煮功能存在于这个多功能的住所中。

火塘主要有三种形式：一是平地火塘，即在平地上摆三块石头进行生火，这种火塘便于灵活移动，与游居生活相适应；二是凹坑火塘，其特点是在平地上挖穴为坑、敞口，并放置"品"字形三角石，这种火塘形式上敞口、下挖坑，利于通风，便于火的燃烧，炊煮食物效率高，是定居生活的一种形式；三是平台火塘，这种火塘是在高于平地的平台上修建的，比平地火塘和凹坑火塘都高，以永宁摩梭人地区的火塘为例，正房中间有左右两个火塘，左边的为上火塘，右边的为下火塘，两个火塘均为方形、石砌，底部埋有金属和陶罐，火塘在摩梭人的生活中非常重要。

在水系统中，除了依然依靠天然雨水、河溪水外，这时的人们开始有意识地掘地取水，即打井。2018年，河南省驻马店市西平县人和乡谢老庄村的"六处水井遗迹"被考古人员发现，并被认定为中国迄今发现最早的水井，距今约8000年。此前，中国最早的水井被认为是浙江余姚河姆渡遗址出土的水井，距今约6000年。

3. 古代厨房时期——角落阶段

由于火塘烧火时容易受到风的影响，火势容易分散，因此，出现了三面由灶壁围合，一面留有灶口，顶部较为收敛的陶灶。

陶灶均可移动，人们可以先在室外点火，等到烟少、火旺时移到室内，这样室内的排烟问题就可以得到缓解。而且陶灶设有多个排烟孔，利于空气对流，提高炊煮效率。

随着火塘向灶的发展，居室中央的火塘也逐步被可移动的灶取代。陶灶的出现缓解了室内烟气弥漫的情况，在室外将火生旺并等到烟少时，再移到室内。这样一来，灶可以不用像火塘一样位于居室中央，可以居于室内的某一角。人们的饮食方式也由烧烤慢慢向蒸煮发展，居所的烟雾得到了有效的控制，从属于居室空间的厨房取得了初步的发展。

这一时期，陶灶和鬲、鼎、甗三足器有同时使用的情况。后来，进入龙山时代晚期，大量的三足器开始出现和发展，陶灶的数量减少，种类单一。到了商周时代，鬲、甗大量使用，陶灶与三足器不配套，这一现象遏制了陶灶的发展，加上秦汉以前人们席地而坐，具有一定高度的三足器更适合人们的使用习惯，所以后期的陶灶数量越来越少，这可能是导致室内固定灶和釜出现的原因。

4. 古代厨房时期——独立阶段

秦汉时期，随着国家的统一和社会生产力的发展，人们的物质生活水平得到了极大的提高，房屋建筑取得了显著进步，饮食原料的来源变得丰富多样，烹饪食物的方式也逐渐增多。因此，在汉代，厨房从居室住宅中分离出来，成为独立的操作空间，灶、各种炊器、水井等厨房设施基本完善和齐全，形成了厨房的基本格局。不仅如此，厨房的位置、大小在此时期也大致确定。这是厨房发展进程中重要的一步，厨房第一次与居住房屋分离，成为独立的空间，中国传统厨房的格局在此时期形成，并为秦汉以后厨房的定型和发展奠定了基础。

两汉时期，木架建筑逐渐成熟，出现了平房和楼房之分，再由外墙统一围合成院落。例如，"日"字形院落分为前后两部分，规模较大的住宅则由主建筑和附属建筑组成。到了秦汉时期，建筑房屋和庭院组合的发展已经相当成熟，炊煮和烹饪场所完全有条件从居住空间中分离出来,成为独立的操作空间,专门从事烹饪和存储食物。而在商周时期兴起的固定式地灶,后来发展为高台大灶,在秦汉时期已开始使用,这促使了以灶和水井为主要设施的烹饪炊煮空间——厨房的形成。或许厨房的基本格局在此之前已经形成,但在汉代才开始普遍。厨房基本格局的形成,与饮食发展、居住建筑的成熟和人们的思想观念等诸多方面的因素是分不开的,是社会发展到一定阶段的产物。

厨房的基本格局(如图 14-1 所示)自汉代形成以来,发展到清代,总体的结构布局没有大的改变和调整,但是在灶的形制,厨房常用用具的摆设,橱、水井和厨房的位置等方面有一定的发展。

图 14-1　厨房的基本格局

5. 现代厨房时期——煤炉阶段

1840 年,鸦片战争爆发,随后半个多世纪,中国被迫与西方列强签订了一系列不平等条约,中国由封建社会逐渐沦为半殖民地半封建社会。通商口岸的被迫开放使得开埠的沿海地区城市逐渐兴起,加上洋务运动、戊戌变法等运动,萌芽的资本主义在中国得到发展,推动了沿海和内陆地区资本主义工业和商业的进一步繁荣,城镇得以发展,中国的建筑和居住方式发生了巨大的变化。传统的封建大家庭聚居的居住方式和封闭的合院住宅模式慢慢被打破,演变成为人数较少、相对开放的小家庭集居的居住形式,原本的厨房空间、烹饪炊煮方式、厨房设施也随之改变。整体住宅面积较旧式减小,厨房的空间也随之变小,也难有专门的烟囱。传统的固定灶已不适应城市生活,小型的煤炉开始在城市居民家庭中出现。这种炉子方便移动,在引火点着煤球时烟雾较大,可以在室外进行,待煤球充分燃烧后煤烟减少再搬入室内。北方寒冷地区到了冬天,可以在炉口一侧接上铁皮烟囱通向室外,主要作用是散热取暖。为提高燃煤的热效率,燃料从碎煤饼、煤球逐步演化为蜂窝煤。

由于燃料的多元化,灶具也开始多元化,有燃煤油的煤油炉、燃酒精的酒精炉,以及用电的电炉等。但由于燃料费用较为昂贵，一般只作为临时性生活使用。个别大城市像上海甚至有煤气供应，这种相对清洁的能源一般也只有富裕之家才用得起。改革开放后，液化石油气、天然气在城乡逐渐普及，灶具也改为专门使用气体燃烧的现代化灶具。

城市化的初期，用水也呈现多元化。离河流、湖泊、水井近的住家可就近打水。水井出现了机压井，提高了安全性。但有些住家离水源较远，因此出现了职业卖水人。到了 20 世纪初期，在沿海以及内陆的大城市中，自来水供应系统已经完备。当然，自来水设施的使用只是局限于市政或者富裕上层人士居住的高级住宅建筑中，并没有在普通民居中得到普及。但随着城市化进程的不断深入，从改革开放开始到目前为止，中国城乡大部分都有了清洁的自来水供应。城市厨房排水有了下水道，改变了过去向环境直排的局面。

6. 现代厨房时期——整体阶段

随着改革开放的推进，中国的城镇化发展开始深入。城镇化的住宅建设促进了成品家具行业的蓬勃发展；在成品家具供不应求的情况下，人们才会选择找木工定制家具。后来，随着商品房的出现和房价的上涨，人们为了使有限的家庭空间得到充分的利用，定制家具行业开始迎来了春天，其中厨房家具便属于定制家具的一种。厨房家具在中国的元明清时代就已盛行，只是那时的厨房家具较为简易，基本就是碗柜、菜柜等，这与 20 世纪八九十年代从欧洲进入中国市场的整体橱柜的概念有所不同。现代橱柜起源于 20 世纪 20 年代的德国，为了满足国内普通市民阶层的大量需求，德国建设了许多标准化的公寓用于出租。1926 年，奥地利的女建筑设计师玛格丽特·舒特-利霍茨基便运用人体工程学方面的知识，并分析了厨房里的工作流程，设计出了标准化公寓中尺寸最舒适的标准厨房。这便是现代整体橱柜的起源，即有名的"法兰克福厨房设计"。

14.2 进食器具：中国古代的食具

饮食器具是百姓日常饮食活动中必不可少的工具，是饮食文化中极为重要且又极富特色的一部分，其变化和发展体现了饮食文化的历史变迁。中国古代的食具不仅是中国传统饮食文化的重要组成部分，还承载着中华民族独特的饮食文化传统和造物思想。

从石器时代出现的原始早期食器，到历代陶、青铜、铁、瓷、金银等材质的饮食器具，中国饮食器具的发展经历了由萌芽到成熟、由粗犷到细致、由简单到精美的漫长过程。

14.2.1 饮食器具的源流

人类的文明生活自熟食而肇始，熟食的出现标志着人类的饮食文化亦由此开始发展。火的发现和利用促使原始社会的人类在进入火食时代以后，在相当长的一段时期内，对食物的加工仍处于一种无意识和无技术的状态，而且也没有相应的炊具。原始先民烧制食物所使用的材料或工具往往是因地取材，就近直接选取自然材料。由于没有炊具，原始人类早期的烹饪方式就是用火烧烤，即将食物直接置于火上烧烤；后来又进一步发展成用黏泥包裹住食物进行隔火烧烤，即后世所谓的"炮"或"煨"。当时的烧烤、煻煨等烹饪方式至今仍被人们所沿用。

1. 石烹熟食

我们的祖先在日常生活中，发明了利用石头的均匀导热特性来烹调食物的技术。经过不断的改善，出现了利用热传导原理，间接用火的热能制熟食物的方法。即将烧热的石头不断投入盛有水和食物的容器中，使食物被煮熟。常见的烹饪方法包括以石块及石子为传热器的石块烹、石板烹及石锅烹等。

（1）石块烹。

石块烹通常运用烧热的石块或卵石来加热食物，主要有四种方法。

①烧石煮法。一般先在地面上挖坑或找到天然石坑，在坑内蓄水并把原料置于水中，然后投以烧得炽热的石块或卵石，使水沸腾，从而煮熟原料。这种方法一次成功的概率不大，因为石块体积较小，热量较少，所以需要不断地往坑内投掷石块，直至原料成熟为止。

②内加热法。将炽热的石子填入宰杀后的动物腔膛中包严，利用向外的热传导使动物的肉成熟，这种方法适用于带腔膛的动物，如宰杀后去除内脏的羊、猪等。

③外加热法。将石块堆积起来烧至炽热后扒开，将原料埋入，利用向内的热传导使原料成熟。

④散加热法。具体用法有两种：一种是利用烧得炽热的砂石与小块形的原料混合，通过焙热使原料成熟；另一种是将烧热的砂石平铺，将原料置于砂石上，将原料烙热、焙熟。图 14-2 所示的石子馍就是用这种方法烹制而成的。

图 14-2　石子馍

（2）石板烹。

石板烹是指将天然石板用小石块支起，在石板下方用火加热，使置于石板上的原料成熟。具体用法有两种：一种是将原料置于石板上，然后在石板下方加热；另一种是将石板烧热后再放上原料。

(3) 石锅烹。

石锅烹是指用较软而易于雕制的沉积岩之类的石料制成的石锅来制熟食物。因为用石料雕刻石锅费工费力，所以这种石锅很快就被陶制炊具所替代。

2. 皮烹熟食

皮烹与石锅烹类似，也是同一时期的烹饪方式。皮烹是将动物的四肢用木枝支起或吊起，将长有皮毛的一面朝下，使动物的整张皮中心下凹，形成锅状。然后，在长有皮毛的一面涂抹稀泥，将水与食物放入"皮锅"内用火烧煮，直到水沸腾时，食物就成熟了。

3. 包烹熟食

包烹是一种很常见也很重要的烹饪方式。它起源于很久以前，当时人们用树叶、树皮或泥巴将食物包裹起来，置入火中烧烤或煻煨，待煨熟之后剥去外层即可食用。包烹不仅可以利用芭蕉叶、荷叶、芋叶、桦树皮等大型植物的树皮、叶子，也可以直接用稀泥把食物涂裹起来进行烧烤，使其成熟。在没有任何炊具时，包烹是一种很方便的制熟食物的方法，而且这种方法在现代仍有沿用，例如杭州的叫花鸡等。

4. 竹烹熟食

竹烹是现今在我国南方比较常见的烹饪方式。在我国南方，尤其是西南地区，由于当地气候温热，盛产大量的竹子。当地少数民族在长期的生产和生活过程中，利用盛产竹子的自然条件发明了具有典型地域特色的烹饪方式——竹烹。竹烹其实就是我们常说的竹筒饭，也称"香竹饭"。它是以竹筒代替铁锅作为盛食具，来使食物成熟，因而竹筒在历史上还被称为"竹釜"。

14.2.2 饮食器具的变迁

1. 饮食器具的出现

当石板、石块被用作烹饪器具时，这为釜灶的制作提供了契机。陶器大约产生于新石器时代初期，陶器的诞生促使火食更加完善。种种迹象表明，陶器的出现与人们的饮食活动密切相关。陶制饮食器的出现标志着人类正式进入烹饪的时代。

（1）陶器的发明。

最初的陶器是用树枝或藤条编结成各种形状后，在外围涂上黏土，待晒干后成为盛装食物的土器。后来人们发现土器被火烧后变得十分坚硬，于是人们开始利用火来烧制陶器。人类学会烧制陶器后，运用陶土制作出的陶器绝大部分是饮食用具。最初的饮食陶器多是形制简单的敞口圆底罐和盆，这种罐和盆在当时具有多种用途，既可作为煮制食物的炊具，又可供运水、饮水、盛放食物之用。在煮制食物的实践中，人们又发现敛口的容器比敞口的罐和盆更好用，因此罐和盆开始根据不同的用途演变，并且在功能上开始专用化。专门用来煮制食物的罐，也就得到了"釜"的名称，其实它在造型上就是敛口圆底的罐。这种釜就是我国历史上第一种"锅"。陶釜的发明在烹饪史上具有非常重要的意义，后来的釜不论在质料或造型上产生过多大的变化，它们煮食的原理却是相通的，如陶釜可煮食，陶甑可蒸食，二者是最常用的陶制饮食器具，大约产生在新石器时代，距今已有约1万年的历史。后来其他类型的炊具几乎都是在陶釜的基础上改进而成的。

（2）炉灶的出现。

陶釜产生后，如何把陶釜置于火上进行加热成为困扰人们的问题。人们最初采用掘地为灶的方法，由于这种灶坑较浅，火力分散，炊煮的效率很低。出于实用的需要，双连地灶应运而生。这种灶具在地面相距不远处挖掘两个火坑，地面上不相连，地面下相通。前坑为圆形，其大小依釜而定，放上陶釜即起到了灶台的作用，坑下便成了火膛；后坑为长方形，是放置柴草的地方。由于两坑相通，所以形成火的通道。当点燃柴草时，通道有通风助燃的作用，不仅易于点燃，也能使柴草充分燃烧。同时，火焰在坑中受到土壁的围绕，使得火力集中于前坑的釜底，从而充分利用火力。为了易地而炊，人们又分别制作了能移动的陶灶。如河姆渡文化遗址出土的陶灶，其造型颇像是敞口陶罐改制而成的，即在陶罐的一面开口作为灶门，以便放入柴草，并有两耳，使用较为方便，这一造型已具备了后世炉灶的雏形。

（3）陶制炊具。

陶鼎是在陶釜、陶灶出现之后产生的陶制炊具。陶鼎的形制即在陶釜的底部加了三个足，使用起来比圆底的陶釜方便得多，省去了垒筑灶台的麻烦。以鼎炊煮，实际上起到了釜、灶相结合的作用。在炉灶未能广泛使用之前，鼎的这种造型也是颇为实用和科学的。继鼎后又出现了经过进一步改进的煮食炊具——"鬲"和"鬶"。从古代文献记述来看，鼎主要是用来煮肉的，鬲和鬶则主要是用以炊煮谷物的"饭锅"。在釜、鼎等炊具的基础上，人们又发明了陶甑等炊具。陶甑的形制与一般陶器并无多大区别，其特别之处在于器体底部有许多小孔。这些小孔的作用相当于现在的笼屉，用时将甑放在釜上，釜内盛水，釜下烧火，水烧开后，蒸汽通过小孔将甑里的食物蒸熟。因此陶甑可谓是中国最早的"蒸屉"。陶甗则比陶甑更为先进，它是甑与鬲的结合体，并且上下两器常连塑为一体，使用更为方便，这种陶甗可以说是中国最早的"蒸锅"。早期制造这些炊具的陶土里多含有砂砾、贝壳、谷壳等，这些元素使陶器具有耐火、不易烧裂和传热快等特点。这一时期，人们日常生活中的饮食器具已经逐渐成为后来青铜饮食器具的雏形。

综上所述，自从原始先民利用火来烹煮食物之后，各种各样的烹食方式在生活中的比重不断增加，促进了传统烹饪方式和饮食器具制作技艺的日臻完善。中国悠久的火食传统更是中国饮食文化的根基所在。

2. 青铜饮食器具

夏商周时期出现了烹饪史上具有划时代意义的青铜饮食器具。青铜饮食器具形状多样，做工精致美观，工艺水平极高。与陶制饮食器具相比，青铜饮食器具拥有熔点低、硬度高、坚固耐用、不易锈蚀、传热快等优点。同时，青铜既具有石器坚硬的特点又具有陶器的可塑性，弥补了陶制饮食器具易碎的不足。这也是商周时期青铜铸造业繁荣发展的一个重要原因，对中国饮食器具和饮食文化的发展也起到了推动作用。正是鉴于青铜器的这些优势，它被广泛应用于权贵阶层的饮食活动中。除此以外，青铜器也是阶级、权力、地位的象征，常作为祭祀用的礼器来使用。

夏商周时期，甚至此后的春秋和战国时期，是中国传统饮食器具包括青铜饮食器具和陶制饮食器具的发展和过渡时期。商周之后，饮食器具的种类数量增多，功能形态也发生了较大的变化，青铜饮食器具也逐渐进入普遍使用的阶段。自原始社会承袭而来的釜、灶、鼎、鬲、甑、盘等饮食炊具也仍在使用，只不过材质大多由陶土改为青铜。虽然该时期的饮食器具出现了大量新的品类，但总体上呈现出比较平稳的过渡态势。

这一时期，青铜饮食器具和陶制饮食器具的形式与功能不断地分化和发展，以至于商周以后，随着"器以藏礼"等诸多的等级观念、饮食文化等因素的影响，饮食器具由饮具、炊具、食具的合体逐步走向饮具、炊具、食具的分体。例如，商代中期铸造了大量青铜饮食器具，其中包括盛食器如簋、簠、豆、敦等；盛酒器如樽、方彝、壶、罍等；饮酒器如觚、觥、觯、杯等。而一般百姓用的陶制饮食器具一直在大量生产，历久不衰。

3. 秦朝以后的饮食器具

（1）漆器。

用漆涂在各种器物表面所制成的日常器具及工艺品、美术品等，一般称为"漆器"。生漆是从漆树上割取的天然液汁，用它制成的涂料既有耐潮、耐高温、耐腐蚀等特殊功能，又可以配制出不同色漆，光彩照人。

中国古代漆器的工艺早在新石器时代就已经出现。先秦时期的楚文化更是将漆器推向极致。两汉时期，漆器制作技术越来越精湛，漆器的优良品质逐渐被大多数人认可，它轻便、坚固、耐酸、耐热、防腐，外形可根据用途灵活变化，装饰可依据审美要求花样翻新。于是，在诸侯王的日常生活中，它逐渐取代了青铜器皿，形成了中国漆制饮食器具发展的一个高峰。漆制饮食器具类别繁多，应用广泛，有碗、盘、豆、杯、钫、匕、勺、壶、樽、羽觞等，这些漆器多用彩绘的方法装饰，或大写意，或工笔勾勒，用黑红两色绘出绚丽的图案。

（2）铁器。

秦汉时期冶铁技术的成熟与冶炼技术的继续发展，促进了铁制器具的使用和推广，而铁制品的广泛使用又反过来促进了冶铁业的发展。至西汉初期，冶铁业获得了快速发展，铁制日用器皿物美价廉，大规模地取代了以往的铜制、石制、木制器具。至西汉中期以后，冶铁业再次进入了大发展时期，铁制品的生产无论从品质上还是数量上都有了更大的提高。铁制器具的种类也急剧增加，应用的范围也愈加广泛。不仅出现了铁制农具、工具和兵器，还有大量的铁制生活器具，包括炊具、食具、日用器皿等。

（3）瓷器。

先秦时期已有原始瓷器。汉代是由陶器、原始瓷器向瓷器过渡的时期。至魏晋南北朝时期，长江流域的社会经济在这个时期赶上了黄河流域，封建社会的经济基础大大扩展，手工业的发展出现了新的局面。由于手工业者的人身依附关系有所削弱，他们可以有较多的时间和较大的自由用于改进技术和组织生产。在这些方面，陶瓷的生产反映得尤为明显，主要表现为饮食瓷器的种类增多，许多过去用陶、木、漆、竹、金、银、铜制作的饮食器皿，逐渐改用瓷器代替，制瓷技艺也趋于成熟，瓷器质量更高、品种更多。制作瓷器的瓷土比较纯良，烧制瓷器的温度较高，因而瓷坯颜色白净，质地细密，不会吸水或渗水，加之瓷器常施釉，故色泽美观。得益于制瓷技术的发展，瓷制饮食器具的品种花样逐渐增加，如越窑青瓷就有盘口壶、扁壶、鸡头壶、樽、罐、盆、盒等。瓷器的发明是中国人对世界饮食文化的一大贡献，它为世界提供了一种在价格、质材、形制、使用等方面性价比极高的食具。世界上大多数人都在使用瓷器。

14.3 进食方式：口食、手食、叉食和箸食

人类的进食方式有四种：口食、手食、叉食、箸食。口食是指不使用任何工具，直接用嘴吮吸或咀嚼食物；手食是指用手抓取食物进食；叉食是指使用刀叉等进食工具来辅助进食；而箸食则是指使用筷子作为进食工具的方式。从进食方式来看，世界上所有的饮食文化都遵循这四种基本方式。口食和手食属于自然方式，即人类与生俱来的直接用嘴吮吸、用手抓取的方式；叉食和箸食则属于人为方式，即使用人造工具来进食的方式。

这四种进食方式并不是绝对独立的，实际情况中往往存在混用、过渡的情况。例如，勺子这种进食工具就出现在叉食和箸食文化圈内；叉食和箸食文化中偶尔也有手食甚至口食的情况；手食者在喝汤时可能也用勺子。在日本，吃装在碗里的饭用筷子，吃装在盘子里的饭则用叉。在中国的高星级酒店，早餐通常既有中式食物也有西式食物，一般摆在桌上的进食工具除刀叉外还有筷子。

14.3.1 自然进食

1. 口食

14世纪以来，世界各地至少有30例所谓的"野孩儿"记录。20世纪前叶，人们在印度的米德纳波尔发现了狼孩卡玛拉和阿玛拉。据说她们在被发现时是爬行前进的，用嘴直接撕咬生肉，像狗一样用舌头舔水喝。由此可以说，她们具备了动物的特性，因为口食体现了动物本性。

从生物属性来看，人本来都是动物，而人也是唯一"文化"了的动物。但正因如此，人可能厌恶、回避甚至拒绝自己身上的动物本性，并极力想将自己与动物区别开来。但不管怎样，人如果拒绝了"吃"这种动物本性，就无法生存下去。

之所以谈及人的动物本性，是因为人原本就是哺乳动物。人刚降生时，与其他哺乳动物的幼崽并无太大区别，都是牢牢地叼住母亲的乳头。特别是人，因为幼儿时期的哺乳时间比其他动物长，所以用嘴吸吮（口饮）的时间也较长。即便是母乳不足，改用奶瓶进行人工喂养也同样如此。虽然供给源改变了，但直接用嘴吮吸的行为并没有发生变化。

不仅如此，当人进入断乳期后，父母会像海鸟一样，将嚼烂的食物喂给幼儿，所以，嘴对嘴喂食的例子也并不少见。长大后，我们进行登山等野外活动时，想必也会有直接

用嘴喝山泉水的经历。

人一旦经过了口食期之后，就将拒绝口食行为，因为口食被认为是动物本性的表现，同时也是幼儿的特征。如果说"口食"是孩子与动物之间的某种联系符号的话，那么，"手食"就是大人与人类文明的象征。

2. 手食

远古时期，全人类都是手食。用手取食物送入口中，是人类直立行走后双手得以解放的结果。目前，世界上约一半的人仍采用手食，各有约四分之一的人使用刀叉或筷子。但即便是使用刀叉或筷子的人，在一些非礼仪性的进食中，也会有手食的现象，如中国人吃馒头、饼等食物时。

"口食"是动物的一种行为，人类为了摆脱动物本性而开始采用"手食"。然而，用手吃食物的动物并不少见。比如啮齿类动物中的松鼠、老鼠等会用两手（前爪）灵巧地吃坚果或植物的根茎；水獭、黄鼬等鼬鼠类动物也是用手（爪）抓取食物进食的；熊有时也会直立起来用手（爪）抓取食物；而最擅长手食的是猴子，特别是与人类遗传基因相近的类人猿，它们的手甚至比幼儿的手还要灵巧。指猴的中指伸开如同钩子，可以轻而易举地把坚硬树木里面的果仁掏出来吃，它的手指功能几乎相当于勺子或叉子。可见，为了摆脱动物本性而选择手食的人类，在进食方式上，仍然不可避免地展现出了一定的动物本性。因此，人类开始尝试对左右手进行符号式的区分，以达到区别于动物的目的。

人类普遍存在着右手优势的文化观点，在手食圈里，广泛流传着"右手代表洁净，左手代表不洁净"的观念。比如，从前，印度尼西亚的某些地方为了不让孩子使用左手，会用带子把孩子的左手捆起来。而在尼日尔，如果一个女人在做饭时使用左手，那么她就会被怀疑在食物中下毒。纵使现在，世界上仍有许多地方存在着吃饭时绝对不可以使用左手的严格戒律。

自远古时起，人类就有喜欢"右"的特性，这一说法通过各种研究已得到证实。一般认为，人的左脑优势是由遗传基因决定的。但是，神经细胞的网状组织的生长和大脑的发达，需要不断接受外界的刺激。这种外部的刺激不仅仅局限于感觉和运动层面，更多的是来自人类幼儿时期所处的文化环境。主要使用哪只手，已经超越了个体文化，它是建立在先天性的生物学基础之上的跨文化现象。因此，"左右撇"是人类在文化刺激的作用下，个体受到约束后的结果。

14.3.2 刀叉进食

1. 刀

中石器时期的北欧出土了许多由石头以及野猪牙齿制成的刀具。到了公元前15世纪以后，人们又在北欧以及瑞士的湖居遗址中发掘出了相当精巧的青铜制刀具。而到了古希腊时代，又出土了铁制刀具。在古希腊时期，贵族使用刀与羹匙，但普通的市民家庭由于利用家族祭坛上的炉子做饭，餐厅和厨房是连在一起的。因此，刀具类的食具近在咫尺，如有需要就可以直接使用。

如果要把刀具类的食具分为餐刀和菜刀，就必须把用餐场所与烹饪场所分开。这种功能划分在罗马时代早期得以实现。在庞贝的大多数家庭中，虽然房子很小，但厨房与餐厅仍相邻而设。其中有些只是用一扇简易的木门隔开，可能是出于排烟、排水的考虑。于是，为了方便家里的主人切割盘中的肉，就必须在餐桌上放置一把刀。这种风俗在整个罗马时代一直被保留着。

随着罗马的灭亡，勺子的使用一度消失，但餐刀的使用一直持续到中世纪以后。不过，当时的刀并没有改变其原始的形状，即刀刃短而尖且锋利，如同短剑一般。由于这种短型的餐刀过于危险，罗马教皇的最高顾问黎塞留将自己家的刀尖全部磨圆，并请求路易十四颁布政令，禁止制造刀尖为尖形的刀。于是，在1669年，此政令得以颁布并实施。也就在此时，真正意义上的餐刀在西方诞生了。

2.叉

叉子是欧洲人餐桌上的一款"迟到"的餐具。欧洲古代人起初并没有叉子的概念，当时的刀一直被人们视为最佳餐具。

在古希腊，神话中的波塞冬拥有一把魔法三叉戟，而凡人则使用巨大的叉形工具从煮沸的锅中取出食物。然而，叉子在古希腊餐桌上是没有位置的，那时的人们只会用勺子、刀尖和手来吃饭。大约在8—9世纪，叉子真正进入人们的视野，一些波斯贵族在餐桌上使用了最早期的叉子。到了11世纪，拜占庭帝国也出现了这种餐具。

根据那一时期的插图手稿记载，曾有两个男人在桌子上用叉状的工具进食。然而，这样的饮食习惯并不是个例，在拜占庭的宫廷中，贵族们已经开始尝试用叉子吃饭了，这被认为是叉子进入饮食界的第一步。后来，叉子从拜占庭传到了意大利，再被人带到法国。

来自意大利佛罗伦萨的凯瑟琳公主于1533年嫁给法国国王亨利二世，成为法国王后。法国的政治文化被宗派暴力所破坏，凯瑟琳作为三个年轻国王的母亲，利用大量的公共节日来展示君主制的权力。而饮食则成为这种奇特策略的重要组成部分——凯瑟琳使用叉子的独特方法在16世纪60年代得到了民众的广泛支持，她还借此机会制定了迫使敌对派系成员一起吃饭的礼仪。到了亨利三世时期，使用叉子则代表主人很富裕——他们中的大多数人都会随身携带一套餐具，里面会装满金银制的刀叉。

直到17世纪末，普通人才开始为自己的家庭购买银制餐具，因为这些银器不仅可以装饰自己的餐桌，还能显示出自己的家境。大约在18世纪初，路易十四禁止他的孩子使用叉子吃饭，并要求身边的近臣也不能使用叉子，因为他觉得叉子是不洁之物，是魔鬼的图腾。但是到了18世纪中叶，叉子的使用已经变得很普遍，以至于人们会主动嘲笑那些错误使用叉子的人。

到了19世纪初，叉子已经牢固地占据了法国的餐桌，而且餐桌已经成为社会生活的中心，这不仅是贵族炫耀的资本，也是新崛起的资本家们的舞台。镀银技术的发明，伴随着消费市场的蓬勃发展，导致叉子衍生出了各种类型：牡蛎餐叉、龙虾餐叉、沙拉餐叉、浆果餐叉、生菜餐叉、沙丁鱼餐叉、泡菜叉、鱼叉和糕点叉等。

随后，在20世纪30年代又出现了纤细的意大利叉子，40年代出现了五颜六色的胶木叉子，50年代出现了三个齿的叉子，70年代出现了五个齿的叉子，80年代又制造出了霓虹灯塑料叉子。直到90年代，人们常用的叉子才基本定型，成为西方人生活中必不可少的餐具。

14.3.3 筷子进食

《韩非子》中记载："昔者纣为象箸。"从纣王使用象牙筷算起，中国人使用筷子的历史至少已有3000多年了。

现有考古材料证明，中国各地新石器时代的遗址中，出土了不少由动物骨头制成的长短不一的棍状物，有些考古学家称之为"骨箸"，它们很可能就是筷子的前身。在距今约8000年的裴李岗文化时期，中国黄河、长江流域的史前居民就已经开始使用筷子了。

中国远古居民在遥远的新石器时代，发明创造了多种精巧的进食用具——匙、勺、叉、刀、箸等。其中，箸由古至今一直沿用了数千年，已成为传统的进食用具，而匙、勺、刀等只是辅助的进食用具。数千年来，筷子已成为中国人的主要进食用具，其普及率在中国人使用的物品中是最高的。筷子历史悠久，质地及种类繁多，形式及装饰精巧，成为中华民族文化中一朵鲜艳的奇葩。

中国的筷子文化也对周边国家产生了影响。一般而言，中国的筷子较长且厚重，上端方、下端圆，以木质为主，也有竹质的。日本的筷子较短，筷子尖且较为锋利，通常是木质的。韩国的筷子一般较为扁平，多是金属筷子。图14-3所示为中、日、韩三国筷子的对比。

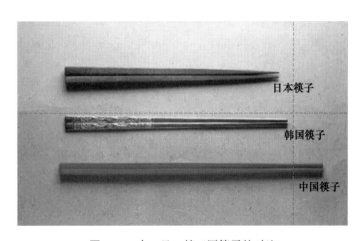

图14-3 中、日、韩三国筷子的对比

那么，古代称为"箸"的进食用具是什么时候改称"筷"的呢？"筷"的称谓最早出现在明代的江南运河线上。明代的江南地区是中国人口高密度集中区，也是中国最富庶的地区，南北大运河上的船工和两岸的纤夫以数万计，他们的工作极其艰辛。运河上行船的人们盼的是"快"，忌的是"住"。中国人求吉祈祷的心理极强，于是改"箸"为"筷"，不停地呼"快"，以求快行船、少吃苦、多获利。明代陆荣的《菽园杂记》中记

载:"民间俗讳,各处有之,而吴中为甚。如舟行讳'住'、讳'翻',以'箸'为'快儿'……今士大夫亦有犯俗称'快儿'者。"

同步练习

一、判断题

1. 最早出现"厨房"一词,是在清代的著名小说《儒林外史》里。(　　)
2. 青铜器刚制出时呈现青绿色,古朴庄重,历经千年颜色不变。(　　)

二、单项选择题

1. 1926年,奥地利的女建筑设计师玛格丽特·舒特-利霍茨基设计出了标准化公寓中尺寸最舒适的标准厨房,被称为"(　　)厨房设计"。
   A. 维也纳　　　B. 萨尔茨堡　　　C. 慕尼黑　　　D. 法兰克福

2. 彝族传统的羊皮煮羊肉烹饪方式,是上古时(　　)熟食方法的遗存。
   A. 石烹　　　B. 皮烹　　　C. 包烹　　　D. 竹烹

3. 筷子原称"箸","筷"的称谓最早出现在明代的江南运河线上,其原因是(　　)。
   A. "箸"字没有"筷"字易认　　　B. 以避皇帝名字的忌讳
   C. 纪念一个名叫"快子"的船工　　　D. 祈求快行船

三、多项选择题

1. 专门用来蒸制食物的器具有(　　)。
   A. 釜　　B. 鬲　　C. 甑　　D. 甗　　E. 鼎

2. 人类的进食方式主要有(　　)。
   A. 口食　　B. 手食　　C. 叉食　　D. 吞食　　E. 箸食

四、简答题

1. 厨房一般由哪几个系统构成?分别包括哪些内容?
2. 分别简述中国、日本、韩国筷子的特点。

五、体验题

你如何看待现在推行的双筷制?请在日常宴饮中倡导并推行双筷制。

第14讲　同步练习答案

第15讲 饮食文化交流

文化交流是指发生在两个或多个不同文化类型之间的沟通与互动。不同饮食文化之间的交流不仅能够促进资源的共享与互补，还能够提升人类的生存能力和幸福指数，进而推动饮食文化的繁荣发展。从全球视角来看，饮食文化在世界范围内的交流是各种文化交流中最为直观和广泛的现象之一。从中国视角出发，中国与外国之间的饮食文化交流自古以来便未曾中断，并将持续深入发展。同样地，中国内部各民族、各区域之间的饮食文化交流也从未间断，丰富着中华饮食文化的内涵。

15.1 中国各民族饮食文化的交流

一个民族的饮食习俗植根于一定的经济生活之中，并且受它的制约。就中华民族而言，56个民族各自生活在一定的地域，依赖着自然环境与自然资源维持生存，繁衍后代。人们一年辛勤劳动的成果就是该民族的衣食之源。大致来说，居住在草原的蒙古、藏、哈萨克、柯尔克孜、塔吉克、裕固等民族从事畜牧业生产，食物以肉类、奶制品为主；南方气候温和，土地肥沃，雨量充沛，宜于农耕，居住在那里的壮、苗、布依、白、傣、瑶、黎、哈尼、侗、土家等众多民族从事农业生产，食物以粮食为主；高原地区气候寒冷，无霜期短，适宜种植大麦、青稞、玉米、荞麦、土豆等，居住在那里的藏、彝、撒拉、保安、羌等民族就以这些杂粮为生；居住在大兴安岭的鄂伦春、鄂温克等民族靠狩猎维持生计，野味成了他们的主要食物；松花江下游的赫哲族过去以渔业为主，那里的人们食鱼肉、穿鱼皮，衣食来源离不开鱼类。综上所述，饮食鲜明的地方性和民族性，是中外各民族间开展饮食文化交流与融合的客观基础。民族间饮食文化的交流与融合是民族文化传播的重要内容，也是中华民族的饮食文化繁荣发展的重要原因。

15.1.1 先秦时期

早在遥远的古代，中国各民族在饮食方面的交流就非常频繁，比如，创造了辉煌的草原文化的北方游牧民族就和中原华夏民族有着密切的交往。匈奴人过着"逐水草迁徙"的游牧生活，食畜肉，饮"湩（即乳汁）酪"，也吃粮食，但这些粮食大都来自中原地区。生活在祖国东北部的古老民族东胡，也和匈奴一样是游牧民族。早在商代，东胡祖先就与商王朝有着"朝献纳贡"的关系；至春秋战国时期，燕国的"鱼盐枣栗"素为东胡等东北少数民族所向往。

先秦时代民族间饮食交流的一个重要原因是民族大迁徙。我国有些民族历史上曾发生过举族大迁徙的情况。究其原因，或因发生民族之间的战争，或因统治阶级强迫搬迁，或因不适应自然环境而离去，等等。迁徙之后，由于远离了原来赖以生存的故土，定居到新的自然环境中，经济生活发生了变化，人们的饮食习俗也随之改变。如中国北方古老民族——丁零人原来居住在额尔齐斯河和巴尔喀什湖之间，以游牧为主，9世纪中叶遭受黠戛斯侵略，迁入新疆，在当地农耕民族饮食文化的熏陶下，形成了以农业为主，又食肉饮酪的新型饮食结构，在此过程中，维吾尔地区与中原地区也保持着密切的饮食交流。

15.1.2　汉晋南北朝时期

中国封建社会发展到西汉，进入鼎盛时期。建元二年（前139）以来，外交家张骞多次奉汉武帝之命出使西域，开辟了令人称赞的"丝绸之路"。图15-1所示为敦煌壁画《张骞出使西域图》。张骞"凿空"西域，为各民族间的饮食文化交流创造了有利条件。西域的苜蓿、葡萄、石榴、核桃、蚕豆、黄瓜、芝麻、葱、蒜、芫荽、胡萝卜等特产，以及大宛、龟兹等地的葡萄酒，先后传入内地。过去，人们把异族称为"胡"，所以这些引进的食品原先多数都"姓胡"，如黄瓜为胡瓜，核桃为胡桃，蚕豆为胡豆等，组成了一个"胡氏家族"。它们被纳入了中国人的饮食结构，扩大了中国人的食源，特别是蔬菜的新品种与调味品，进一步丰富了中国人的饮食文化。

图 15-1　敦煌壁画《张骞出使西域图》

当然，西汉时从西域传入中原的并不止于此，还包含了部分点心、菜肴的做法，如胡饼、貊炙等。这方面的信息在史书中也有不少记载。《缃素杂记》云："有鬻胡饼者，不晓名之所谓，易其名曰炉饼，以为胡人所啖，故曰胡饼也。"据考证，古代的胡饼很有可能就是现在的芝麻烧饼。至于貊炙，《搜神记》中有这样的记载："羌煮貊炙，翟之食也。自太始以来，中国尚之。"也就是说，把整只牛、羊、猪烧烤熟透后各自用刀割来吃，这种吃法本是外来的风尚。后来羌、貊、翟等民族逐渐内迁，与汉族互相交往、渗透乃至融合，到汉武帝太始年间，中原地区也开始流行起西南羌人的"羌煮"和东北貊人的"貊炙"吃法了。

在民族大融合时期，饮食文化的交流更加频繁，影响更加深远。一方面，北方游牧民族的甜乳、酸乳、干酪、漉酪等食品和烹调技术相继传入中原；另一方面，汉族的精美肴馔和烹调技术深受这些兄弟民族的喜爱，并被引进采用。特别是北魏孝文帝实行鲜卑汉化措施以后，匈奴、鲜卑和乌桓等兄弟民族将先进的汉族烹调技术和饮食制作技术应用于本民族传统食品的烹制当中，使这些食品在保持民族风味的同时，更加精美。例如，匈奴等民族的烤牛肉、烤羊肉，鲜卑、乌桓等民族的烤鹿肉、烤獐子肉，原本只是以整只或整腿的形式来用火烤，这一时期则改为将肉切成小块，在豆豉汁中浸后再烤。又如串烤牛肉、羊肉、猪肝，烤前均将肉或肝放在豆豉汁中浸渍，这些方法显然是汉族烹调技术在兄弟民族食品制作中的应用。馓子、环饼、粉饼、拨饼等本为汉族的古老食品，在和兄弟民族的交流中，亦为鲜卑等民族所喜食。为了使这些古老的汉族食品适合本民族的饮食口味，馓子和环饼均改用牛奶或羊奶和面，粉饼要加到酪浆里面才吃，拨饼要用酪浆或胡麻（即芝麻）来调和，等等。同样，鲜卑等游牧民族的乳酪和肉类食品也逐渐为不少汉族人士所喜食。例如，北魏尚书令王肃原为南齐琅琊人（今山东临沂市北），在入化北魏之初，"不食羊肉及酪浆等物，常饭鲫鱼羹，渴饮名汁"。但数年后，王肃与北魏高祖饮宴时，就"食羊肉、酪粥甚多"了，并说："羊者是陆产之最，鱼者乃水族之长，所好不同，并各称珍。"

15.1.3 隋唐至宋时期

隋唐时期，汉族和边疆各兄弟民族的饮食交流在前代的基础上又有了新的发展。唐太宗李世民是一个葡萄酒爱好者，他攻破地处丝绸之路要冲的高昌国（今新疆吐鲁番市）后，得到了葡萄的新品种——马乳葡萄，以及用葡萄酿酒的方法，便自己动手酿酒。据《太平御览》所说，唐太宗酿的酒"凡有八色，芳辛酷烈，味兼醍盎。既颁赐群臣，京师始识其味"，在国都长安深受欢迎。"葡萄美酒夜光杯，欲饮琵琶马上催"的著名诗句，表达了唐代诗人王翰对高昌美酒的赞美之情。五代时，于阗（今新疆和田）的"全蒸羊"传入内地，其烹饪方法是被后周广顺朝宫廷所采用的。宋代陶谷《清异录》载："于阗法全蒸羊，广顺中，尚食取法为之。"而汉族地区的茶叶、饺子和麻花等各色美食点心也通过丝绸之路传入高昌。吐鲁番唐墓中出土的饺子和各样小点心精美别致，是唐代高昌与内地饮食交流的生动例证。唐代与吐蕃（今西藏）亦有密切的饮食交流。唐代吐蕃，其地"俗养牛羊，取乳酪供食""不食驴马肉，以麦为面，家不全给"。唐太宗时，文成公主下嫁松赞干布；唐中宗时，金城公主嫁给吐蕃王赤德祖赞，从而唐与吐蕃"同为一家"。据西藏地方史料记载，唐太宗给予吐蕃多种烹饪食物、各种饮料，文成公主到了康地的白马乡，垦田种植，安设水磨，使乳变奶酪，从乳取酥油，制成甜食。后来，唐代使者到达吐蕃，见当地"馔味酒器"已"略与汉同"。唐代茶叶也源源不断地输往吐蕃、高昌、突厥等民族地区，藏族独具民族风味的"酥油茶"，就是将本民族喜食的酥油和汉族的茶叶合熬而成的。高昌当时是回鹘等兄弟民族杂居的地区，回鹘人以本民族的特产——马换来内地的茶叶。如今维吾尔族的奶茶就是在与汉族进行"茶马互市"的历史背景下产生的。

宋、辽、西夏、金是我国继南北朝、五代之后的第三次民族大交融时期。北宋与契丹族的辽国、党项羌族的西夏，南宋与女真族的金国，都有饮食文化往来。辽在907—1125年活跃在黄河流域的广大地区。契丹族本是鲜卑族的一支，他们以猎畜、猎禽、捕鱼和农业生产为生计。狍子、鹿、羊、牛、鱼、天鹅、大雁、黍稷和瓜豆等是契丹人的主要食物。他们通常将猪、羊、鸡、鹅、兔连骨煮熟，然后准备生葱、韭、蒜、醋各一碟，将煮熟的肉蘸着酱料来吃，这与如今蒙古族的手把肉和西北地区的手抓羊肉颇为相似。契丹人进入中原以后，宋辽之间往来频繁，在汉族饮食文化的影响下，契丹人的食品日益丰富和精美起来。在契丹境内，汉族的岁时节令和北宋相同，节令食品中的年糕、煎饼、粽子、花糕等也与北宋的样式类似。

西夏是西北地区党项人建立的一个多民族王国。在西夏人的饮食中，面食、肉类、乳制品兼而有之。1044年与北宋议和后，在汉族饮食的影响下，西夏人的饮食逐渐丰富多样化。其肉类和乳制品有肉、乳、乳渣、酪、脂、酥油茶；面食则为汤、花饼、干饼、肉饼等，其中花饼和干饼是从汉区传入的古老食品。

女真族是我国古老的民族，当他们分布在黑水（今黑龙江）一带的时候，夏季逐水草而居，冬季则居住在帐篷或房屋中。女真族喜耕种，好渔猎，猪、羊、鸭和乳酪是他们喜爱的食物。金国建立以后，先后与辽和南宋有过经济文化往来。特别是女真族进入中原和汉族交错杂居以后，他们的饮食生活发生了较大变化。金国使者到达南宋后，宋廷在皇宫集英殿以富有民族风味的爆肉双下角子、白肉胡饼、太平毕罗、髓饼、白胡饼和环饼等菜点进行款待。女真贵族一时崇尚汉食，为了满足宴饮之需，还召汉族厨师入府当厨。

15.1.4 元明清时期

13世纪，曾被称为"鞑靼"的蒙古族势力迅速崛起，其军队的铁蹄踏遍了东起黄海、西至多瑙河的广大地区，征服了许多国家，在中国灭金亡宋建立了元朝。蒙古族人民按照自己的嗜好，以沙漠和草原的特产为原料，制作着自己喜爱的菜肴和饮料。他们的主要饮料是马乳，主要食物是羊肉。随着蒙古族入主中原，北方民族的一些食品也传入内地。在元代，蒙古地区的风味饮食醍醐（精制奶酪）、沆（马奶酒）、野驼蹄、鹿唇、驼乳糜（用骆驼奶制作的奶渣）、天鹅炙（烤天鹅）、紫玉浆（用紫羊奶制作的酸奶制品）和玄玉浆（用马奶制作的饮料）被誉为"八珍"。原居于河西走廊的回鹘人的名菜"河西肺"和"河西米粥"，居于今吐鲁番市的畏兀儿（今维吾尔族）人的茶饭"搠罗脱因"和"葡萄酒"，回族食品"秃秃麻食"和"舍儿别"（果子露），居于阿尔山一带的瓦剌人的食品"脑瓦剌"，以及辽代遗传下来的契丹族食品"炒汤"、乳酪和士酪等均传入汉族地区。而汉族南北各地的烧鸭子（烤鸭）、芙蓉鸡和饺子、包子、面条、馒头等菜点，也为蒙古等兄弟民族所喜爱。

明代时，我国食谱中的兄弟民族菜品更多。例如，明代北京的节令食品中，正月的冷片羊肉、羊双肠、乳饼、奶皮，四月的包儿饭、冰水酪，十月的酥糕、牛乳、奶窝，十二月的烩羊头、清蒸牛乳白等，均是在畏兀儿、女真等兄弟民族的风味菜肴的基础上融合了汉族的烹饪方法而制成的。在这些菜名面前，已没有标明民族属性的文字，说明这些食品已经成为各民族共同的食品。

到了清代，满族入关主政中原，引发了第四次民族文化大交融，汉族佳肴美点的满族化、回族化和满、蒙古、回等兄弟民族食品的汉族化，是各民族饮食文化交流的一个特点。奶皮元宵、奶子粽、奶子月饼、奶皮花糕、蒙古果子、蒙古肉饼、回疆烤包子、东坡羊肉等食品是汉族食品满族化、蒙古族化和维吾尔族化的生动体现，反映了满、蒙古、维吾尔等兄弟民族为使汉族食品适合本民族的饮食习惯所做的改进。满族小食萨其马、排叉，回族小吃豌豆黄，清真菜它似蜜，以及壮族传统名食荷叶包饭等又发展为清代各大城市的酒楼、饽饽铺和饮食店的名菜、名点，广为流传。汉族食品白斩鸡、酿豆腐、馓子、麻花、饺子等也成为壮族、回族和东乡族人民的节日佳肴。

总的来说，我国各民族饮食文化的交流大致经历了四个阶段，即原料的互相引入、饮食结构的互补、烹饪技艺的互渗和饮食风味的互相吸收。各民族在保持自身饮食风貌的同时，都不同程度地融合了其他民族的饮食特点。这种融合在中国饮食文化中的体现要比服饰、建筑等其他物质文化更为鲜明、丰富。中国文化是中国各民族人民共建的文化，中国饮食文化是中国各民族人民共同的智慧结晶。正是由于各民族创造性的劳动，才使中华美食具有取材广博、烹调多样、品种繁多、风味独特的特色。

15.2 中外饮食文化交流

15.2.1 中国饮食文化的外传

由饮食所代表的人类文化，在不同民族中通常表现出各自不同的风貌，所展现出的文化特征也具有一定的典型性。中国的古文明和饮食之间的关系，更具备一种独特的性质，这种关系有一个别致的名称，叫"鼎鬲文化"，以古人使用的烹饪器——鼎和鬲作为中国的文化象征。陶制的鼎和鬲是新石器时代的主要三足烹饪器，除此之外，当时我们的祖先常用的三足烹饪器还有甗、斝、鬶等。进入夏商时期，中原地区又新增了爵和三足盘等容器。所有这些三足的烹饪器和容器，都曾被广泛地使用。除了陶制的三足器外，上层贵族更用青铜制造同类器皿。于是，原来用于祭飨的鼎，成为贵族们的专用品和王权的象征，被统治阶级赋予了特殊的意义。开国立业的君主首先要铸九鼎以示统辖天下，国都迁徙亦要以搬运大鼎为标志。鼎鬲文化不仅开创了中国饮食文化，更成为中国文化的代表，被国内外公认为中国文化的象征。

中国的鼎从陶制到铜制再到铁制，不断改进并流传于世。中国古文化向四周的扩展，也以鼎鬲的分布为标记。商代晚期，由于丁零等边区民族的大迁徙，鼎鬲文化得以传播，早已超越现在的国境线，到达西伯利亚的外贝加尔湖地区。在那里，从地下发掘到的陶鼎和陶鬲就有30余件，其他各类陶器也都远布在中国的西北和东南边境以外。到了汉代，中国的移民从中南半岛转向马六甲海峡，中国式的烹饪器也被带到了马来西亚。鼎，这种古老的烹饪器，在中世纪逐渐演变为成"锅""炉"。宋代八大出口货物中，优质铁器占据一席之地，其中有相当一部分便是铁铸锅灶。南宋末年，中国铁鼎已成为畅销阿拉伯、菲律宾、爪哇等地的主要出口商品。到了14世纪，中国铁鼎又远销地中海，在大西洋沿岸的摩洛哥成为极受欢迎的商品。随着这些铁鼎的传播，中国的饮食文化也漂洋过海，传遍了世界各地。

在很长一段时间里，中国烹饪在国外声名远扬，并非由于烹调技术和美食的传播，而是由于那些输出到海外的众多锅灶、釜镬，以及饮器、餐具。这些物质文化的实体是生产技术高超和饮食文化发达的生动体现。虽然那时中国的烹饪技术并未产生如此广泛的影响，但中式的烹饪器皿却从海上走遍了整个旧大陆。秦汉以来，首先为中国的烹饪和饮食赢得国际声誉的是属于漆器的餐具。从公元前1世纪开始，它们成为中国和印度、罗马贸易的主要商品。然而，精致的漆器毕竟是一种易于破损、难受高热的轻脆之物，在饮食方面的实用价值难以和金属器、玉器相提并论，甚至也比不上玻璃器。真正给中国烹饪带来世界性声誉的是瓷器。瓷器从9世纪开始成为外销的大宗商品，维持了千年之久。釉色光亮、刻绘花纹的各种实用瓷，多半是供饮食用的餐具、饮器，如杯、碗、碟、壶、盘、钵等，以及储存饮料、食物的各式瓶、罐。它们耐酸、耐碱、耐高温和低温，没有青铜器和漆器那样的缺陷，非常卫生。这些瓷制饮食器皿是中国烹饪与饮食的象征，在海外广泛传播。不仅如此，瓷器还向世界展示了中国绘画的魅力和中国人的审美情趣。明代诗人谢肇淛所撰的《五杂组》中记载："宣窑不独款式端正，色泽细润，即其字画亦皆精绝。余见御用一茶盏，乃画'轻罗小扇扑流萤'者，其人物毫发具备，俨然一幅李思训画也。"这些精美绝伦的艺术瑰宝往往被世界各国朋友视为稀世珍宝并加以珍藏。瓷器的成批外销和中国帆船的通行海外几乎同时开始，这足以说明，大量品类齐全的瓷器之所以能够在异国拥有市场，是因为它们和中国人的足迹紧密相连。中国人所到之处，都有精美的瓷器相随，使世人对中国的美食和烹饪留下了美好的印象。

许多到访过中国的外国人士对中国物产的富饶、园艺的精湛、饮食的美味以及酒宴洋溢着的和谐融洽的气氛难以忘怀。马可·波罗在1294年风尘仆仆地回到阔别已久的故乡威尼斯时，并没有忘记在他的行囊中捎上一件福建德化窑的青白釉小酒瓶。这件小酒瓶大概寄托了马可·波罗对中国式酒宴的一段回忆。大约300年后，另一个意大利人利玛窦带着传播基督教的使命，居住在中国。他在《中国札记》这本写给欧洲人读的书里，把中国人的宴会称为"酒宴"，并提到中国人在酒宴中彼此可以进行社交。他赞赏中国的菜肴烹调有方、花色繁多，表达了中国烹调技艺实际上胜过西方的观点。他说："他们不大注意送上来的任何一种特定的菜肴，因为他们的膳食是根据席上花样多寡而不是根据菜肴种类来评定的。"这句话点明了中国菜肴以花色为上的特点，突出了中国烹饪的美学追求。用同样的食物，中国人可以制作出品类更多、口味更佳的菜肴来，而且能有更美妙的享受。在利玛窦做出这番介绍之后不久，供饮食之用的中国瓷器便开始风靡欧洲，向中国定制瓷器、仿造华瓷的风气也随之兴起。

18世纪，中国大量烧制专为外销欧洲的"中国外销瓷"，据保守估计，一百年内的产量在6000万件以上。这些外销瓷除白瓷、雕瓷是福建德化窑生产，其余大多数由江西景德镇烧造，多属于五彩瓷，其中许多还是雍正、乾隆时期的粉彩。华瓷的新款式在大西洋沿岸掀起了新的热潮。这个世纪席卷西欧的"中国热"之所以能达到家喻户晓的地步，可以说得益于华瓷和茶的饮用。而在19世纪末中国社会急剧"西化"的过程中，中国式烹调却在西欧和美国广受欢迎，许多中国式餐馆在西方正式开张。西方人在欣赏了中国华美的食器之后，便迫切想要品尝盛装在这些食器中的美味佳肴。各国饮食界纷纷邀请中国著名厨师前去传授技艺、展示烹饪技巧，或派人到中国求学。如今，中国烹饪已成为世界饮食文化宝库中一颗光辉灿烂的明珠。

15.2.2 外国饮食文化的引进

中外饮食文化的交流很早就已开始了，只不过在明清时期之前，中国饮食文化输出多而引入少。自古以来，中华民族在不断丰富其他国家和民族饮食文化的同时，逐步吸收外来饮食文化的新鲜元素，才使得中国饮食文化如此辉煌灿烂。

1. 古代外国饮食文化的引进

中国封建社会发展到西汉时期，进入了一个新的时期。随着生产力的不断提高和国力的强盛，统治阶级有了向外发展的实力和要求。同时，西北地区强大的匈奴连年侵扰，对汉王朝构成了威胁，也造成了中国与外界的隔绝状态。因此，具有雄才大略的汉武帝刘彻即位以后，致力于与匈奴进行决战，消除边患，打开通往西域的道路。自公元前138年起，他多次派遣卓越的外交官张骞出使西域各国，获得了大量有关军事、政治、地理、物产等方面的知识，终于使汉朝大军联络西域各国，把匈奴驱逐到漠北，开辟了如今令人称赞的"丝绸之路"。

经过张骞等人不畏艰险的探索和开拓，汉代使者最远到达了安息（今伊朗）、条支（今伊拉克）、身毒（今印度）等地区，带去的产品有丝绸、黄金、漆器、铁器等，并带回了骏马、貂皮、香料、珠宝，以及各种外国的农作物和食品。下面单就农作物和食品列举数例。

葡萄，即"蒲桃"，是大宛（今中亚费尔干纳盆地）等国的特产，其所酿造出的葡萄酒极为醇美。张骞在出使大宛时得到了葡萄种子，并带回长安进行种植。

石榴，张骞在出使大夏（今阿富汗北部）时得到了涂林安石榴，回国后在中原地区进行种植。涂林是石榴的梵语音译，安石分别指的是安（今布哈拉）、石（今塔什干）两个地区，石榴因此而得名。石榴花可供观赏，果实可解渴、造酒，榴木可做家具，是一种很有经济价值的农作物。

酒杯藤，其花实如梧桐，"实大如指，味如豆蔻，香美消酒"。《古今注》引用《张骞出关志》，将其认为是出自大宛。

胡麻，即芝麻，又因其含油量高而被称为"油麻"。张骞在出使大宛时得到了胡麻种子，后来在中原地区种植。

胡豆，包括蚕豆、豌豆和野豌豆。据《古今注》记载，这些豆类都是张骞出使西域后，从中亚传入中国的。

胡桃，即核桃，原产于波斯北部和俾路支地区，在阿富汗东部也有野生的品种。汉武帝时期得到了胡桃种子，种植在上林苑。

胡瓜，即黄瓜，原产于埃及和西亚地区，乌孙、大月氏和匈奴都种植胡瓜，张骞出使后将其引入中国。4世纪初，后赵统治者石勒避讳胡瓜的名称，将其改名为"黄瓜"。

胡荽，即芫荽，俗称"香菜"。据《博物志》记载，张骞在出使大夏时得到了胡荽。据《邺中记》记载，石勒将其改名为"香荽"。

胡蒜，即大蒜，据传也是张骞在出使大宛时得到的。

胡饼，据《释名》记载，胡饼就是含有胡麻（芝麻）的饼。由于胡麻来自西域，故称"胡饼"。《续汉书》中记载，汉灵帝喜欢吃胡饼，京师的人们也普遍食用胡饼。后来石勒避讳"胡"字，将其改称为"麻饼"。

过去，人们把异族称为"胡"，因此上述这些引进的食品大多以"胡"字命名，组成了一个"胡氏家族"。它们进入了中国人的生活，扩大了中国人的食源，也使中国人的饮食习惯在某种程度上发生了变化。

此外，经越南传入中国的有薏苡、甘蔗、芭蕉、胡椒等。

韩国的饮食方法也有传入我国的。东汉文学家刘熙在《释名》中写道："韩羊、韩兔、韩鸡，本法出韩国所为也。"

唐代实行开放政策，域外客商可以随时出入，他们带来了许多域外食品，其中以西域饮食为主。唐玄宗开元以后，"贵人御馔，尽供胡食"成为一种时尚。《一切经音义》中总结了胡食有：饆饠、烧饼、搭纳等。有人以为饆饠类似于今新疆等地的羊肉抓饭，也有人以为是一种面食。唐代长安城中有许多卖饆饠的店铺，如东市、长兴里均有饆饠店，樱桃饆饠更是闻名海外。此外，还有石蜜，即冰糖，《唐会要》卷一百载："西蕃胡国出石蜜，中国贵之。太宗遣使至摩伽佗国取其法，令扬州煎蔗之汁，于中厨自造焉，色味愈于西域所出者。"唐代不仅引进了西域甘蔗制糖的方法，而且能造出较西域更精致的蔗糖。西域的葡萄酒及其制造方式也在唐代传入中原，唐太宗灭高昌国时，得到了葡萄的新品种——马乳葡萄，以及用葡萄酿酒的方法。《四时纂要》中记录了波斯的三勒浆，包括菴摩勒、毗梨勒、诃梨勒的酿造方法，说明这一技术已被中原汉族所掌握。这一时期，我国与外国往来频繁，还引进了莴苣、菠菜、无花果、椰枣等植物，这些原产于欧洲和中亚的植物大多数都在这个时期引入了中国。在五代时期，由非洲绕道西伯利亚引进了西瓜。

元朝覆灭后，东西方陆路的直接贸易变得越来越困难。明代以后主要通过海路交流。在明代，从南洋群岛引进了甘薯、玉米、花生、番茄、马铃薯、向日葵、丝瓜、茄子、倭瓜（南瓜）、番石榴等植物，其中许多植物是从美洲原产地经过东南亚传入的。随着新大陆的发现，美洲植物的大量引进成为这一时期的特点。同时，通过海路引进了欧洲产的芦笋、甘蓝，中亚产的洋葱，以及中南半岛产的苦瓜等。

2. 近代西方饮食文化的引进

1583年，当意大利传教士利玛窦冲破重重险阻，踏上中国的土地时，他惊奇地发现了一个与欧洲截然不同的饮食文化体系。在他留下的日记里，我们能找到很多有关中国饮食文化的记载："他们吃东西不用刀、叉或匙，而是用很光滑的筷子，长约一个半手掌……他们的饮料可能是酒或水或叫作茶的饮料，都是热饮……中国人酿的酒和我们酿的啤酒一样，酒劲不很大，喝多了也可能会醉。"几乎与利玛窦的发问同时，伴随着耶稣会传教士和西方商人的来华，西方饮食文化也开始陆续传入中国。据史料记载，明清时期最早传入中国的西洋饮品是葡萄酒。1686年，荷兰使团出使中国，所献贡品中即有两桶葡萄酒。1709年，宫廷内又收到了一大批西洋葡萄酒。当时，康熙对于这种颜色暗红的饮品虽然感到十分稀奇，但又颇怀戒心，生怕其中有诈，并不饮用。此时的康熙已年近花甲，身体日渐衰弱，进食日减。一天，耶稣会传教士利类思、徐日升跪奏道："西洋上品葡萄酒乃大补之物，高年饮此，如婴童服人乳之力。"康熙被耶稣会传教士的真诚打动，开始每日饮用葡萄酒，果然食欲大增，体力渐强。这是西洋饮品进入清代宫廷的一个典型、详尽的记录。但是，当时除了与耶稣会传教士交往密切的士大夫之外，一般平民百姓是难以见到这些饮品的。

明清时期，在耶稣会传教士的一些著述里，也曾对西洋饮食习俗做过专门的介绍："鸡鸭诸禽既炙，盛诸盘，全置几上，以示敬客。主人躬自剖分，或令司庖者，每人各有空盘一具以接，专用不共盘，避不洁也。又各有手巾一条敷在襟上，防汤水玷衣，且可用以净手，其席上亦铺白布，不用箸，只用丫勺、小刀，以便剖取。"

应该说，上述介绍实际上已经概括出了西洋饮食文化的一些特点，但国人对此并未特别注意。1840年鸦片战争后，随着五口通商口岸的建立，西洋饮食文化在旅居沿海城市的外国人当中颇为流行，但在中国人的生活中影响仍然很小。当时，有一位英国商人突发奇想，从海外运进大批西餐刀叉，企图以此代替中国的筷子，结果商品大量积压，碰壁而还。这说明中国人进食方式受西方的影响还很小。但洋酒等西洋饮品则颇受一般国人的欢迎。1848年，早期的思想家王韬在上海游历时品尝到了"味甘色红"的葡萄酒，对其赞不绝口。不久后，他又携洋酒游太湖，与东山巡检、都司等人共饮，众人都称其为美酒。当时陆续传入中国的洋酒主要有比尔酒、皮酒（啤酒）、卜蓝地酒（白兰地酒）、商班酒、香冰酒（香槟酒）、舍利酒（雪利酒）等。此外，汽水、冰激凌、冰棒、咖啡等西式饮料和甜品也开始传入中国，逐渐为国人所接受。汽水是在清代同治年间从荷兰传入中国的，因此旧时又称其为"荷兰水"，被视为珍品。1853年，上海的老德记药房开始生产汽水、冰激凌，但当时价格昂贵，不仅一般人买不起，甚至中下级官吏也不敢问津。进入19世纪60年代，老德记药房又开始生产啤酒，生产量逐渐扩大，颇受国人欢迎。1901年，俄德哈尔滨啤酒公司成立，1904年青岛英德麦酒厂成立，成为中国大规模酿造啤酒的开端。1894年，南洋华侨张振勋在烟台创办张裕酿酒公司，大胆尝试采用西法酿造葡萄酒，经过反复试验，终于获得了成功。

与西洋饮料相比，洋菜、洋式食品的传入速度较慢。从文献记载上看，较早以文字形式系统介绍西洋菜的是在19世纪下半叶出使西洋的中国人。1866年，18岁的汉军旗人张德彝随斌椿出洋游历欧洲，第一次登上英国轮船，便品尝到了西洋饮食的独特风味。对此，他饶有兴趣地写道："辰刻客人皆起，在厅内饮茶。桌上设糕点三四盘，面包片二大盘，黄奶油三小盘，细盐四小罐，茶四壶，咖啡二壶，朱古力一大壶，白砂糖块二银碗，牛奶二壶，奶油饼二盘，红酒四瓶，凉水三瓶……至巳初早饭，桌上先铺大白布，上列许多盘碟。有一银篮，内置玻璃瓶五枚，实以油、醋、清酱、椒面、卤虾，名为'五味架'。每人小刀一把，面包一块，大小匙一，插一、盘一，白布一，红酒、凉水、苦酒各一瓶。菜皆盛以大银盘，挨座传送。刀、插与盘，每饭屡易。席撤，另设果品数筐，如核桃、桃仁、干鲜葡萄、苹果、蕉子、梨、橘、桃、李、西瓜、柿子、菠萝蜜等。食毕，以小蓝玻璃缸盥手。菜有烧鸡、烤鸭、白煮鸡鱼、烧烙牛羊、鸽子、火鸡、野猫、铁雀、鹌鹑、鸡卵、姜黄煮牛肉、芥末酸拌马齿苋、粗龙须菜、大山药豆等。"面对如此丰盛的西宴，张德彝在品尝后认为："咖啡系洋豆烧焦磨面，以水熬成者。朱古力系桃杏仁炒焦磨面，加糖熬成者，其色紫黄，其味酸苦。红酒系洋葡萄所造，味酸而涩，饮必和以白水，方能下咽。面包系发面无碱，团块烧熟者，其味多酸……牛羊肉皆切大块，熟者黑而焦，生者腥而硬。鸡鸭不煮而烤，鱼虾味辣且酸，一嗅即吐。"由此，他对西餐得出了否定的结论。此后，张德彝又数次出洋，品尝过英、法、意、俄式西餐，久而久之，才逐渐认识到西餐丰盛、卫生，适合食用。

到19世纪末，西式菜肴（当时称作"番菜"或"大菜"），西式糕点（如面包、饼干、糖果），西式罐头才逐渐被国人所认识和接受，不仅市面上出现了西餐馆，甚至西太后举行国宴招待外国公使时也会采用西式菜单。20世纪初，西餐开始受到上流社会的崇尚，人们请客非西式宴席不足以示敬诚。北京的六国饭店、德昌饭店、长安饭店等，均以提供西式大餐而闻名，头戴红花翎顶的清朝官员常常光顾这些餐馆。上海的同香楼、一品香、杏花楼等，也是洋人买办的常去之地。小说《官场现形记》在描写山东巡抚宴请洋人时，所开菜单即以西餐为主，包括清牛汤、冰蚕阿、丁湾羊肉、汉巴德、牛排、龟仔芦笋等，酒水则有白兰地、威士忌、红酒、波特酒、香槟，以及甜水、咸水等。这足以说明西餐在上流官场中的重要影响。由此，西洋饮食文化开始在中国广泛传播，并对中华传统饮食文化构成了巨大的冲击。

在人类文明史上，由于各民族所处的地理环境、宗教信仰和生活方式不同，其饮食文化也往往千差万别，这使得不同饮食文化之间的交流成为必然。与宗教、思想等深层的文化现象相比，饮食文化显得更为表层化。但是，由于它和人类的生存、繁衍息息相关，因而，饮食文化的改变往往是民俗改变、社会演进的重要尺度和标志。在古代中国，虽不乏中外饮食文化交流的记载，但自16世纪以来的交流和碰撞，才称得上是真正的、大规模的中外饮食文化交流，这一交流过程至今尚未结束。以至于现在，一些中国的有识之士仍然认为，采取牛奶、牛肉以及"每日一餐烤面包"的饮食结构和"分餐制"的饮食方式是中餐改革的方向。而在美国，为避免长期食用肉类导致的心血管疾病，中餐素食十分流行。各种中餐素食馆不断涌现，仅纽约就有几千家之多。纽约人前往中国餐馆就餐时，往往以素食为主，而且每餐几乎都有一道菜——豆腐。这充分说明，如今，为增强人类体质、推动人类文明的进步，世界各国和民族之间广泛地进行饮食文化交流，仍是十分必要的。

15.3 世界饮食文化交流

15.3.1 饮食文化交流的障碍

1. 历史上的饮食文化交流障碍

对外来食物及其饮食方式的轻视,早在古代就已经完全定型。古埃及人把寺庙里祭祀用过的牲畜的头部切下,施以咒语后卖给古希腊人,若卖不掉则直接扔到河里。古埃及人的饮食中包括蚱蟒和刺猬,这些古希腊人忌食的东西可能是古埃及人的家常便饭,这就是他们的不同之处。古埃及人把海豚当作神圣之物,他们对海龟肉、乌龟肉也心怀顾虑,他们很少吃狗肉,几乎不吃马肉。古埃及人认为古希腊人的饮食习惯对神明不敬:古希腊人的神明只能接受祭祀后的丢弃物——一些次品和苦胆,还有那些无法下咽的糟食。即使是在古希腊人的国度里,不同城市、不同群体之间也存在类似的成见。如今法式与美式烹饪之间的差异,仿佛回应了古代锡拉库萨式的奢华与雅典式的清淡简约之间的差别。锡拉库萨的美食家同样不喜欢雅典式的食物。

16世纪西班牙殖民时期,人们相互道别时的祝福是"上帝不会忘记施与你面包"。当时,玛雅高地的部落首领拒绝食用西班牙的甜食,他抗议道:"我是印第安人,我的夫人也是印第安人,我们以豆荚和辣椒为食。如果我愿意的话,我也可以吃火鸡。但是我不吃糖,所有印第安人也不会吃糖渍柠檬皮之类的食物,我们的祖先更不知道这些东西。"

所有这些历史效应的自然积淀使得后来文化中的全体民众都会敌视外来新式饮食的影响,凡是外来的东西都会遭到排斥。然而,所谓的"民族的"饮食风格并不是一成不变的。民族饮食风格是一个地区的饮食习惯,其食物来源要受到自然环境的制约。烹饪方式会随着当地环境的变化而变化,也会受到当地供应的新食物的影响而产生改变,无论这些食物是当地储藏下来的,或是自然界中长期存在的,还是从外面运输过来的。当一种烹饪风格被贴上"民族"的标签后,它就起到了一种化石的作用——必须保持自身的纯洁,免受外来的影响。

2. 产生饮食文化交流障碍的原因

饮食文化是人类文化的一部分,与语言和宗教一样,具有各自的特性,使得不同文化之间可以互相区别。处于不同文化环境中的人们通过各自的饮食习惯来彼此区别。与其他文化现象类似,饮食文化也是保守的,跨文化的饮食障碍由来已久,并且深深扎根于个性心理中,个人的饮食偏好很难改变。

就某些菜肴的主要食材及其调味料来说,传统的烹饪内容总是有一定的程式规范。这些食材及调味料都比较容易获得,因为它们迎合了大部分群体的口味,并且使人们吃过后难以忘怀,从此会对其他口味不感兴趣,甚至根本就不能容忍。在一个地区内,由于同一类食物可以普遍获得,因此即使是菜肴的烹饪方法也可以成为当地的一种文化特色或是身份的象征。鹰嘴豆在地中海沿岸的大部分地区都是不可或缺的食材。在海岸的一边，人们用舌尖抵着上颚就可以将鲜嫩的鹰嘴豆压碎，他们将鹰嘴豆与香料、调味料以及动物脂肪、血液一起炖熟，并趁热品尝。而在海岸的另一边或者更远的地方，人们却喜欢将鹰嘴豆煮成糊状，加上油和各种香料（通常含有柠檬），在冷却后食用。在西海岸，这种食物是乡村人民锅中的食物，而东海岸的人们则将其混合起来，用棍棒捶打的方式来提纯。但是在地中海以外的地区，没有人会采用上面任何一种做法。

不同文化之间的饮食是很难调和的。然而，在如今这个全球化的时代，我们不仅能够享受到"融合"和"国际化"的高级菜肴，还可以感受到各种菜式及其原料正在全球范围内"狂热"地交换着。地区之间日益频繁的交流拓宽了我们的视野，这仅仅是问题的一个方面，饮食文化的交流和其他文化的交流一样，往往并不是双向平等的。

15.3.2 饮食文化交流的途径

1. 饥荒

16世纪时，中国和日本由于饥荒而引入红薯并被人们所接受。英国在第二次世界大战前很少消费猪肉，但在第二次世界大战期间，由于美国的援助，猪肉罐头变得十分普遍，发达国家将本国多余的小麦和牛奶提供给遭受饥荒的第三世界国家，使得那些原来不消费乳制品的国家开始生产牛奶，人们的饮食习惯也从喝粥变成了吃面包、喝牛奶。同样，面对多余的可利用的食物时，人们的膳食结构也会发生改变。

2. 模仿

18世纪后期，新西兰的毛利人转向生产他们先前所未知的猪肉和马铃薯，并将它们卖给欧洲的海军和捕鲸人员。20世纪初，旅游业的兴起同样有助于大规模的饮食习惯变革，有学者把这种现象称为"文化吸引力"——某种文化模仿其他享有更高威望的文化的饮食方式。

3. 移民

中国烹饪在世界各地的传播是移民式的。移民将中国的饮食和所到之处的饮食相结合，产生了他们自己的混合烹饪风格，其中最著名的就是杂碎（如图15-2所示）。这道菜起源于19世纪末的美国中餐馆，是把竹笋、豆芽、菱角等蔬菜与肉片、鸡块混合在一起炒制而成的。还有左宗棠鸡，1952年由彭长贵创制，虽然托名清朝名将左宗棠，其实与他没有直接关系，但这一油炸的烹饪方法和酸甜的口感却深受美国人欢迎。

4. 贸易

国际贸易的发展不仅带来了商品的流通，也包括服务方式的输出。20世纪中叶，随着第二次世界大战的结束，美国尝试通过贸易输出其快餐服务和食品，取得了巨大成功。麦当劳、肯德基、必胜客等快餐品牌在全球大部分国家广为流行。各种特色食物通过贸易被输出到不同文化背景的区域。改革开放以后，几乎在全球都可以找到中餐的经营者，而在中国的一、二线城市也能品尝到来自世界各地的特色美食。

图 15-2　杂碎

15.3.3　饮食文化交流的例证

不管是哪个时代、哪个地区的人，在第一次尝到某种食物时，难免会产生偏见。更何况在数百年前，科学知识还不普及，当奇形怪状、从未见过的食物摆在面前，人们更容易感到惊讶甚至惊慌。

1. 番茄

关于番茄是怎样从南美洲传入欧洲的，说法不一。据说在 16 世纪，有一位名叫俄罗达拉的英国公爵到南美洲旅行时，发现了这种色艳形美的佳果，便将其带回大不列颠，作为礼物献给了伊丽莎白女王，并种植在英国的御花园中。因此，番茄曾作为一种观赏植物，被称为"爱情苹果"。但因为它同有毒的颠茄有很近的亲缘关系，本身又带有一股臭味，人们常警告那些嘴馋者不可误食，所以在一段时间内无人问津。据说，最早敢于吃番茄的是一位名叫罗伯特·吉本·约翰逊的人，大约在 19 世纪初期，他站在法庭前的台阶上当众吃下一个番茄，从而使其正式成为食材之一。

据传，番茄在 1670 年前后传入日本。1708 年，日本儒学家贝原益轩在《大和本草》一书中提到了番茄，称其为"唐柿"或"珊瑚茄子"。当时并没有日本人以番茄入菜或作为水果食用。明治维新之后，受意大利饮食文化的影响，有人从欧洲引进了新品种的番茄。但当时被日本人称为"赤茄子"或"西洋茄"的番茄仍然是观赏用植物，很少有人将其入菜。一直到 20 世纪初，日本人才开始食用番茄。但即便如此，由于番茄颜色鲜红，容易令人联想到血液，加上其具有独特的腥味，大众对番茄仍持保留态度。直到 20 世纪中期，没有腥味的品种被引进后，日本人对番茄的偏见才渐渐消解。

2. 土豆

和番茄一样，土豆也来自新大陆，原产地在南美洲中央安第斯山脉的的的喀喀湖附近。印第安人在 6 世纪左右便开始栽培这种植物，当地的土豆品种超过 100 种。西班牙人进入新大陆以后，很快就发现了这种植物，便将其带回了西班牙，这标志着土豆首次进入欧洲。

土豆传入欧洲之后，最初被西班牙人当作观赏植物，并经由意大利传到法国、德国等地。1586年，英国人从中美洲直接引进了土豆。

早期西方人吃土豆时并不削皮，而是整颗煮食。整体而言，在近代改良品种出现之前，土豆吃起来不仅没有甘甜的感觉，甚至有一股浓浓的土腥味，因此才没有被端上餐桌，而是被当作观赏植物。

土豆适宜在贫瘠的土地上种植，且耐寒、易储存，渐渐被部分欧洲农民当作越冬食物。尤其是在北欧与爱尔兰等地爆发严重饥荒的情况下，贫穷的农民才发现，土豆不仅是上等的牲畜饲料，而且是荒年中最佳的食物来源。

当时欧洲人抵触土豆，有几个原因：首先，土豆的外观不佳，对于欧洲人而言，所谓蔬菜无非是吃茎、叶或豆子，几乎没见到过地下茎肥大的植物；其次，用刀子切割过的土豆会变黑，令人反感；最后，对于虔诚的天主教徒而言，土豆在《圣经》里不曾出现，因此被归类为"不敬"的食物。

可见，早期土豆在欧洲并不受欢迎，主要是由于人们对它的偏见。1748年出版的法国烹饪书籍《汤头学校》甚至声称食用土豆可能会感染麻风病，并建议政府禁止栽培土豆。从16世纪中叶到18世纪末，土豆被欧洲人歧视、冷落了200多年。有些虔诚的天主教徒还将土豆称为"恶魔果实"，即使肚子再饿也不让土豆入口。

欧洲人后来之所以放弃对土豆的偏见与攻击，关键是因为连续发生的大饥荒。18世纪，欧洲连续爆发西班牙王位继承战争、奥地利王位继承战争等国际大战，各国之间厮杀不断，政治社会制度混乱，加上气候失调，18世纪中叶之后的西欧和南欧陆续产生严重的大饥荒。

德国是最早遭受饥荒影响的国家之一。普鲁士地区连年歉收、民不聊生，当时的统治者腓特烈二世命农业专家寻找解决办法。专家注意到，被农民冷落的土豆有很高的栽培价值，便由国王下令，强制民众大量栽培。因为有了土豆，普鲁士人民终于度过了饥荒。随着食用者的增多，很快便有人发现，在刚煮好的土豆上涂上奶油，可以改善口感。再加上土豆富含维生素C，有助于预防困扰北欧民众的坏血病。因为具有双重好处，土豆渐渐成为德国人民生活中不可或缺的食品。

然而，单一作物种植也可能带来灾难性的后果。在19世纪，土豆是爱尔兰人赖以维持生计的唯一农作物。1845—1850年，一种名为"致病疫霉"的真菌造成土豆大量腐烂并大幅减产，从而引发了震惊世界的爱尔兰大饥荒，俗称"马铃薯饥荒"。在这5年的时间内，英国统治下的爱尔兰人口锐减了将近四分之一，除了饿死、病死者，还包括了约100万因饥荒而移居海外的爱尔兰人。

3. 豆腐

有关豆腐发明于何时的问题，现今较为普遍的说法是西汉时期由淮南王刘安所创。刘安是汉高祖刘邦之孙，经常与一些方士探讨炼丹长寿之术，据说豆腐就是在炼丹时无意中制成的。在古代，豆腐有很多不同的名称，有人称之为"菽乳"，有人称之为"黎祁"，还有人称之为"小宰羊"，也有人称之为"盐酪"。"豆腐"这个名称大约在五代末期和北宋初期出现。宋代陶谷在他所著的《清异录》中说："日市豆腐数个，邑人呼豆腐为小宰羊。"他的记载说明，五代时期的淮南一带不仅已经有了豆腐，其制作技术看来也颇为成熟。刘安的封地就在淮南地区，最早关于豆腐的记载恰巧也出现在陶谷的故乡淮南，而那一带制作豆腐的技术至今仍然很有名。

关于唐代人们是否已普遍食用豆腐，尚未见有记载。但到了宋代，豆腐已经在各地开始生产。宋代记述豆腐的文献史料很多。到了元明两代，记述豆腐的文献就更多了。如元代记载宫廷饮食的《饮膳正要》、元末明初学者叶子奇的《草木子》等许多著述中都谈到了豆腐和豆腐制品。最引人注意的是，明代的很多医药书中都介绍了豆腐在医疗上的种种用法。李时珍在《本草纲目》中就收集了不少明代医药书中关于豆腐的医疗用法。到了清代，豆腐已经成为我国人民生活中不可缺少的食物。

生产豆腐所用的大豆（主要是黄豆）原产自中国，自古以来就被列为"五谷"之一。在石磨没有发明之前，人们直接煮食大豆。大豆中的蛋白质含量为 40% 左右，高于一般粮谷类的含量，8 种必需氨基酸的组成与比例也符合人体的需要。除蛋氨酸含量略低以外，大豆中的其他氨基酸与动物性蛋白质相似，是优质的植物性蛋白质。此外，大豆中含有丰富的赖氨酸，是与粮谷类蛋白质互补的理想食物来源。大豆的营养特性与中国传统农业社会以植物性食物为主、缺乏优质动物性蛋白质的营养模式非常契合，成为中国人补充蛋白质的最佳植物性食物之一。大豆中的优质蛋白含量较高，脂肪的营养价值也比较高，是一种很好的食物，对于蛋白质摄入不足的人群，也可以起到改善膳食营养结构的作用。然而，大豆中存在的一些干扰营养素消化吸收的抗营养因子，影响了大豆中各种营养素的消化与吸收。在加工成豆腐的过程中，大豆经过浸泡、脱皮、碾磨、加热等多道工序，减少了大豆中的抗营养因子，使大豆中的各种营养素的利用率大大提高。

中国的大多数少数民族都把从中原地区传来的食品当作本民族的传统食品。豆腐出现后，随着饮食文化的交流传遍了中国，并逐渐传遍了世界。

根据日本学者筱田统的考证，中国豆腐的制作方法大约是在元代传入日本。日本人吃豆腐的习惯和中国人不一样，他们喜欢在夏天吃冷豆腐，而且一般在晚餐时食用。日本的豆腐菜也不少，但不用油盐，吃其清淡本味。日本人吃豆腐有逐月变化的习惯，这种选择性变化被称为"豆腐历"。

据《李朝实录》记载，豆腐在我国宋代末期已经传入朝鲜。朝鲜人对于豆腐的品种偏好和吃法与中国人有很多不同。在朝鲜，豆腐的种类较少，最常见的是白豆腐和油炸豆腐，人们最喜爱的是豆腐汤菜。例如，豆酱豆腐汤、辣酱豆腐汤、蛤蜊豆腐汤、明太鱼豆腐汤、黄豆芽豆腐汤、杂拌酱豆腐汤、油炸豆腐汤等。

20 世纪初，随着华侨的增多，欧美国家开始有了豆腐。但欧美人对豆腐的热衷程度不如东方人，豆腐主要是供给在欧美居住的东方人的。

 同步练习

一、判断题

1. 过去，人们把异族称为"胡"，所以清代引进的食品原先多数都"姓胡"，如黄瓜为胡瓜，核桃为胡桃，蚕豆为胡豆等。（   ）

2. 19世纪的爱尔兰大饥荒，主要是因为一种名为"致病疫霉"的真菌造成土豆大量腐烂并大幅减产而引起的。（　　）

二、单项选择题

1. 汽水是在清代同治年间从（　　）传入中国的，因此旧时又称其为"（　　）水"。
   A. 芬兰　　　　B. 荷兰　　　　C. 爱尔兰　　　　D. 新西兰

2. 五代时，于阗（今新疆和田）的"（　　）"传入内地，其烹饪方法是被后周广顺朝宫廷所采用的。
   A. 烤全羊　　　B. 全蒸羊　　　C. 烧全鸭　　　　D. 大盘鸡

3. 真正给中国烹饪带来世界性声誉的是（　　），它从9世纪开始成为外销的大宗商品，维持了千年之久。
   A. 漆器　　　　B. 铁器　　　　C. 陶器　　　　　D. 瓷器

三、多项选择题

1. 清朝满族入关，满族小食（　　）广为流传。
   A. 萨其马　　　B. 排叉　　　　C. 豌豆黄　　　　D. 它似蜜　　　　E. 荷叶包饭

2. 在明代，从南洋群岛引进了（　　）等原产于美洲的植物。
   A. 甘薯　　　　B. 玉米　　　　C. 花生　　　　　D. 番茄　　　　　E. 马铃薯

四、简答题

1. 张骞出使西域带回了哪些食品原料？
2. 饮食文化交流有哪些途径？

五、体验题

如果有条件，请参考本书附录1，参观一个附近的饮食博物馆或综合历史博物馆，观察展出的食用器具。

第15讲　同步练习答案

第 16 讲 饮食类非物质文化遗产

文化遗产是人民群众的文化创造和智慧结晶，是一个民族或地区的文化精华，它见证了民族或地区历史与文化发展的历程，体现了民族文明发展的高度和社会的进步状态。日渐丰富的文化遗产已经不仅包括历史的馈赠，还涉及当下百姓的日常生产生活、饮食起居等，文化遗产已经融入国家社会生活的方方面面。因此，文化遗产的保护与发展关系着现实的国计民生，关系着国家文脉的传承，更关系着世界文化多样性的实现。

作为百姓最能切实感受到的一种文化遗产，饮食类非物质文化遗产越来越受到社会的关注和民众的参与。

16.1 文化遗产概述

16.1.1 遗产

中文的"遗产"一词最初的含义为"财产"，是指祖辈留下的物质财富。在诸多古代文献记载中，"遗产"的含义一直都是祖辈的物质遗留，其范畴一直局限于家庭或私有财富的物质范畴，没有扩大上升到国家或公共财富，以及无形的精神文化创造的范畴。随着时代的发展、社会的进步和认识的累积，人们赋予了一些词汇更多的内涵，来表示更宽泛的内容，"遗产"一词也不例外。如今，"遗产"一词同时也更多地用来指代历史上遗留下来的由人类创造的物质财富或精神财富。

英文中的"heritage"一词来源于拉丁语，最初的含义为"父亲留下的财产"。自 20 世纪 60 年代以来，"遗产"一词被赋予了更多的含义，其指代范畴也从过去私有的、物质的遗留，扩大到公共的、无形的精神文化范畴。

随着人类对自然环境和社会发展认识的不断深化，人们将相关词汇与"遗产"搭配，使用组合后的词汇来表示一种特定类型的客观存在，如自然遗产、文化遗产、世界遗产、民族遗产等，这赋予了"遗产"更多的内涵，将其从私有财产的范畴提升到社会和人类共同财富的范畴。

16.1.2 文化遗产

一般认为，国际社会对文化遗产保护的关注已有 100 多年的时间，1899 年和 1907 年的《海牙公约》，以及1935年的《罗里奇公约》中保护文化遗产的原则被看作是国际社会合作保护文化遗产的开端。1946年，联合国教科文组织成立后，通过了一系列关于文化遗产保护的公约、宣言和建议案。在联合国教科文组织的推动下，文化遗产保护目前已经成为全球的共同行动。

然而需要注意的是，在较早确立的对如今所说的物质文化遗产进行保护的《海牙公约》和《罗里奇公约》中，所使用的词汇是"cultural property"，中文翻译为"文化财产"，而不是如今所说的"文化遗产"（cultural heritage），这二者的内涵也稍有不同。

1. 世界文化遗产

1972年，联合国教科文组织颁布的《保护世界文化和自然遗产公约》（简称《世界遗产公约》）第一条明确规定，文化遗产包括以下三种类型。

文物：从历史、艺术或科学角度看，具有突出的普遍价值的建筑物、碑雕和碑画，具有考古性质成分或结构、铭文、窟洞以及联合体。

建筑群：从历史、艺术或科学角度看，在建筑式样、分布均匀或与环境景色结合方面具有突出的普遍价值的单立或连接的建筑群。

遗址：从历史、审美、人种学或人类学角度看，具有突出的普遍价值的人类工程或自然与人类联合工程以及考古地址等地方。

《世界遗产公约》是文化遗产保护领域的里程碑式文件，它确定了文化遗产保护的三个重要内容。但需要注意的是，上述内容均为不可移动的"遗产"，由此，联合国的文化遗产已经被界定为不可移动的财产，各国入选世界遗产名录的也正是各类文物、建筑群、遗址。

负责执行《世界遗产公约》的世界遗产委员会由21个国家的代表组成。自1977年起，世界遗产委员会每年召开一次世界遗产大会，主要议题是审批哪些遗产可被列入《世界遗产名录》，并对已列入名录的世界遗产的保护工作进行监督和指导。1978年5月7日至9日，第二届世界遗产大会在美国华盛顿举行，美国担任主席国，有加拿大、厄瓜多尔、埃塞俄比亚、德国、波兰、美国、塞内加尔等国的12个遗产地首次被列入《世界遗产名录》。

截至2024年8月，被列入世界遗产的项目共有1223项，其中文化遗产952项、自然遗产231项、文化与自然双重遗产40项。中国以59项世界遗产（其中文化遗产40项、自然遗产15项、文化与自然双重遗产4项）在数量上位列世界第二。

2. 世界文化遗产的特性

每一处入选《世界遗产名录》的世界文化遗产都有其独一无二之处，但是在这些无与伦比的特质中，它们又展现出共同的特性。从其价值与地位来看，世界文化遗产的特性主要体现在以下五个方面。

（1）高价值性。

人类漫长的社会历史进程中产生了各种遗产，然而并非所有的遗产都能被列入世界文化遗产。真正能够进入《世界遗产名录》的文化遗产代表的是一个民族、一个地区、一个历史发展阶段重要人物事件的符号和象征，是其发展的见证者和传承者，具有独一无二的观赏、科学、历史价值。

（2）不可再生性。

世界文化遗产是依托于一定的文化和环境背景而发展生成的，是历史留给后人的宝贵资源，具有不可重复和不可再生性。历史不可复制，也不可重演。不同的民族和地域孕育出风格迥异的民间文化，这些特色鲜明的风俗、文化和情感表达方式彰显出不同地域人民的独特个性，映衬出文化遗产的民族性和地域性。这些文化遗产一旦被损毁破坏，就将永远消失，它们是唯一且不可替代的，是不可再生的。

（3）真实完整性。

真实性是指遗产必须是自然发展形成的，具有遗产本身的自然特性，不能是人造的假景或假文物；完整性是指遗产不能独立地存在，必须与周边的环境形成一个和谐共生的整体性关系。真实性和完整性还包括遗产原始的真实性和完整性，不能随意地修建破坏遗产风貌的人工设施，包括宾馆、电梯、缆车等。

（4）高知名度。

世界文化遗产的不可再生性、真实完整性决定了其具有极高的价值地位，这种巨大的社会和经济价值是经过漫长的历史积淀以及世世代代各族人民的斟酌筛选而产生的。每一处世界文化遗产都是一个独特的代表和象征，都蕴含着各族人民的杰出智慧，是令人惊叹的奇迹和引人探索的谜团。壮丽的山河、奇特的景观、灿烂的文化遗产风貌使得每一处世界文化遗产都为人类所关注、惊叹和探索，具有极高的知名度。

（5）公共性。

每一处被列入《世界遗产名录》的世界文化遗产都是国际社会给予一个国家或地区民族文化、历史遗迹或自然资源景观的一种极高荣誉，是全人类共有的财富。

从纵向来看，世界文化遗产是承古递今的，是为各代人民所共享的；从横向来看，世界文化遗产又是超越时空和地域的，是没有国境的，是全人类共同拥有和共同保护的。世界文化遗产的公共性在于它属于全人类，是全人类共同的文化遗产。

16.1.3 非物质文化遗产

1. 非物质文化遗产的界定

2003年10月17日，联合国教科文组织第32届大会在巴黎举行，会议通过了《保护非物质文化遗产公约》。《保护非物质文化遗产公约》对于非物质文化遗产的界定如下。

非物质文化遗产是指被各社区、群体，有时是个人，视为其文化遗产组成部分的各种社会实践、观念表述、表现形式、知识、技能以及相关的工具、实物、手工艺品和文化场所。这种非物质文化遗产世代相传，在各社区和群体适应周围环境以及与自然和历史的互动中，被不断地再创造，为这些社区和群体提供认同感和持续感，从而增强对文化多样性和人类创造力的尊重。在本公约中，只考虑符合现有的国际人权文件，各社区、群体和个人之间相互尊重的需要和顺应可持续发展的非物质文化遗产。

2011年2月25日，中华人民共和国第十一届全国人民代表大会常务委员会通过了《中华人民共和国非物质文化遗产法》，其中对于非物质文化遗产的界定如下。

非物质文化遗产是指各族人民世代相传并视为其文化遗产组成部分的各种传统文化表现形式，以及与传统文化表现形式相关的实物和场所。包括：①传统口头文学以及作为其载体的语言；②传统美术、书法、音乐、舞蹈、戏剧、曲艺和杂技；③传统技艺、医药和历法；④传统礼仪、节庆等民俗；⑤传统体育和游艺；⑥其他非物质文化遗产。

非物质文化遗产是各族人民世代相承、与群众生活密切联系的各种传统文化表现形式和文化空间，是存在于民间广大民众中的知识和智慧的结晶，展现了广大民众的高超技艺和才能。图16-1展示了中国非物质文化遗产标识。

图16-1　中国非物质文化遗产标识

2. 非物质文化遗产的特点

非物质文化遗产是人类的一种特殊遗产，与人类物质文化遗产相比，它有着自己的特殊性。这种特殊性不仅表现在外部形态上，还表现在其内在规定性上，具体而言，就是传承性、社会性、无形性、多元性、活态性。

（1）传承性。

传承性是指非物质文化遗产所具有的被人类以集体、群体或个体的方式一代接一代地继承或发展的性质。从历时性来看，非物质文化遗产的传承主要依靠世代相传，一旦停止了传承活动，也就意味着它的消亡，而且这种传承往往是通过口传心授的方式，深深地烙印着民族、社区、家庭的特色。通常，语言教育、亲自传授等方式使这些技能、技艺、技巧由前辈那里流传到下一代，正是这种传承，才使得非物质文化遗产的保存和延续成为可能。而这些非物质文化遗产也成了历史的活化石。非物质文化遗产的传承性体现在以下几个方面。

传承方式的无形性。非物质文化遗产通过"人"这一载体来呈现和传承，其传承方式是通过人与人之间的精神交流实现的，因而是抽象、无形的。

传承方法的多样性。非物质文化遗产既承载着人类过去某个特定历史时期的文化记忆，又不断叠加着新的文化记忆，是被人类不断传递的活态遗留。因此，人类要传承这些文化记忆，其传承方法必须是多样的。

传承过程的专门性。非物质文化遗产是无形的，人类对非物质文化遗产的传承主要是通过"人"这一载体来实现的。承担这种传承责任的"人"必须掌握专门的知识、观念和技能，而这些专门的知识、观念和技能本身就是非物质文化遗产的重要组成部分。

传承结果的变异性。非物质文化遗产作为人类的精神遗产，尽管也要依附于物质而存在，但其传承方式却与物质文化遗产不同。它既具有稳定性，又具有变化性，在稳定的基础上变化，在变化的过程中保持稳定。

（2）社会性。

非物质文化遗产的社会性是由文化的社会性所决定的。任何文化都是人类实践活动的产物，其存在和传承都离不开人和人的实践。也就是说，文化具有社会性。非物质文化遗产作为文化的一种表现形式，自然也就具有社会性。非物质文化遗产是各个时代生活的有机组成部分，是一定时代、环境、文化和时代精神的产物，必然与当时的社会生活紧密相连。此外，它基本上是集体的创造，与局限于专业或专家的文化形成鲜明对比，从而凸显了它的社会性。

（3）无形性。

非物质文化遗产重视人的价值，重视动态的、精神的因素，重视技术、技能的高超、精湛和独创性，重视人的创造力以及通过非物质文化遗产反映出来的民族情感、智慧、思维方式以及世界观、价值观、审美观等因素。非物质文化遗产虽然有物质的因素、物质的载体，但其价值并非主要通过物质形态体现出来。所以从本质意义上讲，非物质文化遗产是无形的。无形性是对非物质文化遗产本质特征的概括。但在理解这一特点时，既要注意它与物质文化遗产有形性的区别，又要注意非物质文化遗产本质的无形性与它在表现和传承时的有形性的区别，不能把它简单化、绝对化。

（4）多元性。

所谓多元性，主要是对于非物质文化遗产的存在形态而言的。不同的非物质文化遗产有不同的存在形态，即便是同一种非物质文化遗产，在不同时期和不同地域，其存在形态也不尽相同。就整体而言，文化都具有多元性。但相对于其他文化而言，非物质文化的多元性具有自己的特殊性。非物质文化遗产是人类世代相传的精神财富，体现了不同地区、民族、信仰的群体和个体的精神继承和发展过程。因此，不同时期、不同地域、不同民族的非物质文化遗产具有不同的形态。

（5）活态性。

非物质文化遗产的变化性说明它是一种"活态"文化。这种活态性在非物质文化遗产的口头传说和表述、语言、表演艺术、社会风俗、礼仪、节庆以及传统工艺技能等方面表现得尤为突出。它们的文化内涵是通过人的活动来展现和传达给受众的。

非物质文化遗产的活态性还体现在它在传承、传播过程中的变异和创新。这种变异和创新的内在动力是由非物质文化遗产的性质所决定的，是内在且必然的。外在原因则是当非物质文化遗产进入不同的时代、地域、民族时，为了适应新的环境并继续传承，它必须进行必要的变异和创新。

16.2 人类非物质文化遗产

通过比较文化遗产和非物质文化遗产的特点，我们不难发现，饮食活动因具有比较明显的传承性、社会性、无形性、多元性和活态性，而呈现出明显的非物质文化遗产特征。

截至 2023 年年底，联合国教科文组织公布的人类非物质文化遗产代表作名录共有 730 项，其中与饮食文化相关的项目分别涉及食材的获取、食物制作和消费习俗、区域饮食、与食物相关的节庆以及酒水饮料等（参见本书附录 2）。

中国入选联合国教科文组织非物质文化遗产代表作名录的项目共计 43 项，数量位居世界第一。其中，与饮食文化直接相关的仅有一项，即 2022 年被列入名录的"中国传统制茶技艺及其相关习俗"。

16.2.1 食材的获取

自然界赋予人类各式各样的营养物质，而人类只是选取其中的一小部分作为食物。人类从自然界中获取食材的方式反映了人类的生存智慧。

1. 桑科蒙：桑科的集体捕鱼仪式（马里，2009 年）

每年农历七月的第二个星期四，马里塞古区桑镇都会举行桑科蒙集体捕鱼仪式，以纪念该镇的成立。仪式开始时，村民们杀鸡、杀羊、准备供品，以祭拜桑科湖的水神。随后，人们用网眼大小不等的渔网开始集体捕鱼，持续时间超过 15 个小时。传统上，桑科蒙仪式标志着雨季的开始。这一活动也借渔业和水资源领域的艺术、工艺、知识和专有技术，表现了当地的文化。它加强了当地社区的各种共有价值观，如社会凝聚力、团结与和平。

2. 东代恩凯尔克的马背捕虾传统（比利时，2013 年）

距比利时首都布鲁塞尔约 130 千米的北海之滨小镇东代恩凯尔克以"马背捕虾"活动而远近闻名。渔民骑上各自的高头大马走向海中，马背两侧各驮一只用来装渔网的大筐。强壮的马匹在海水中拖着绑在木板上的渔网，沿着浅滩缓慢行进，将隐藏在沙子里的小虾小蟹"一网打尽"。参与捕虾的布拉班特马是比利时本地马，肚圆腿粗，膘肥体壮。它们需要经受 1～2 个月甚至更长时间训练才能用于捕虾。渔民们收获的主要是当地盛产的灰虾，也叫"褐虾"，味道鲜美，营养丰富。比利时曾为此专门发行马背捕虾传统邮票（如图 16-2 所示）。

图 16-2 比利时发行的马背捕虾传统邮票

3. 济州岛海女（女性潜水员）文化（韩国，2016年）

海女是指不用潜水装备、徒手潜水捕捞海产品的女性渔民。海女文化在济州岛久负盛名，海女们依靠大海生活，一年四季靠采捕鲍鱼、海螺、海参等海产品维持生计。目前济州岛海女的人数已经不到5000人，大多数年龄超过50岁。

4. 风车和水车磨坊主技艺（荷兰，2017年）

风车和水车磨坊主技艺包括磨坊的操作和保养所需的知识和技能。磨坊主在相关文化历史的传承中扮演着重要角色，因此，磨坊和磨坊主技艺在荷兰社会有着重要的社会和文化功能。成立于1972年的磨坊主志愿者协会为对这一技艺感兴趣的人提供培训和后续支持，在非物质文化遗产的保护方面起到了重要作用。

5. 枣椰树相关知识、技能、传统和习俗（埃及等14国，2019年）

数个世纪以来，枣椰树在这些遗产申报国催生了许多相关的手工艺、职业和传统。传承人和从业人员包括椰枣农场主、看护枣椰树的农民、生产相关传统产品的手工艺者、椰枣商人、艺术家以及相关民间传说和诗歌的表演者。椰枣在帮助人们面对严酷的沙漠环境中的生活挑战方面发挥了关键作用，数百年来，该遗产的文化相关性和扩散表明当地社区十分重视对其的保护工作。

6. 克肯纳群岛的夏尔非亚捕鱼法（突尼斯，2020年）

克肯纳群岛的夏尔非亚捕鱼法是一种传统的被动捕鱼技术，该技术利用了当地的水文条件、海床轮廓以及海陆自然资源。夏尔非亚是一种固定的渔获装置，通常仅在每年的秋分至次年6月之间启用，以给海洋生物休养生息的时间。每年的装置重建是社区性活动。夏尔非亚捕鱼法需要捕鱼者对水下地形和海流有广泛的了解，是这里的岛民使用的主要捕鱼技术，因而成为该群岛所有岛民一致认同的元素。

7. 树林养蜂文化（白俄罗斯、波兰，2020年）

树林养蜂文化涉及与森林地区的树木蜂房或原木蜂房中繁育野生蜜蜂的有关知识、技能、做法、仪式和信仰。树林养蜂人以一种特殊的方式照养蜜蜂，尽可能减少对其自然生命周期的干扰。这种文化催生了多种社会实践，以及烹饪和医学传统。相关传承主要在树林养蜂家庭内部和兄弟之间进行。这一遗产不仅可以培养一种团体归属感，还能提高人们对环境责任的共同认知。

16.2.2 食物制作和消费习俗

对带有地标性质的单一食物的制作、消费和喜好，反映出一个地区的历史、文化，是领略传统文化的一个独特的视角。

1. 克罗地亚北部的姜饼制作技艺（克罗地亚，2010年）

姜饼最早出现在中世纪欧洲的一些修道院，后来流传到克罗地亚后形成了一门手艺。姜饼的制作过程需要技巧和速度。对所有制作者来说，配方是一样的，原料为面粉、糖、水和小苏打,以及一些必备的香料。制作时,先是将姜饼放在模具里成型,然后进行烘烤、干燥,最后用可食用颜料着色。每位姜饼制作人装饰姜饼的方式都别具匠心。心形姜饼最常见,大部分是为婚礼准备的,上面会写上新婚夫妇的姓名和结婚日期。每个姜饼制作人都有自己特定的经营区域,不与其他制作者的区域产生重叠。姜饼制作技艺代代相传达好几个世纪,最初只在男性之间传承,如今男女都可以学习这一技艺。姜饼已成为克罗地亚最知名的身份象征之一。

2. 仪式美食传统凯斯凯克(土耳其,2011年)

凯斯凯克是一种将小麦和肉类一起放在大锅中炖煮而成的土耳其传统美食。在土耳其人的婚礼和宗教节日中,这是必不可少的。小麦必须提前一天在祈祷中清洗完毕,然后放到大石臼中,随着当地传统的鼓乐和管乐进行研磨,由男女共同将小麦、肉骨块、洋葱、香料、水和油添加到锅中煮一天一夜。到第二天中午时分,村寨里最强壮的年轻人用木槌敲打凯斯凯克,在人群的欢呼声和特殊的音乐声中,凯斯凯克被分给人们共同享用。这种饮食与表演相结合的方式通过教授学徒而代代相传,已经成为当地人日常生活中不可缺少的一部分。

3. 泡菜的腌制与分享(韩国,2013年)

泡菜是韩国的传统日常食品。每年11月中旬到12月下旬,韩国家家户户都要制作到来年开春甚至来年一年全家吃的泡菜。韩国人认为,泡菜文化反映邻里间"分享"的精神,增强了人们之间的纽带感和归属感。不过近些年,随着西方饮食文化的盛行和韩国人工作的日益繁忙,韩国泡菜的消费量逐渐降低,泡菜行业受到冲击。

4. 薄饼,作为亚美尼亚文化表达的传统面包制作、意义和展现(亚美尼亚,2014年)

拉瓦什薄饼是亚美尼亚的一种传统食物。制作拉瓦什薄饼的主要原料是小麦粉、水和盐。拉瓦什薄饼一般长约1米,是一种柔软的大面包,通常与当地的奶酪、蔬菜或肉类一起食用。拉瓦什薄饼还是重要典礼上不可或缺的美食。亚美尼亚人结婚当天,新娘母亲会把两张拉瓦什薄饼分别搭在新娘和新郎的肩上,然后给两位新人各喂一小勺蜂蜜,象征新人今后的生活幸福甜蜜。

5. 朝鲜泡菜制作传统(朝鲜,2015年)

泡菜制作是朝鲜全国范围内的一个风俗,主要是由家中的女性制作。泡菜因其清爽的味道、独特的芳香以及营养学和药理价值,作为象征朝鲜民族的饮食而广为人知。自古以来,朝鲜人民把泡菜视为如同粮食一般重要,非常重视在冬季腌制泡菜。一到这个季节,人们就会腌制出全白泡菜、萝卜泡菜、包泡菜、腌芥菜等味道和芳香独特的各种泡菜。每个地方利用的材料和腌制方法各不相同。腌制泡菜时,邻居、亲戚或者同事们都会心甘情愿地互相帮忙。目前,在朝鲜的每个家庭里都能看到这样的场景。

6. 烤馕制作和分享的文化:拉瓦什、卡提尔玛、居甫卡、尤甫卡(阿塞拜疆等5国,2016年)

阿塞拜疆、伊朗、哈萨克斯坦、吉尔吉斯斯坦和土耳其的烤馕制作和分享的文化承载着多种社会功能，使其能长久地作为一种传统在这些国家广泛流传。制作烤馕（拉瓦什、卡提尔玛、居甫卡或尤甫卡）至少需要三个人，一般为家庭成员，每人在准备和烘焙环节发挥各自的作用。在乡村，邻居们会一起参与到烤馕的制作过程中。除了作为日常饮食，人们还在婚礼、婴儿降生、葬礼、各种节假日，以及祈祷仪式上分享烤馕。在阿塞拜疆和伊朗，人们将烤馕放在新娘的肩膀上，或是将其掰碎后撒在新娘头上，以此种方式祝福新人生活美满；在土耳其，人们将烤馕送给新人的邻居；在哈萨克斯坦，人们相信在葬礼上准备烤馕可以保护正在等待上帝审判的逝者；在吉尔吉斯斯坦，分享烤馕能为逝者带来一个更好的来世。烤馕制作和分享的文化通过家族传承和师徒传承得以延续，这些共同的文化根源增强了人们的归属感。

7. L'Oshi Palav 传统菜及相关社会文化习俗（塔吉克斯坦，2016年）

L'Oshi Palav 传统菜是塔吉克斯坦的传统食物，也被称为"三餐之王"。它用大米、蔬菜、肉和香料等烹制而成，现存有多种不同的烹饪方法，品种多达200种。L'Oshi Palav 被认为是一种包容性做法，旨在将不同背景的人聚集在一起，它适用于正常的用餐时间、社交聚会、庆祝活动和仪式。这道菜对塔吉克斯坦社区的重要性体现在"没有Osh，就没有熟人"或"如果你吃了某人的Osh，你必须尊重他们四十年"等谚语中。

8. 帕洛夫文化传统（乌兹别克斯坦，2016年）

乌兹别克斯坦有一种说法，客人只有在收到帕洛夫的邀请后才能离开主人的家。这道菜由米饭、肉、香料和蔬菜等食材制成，除了作为一顿普通的大餐享用外，还作为一种热情好客的姿态，用于庆祝婚礼和新年等特殊场合，帮助贫困的人，或纪念、逝去的亲人。制作和分享传统菜肴有助于加强社会联系，弘扬包括团结和统一在内的价值观，并有助于延续构成社区文化认同一部分的当地传统。

9. 那不勒斯披萨制作技艺（意大利，2017年）

披萨起源于那不勒斯，传统手制披萨手艺被当地厨师代代相传。和普通披萨的做法不同，那不勒斯披萨从面团的准备到入箱的烘烤，再到馅料的摆放以及披萨的旋转烘烤，这四个步骤的制作技法被当作一门科学，又被视为一项艺术。目前，那不勒斯当地约有3000名披萨师傅传承并沿袭着这一烹制技法，他们按照手艺的高低被分为披萨大师、披萨厨师和烘焙人三个等级。但不论任何一级厨师，他们都严格遵照固定的食谱和技艺来制作披萨。

10. 多尔玛制作和分享传统——文化认同的标志（阿塞拜疆，2017年）

传统膳食多尔玛的制作形式为使用青椒、茄子等蔬菜来包裹馅料，这些馅料通常包含肉、洋葱、大米、豌豆和香料。这顿饭在家庭或当地社区内共享，不同社区使用不同的方法、技术和原料来准备传统的饭菜。这一传统在整个阿塞拜疆都存在，在所有地区都被视为主要的烹饪实践。在特殊的场合和聚会上，人们都喜欢它，它表达了团结、尊重和好客。它代代相传，超越了国内的种族和宗教界限。

11. 马拉维的传统烹饪——恩西玛（马拉维，2017 年）

恩西玛是马拉维的传统烹饪，是由磨碎的玉米粉制成的浓粥。恩西玛的准备过程颇为讲究，首先要将玉米粒磨碎后放入面粉中，接着选择搭配的食物，然后再准备制作。食用恩西玛是家庭的共同传统，也是加强联系的机会。自幼年起，女孩们就学会了调制玉米粉来准备恩西玛，而男孩们则会寻找动物性食物来作为搭配。

12. 与古斯米的生产和消费有关的知识、技术和实践（阿尔及利亚、毛里塔尼亚、摩洛哥、突尼斯，2020 年）

与古斯米的生产和消费有关的知识、技术和实践包含了有关群体生产古斯米的方法、加工条件和工具，及其衍生的人工制品和消费的情况。古斯米的准备过程涉及一系列的操作，需要使用专用工具，且具有一定的仪式性。在不同地区、季节和场合，古斯米会搭配不同蔬菜和肉类食用。这道菜象征着团结、好客和共享美食等社会和文化理念。

13. 伊阿弗提亚，马耳他扁平酵母面包的烹饪艺术和文化（马耳他，2020 年）

伊阿弗提亚面包是马耳他群岛文化遗产的重要组成部分。这种面包皮厚，内部质地轻盈，带有不规则的大孔。常见食用方法为对半切开之后夹入地中海风味的食材，如橄榄油、西红柿、马槟榔和橄榄，以及其他季节性食材。将伊阿弗提亚作为零食或开胃菜的饮食文化能促进马耳他人的身份认同。熟练的面包师须以手工的方式为面包塑形。学徒在面包房学习和实践，同时还有各种其他类型的培训项目。

16.2.3 区域饮食

在具有相同文化特质的区域内，有时会存在一种特定时间段的，带有一定偏好的食物制作、消费和喜好，这反映了该区域文化发展中较为稳定的饮食文化。

1. 法国美食大餐（法国，2010 年）

法国美食大餐伴随着个人或群体生活的重要时刻，是庆祝各种活动如出生、结婚、生日、纪念日、庆功和团聚中的一项实用的社会风俗。节日盛宴是将人们聚集在一起，共享良酒美食艺术的大好机会。法国美食大餐所注重的是人与人之间的亲密和睦、味觉上的美好体验，以及人与自然之间的平衡。法国美食大餐的重要元素包括从不断完善的食谱中精心挑选菜肴；采购质优的原料和产品，而且最好都是当地的，这样其风味可以相融；食物与酒的搭配；餐桌布置的格调；以及消费过程中的某些具体行为，如闻、品餐桌上的美食佳肴。法国美食大餐遵循一些固定的程序，首先是开胃酒（饭前饮料），接着要至少连续上四道菜，第一道是前菜，第二道是配上蔬菜的鱼或肉，第三道是奶酪，第四道是甜点，结束的时候人们会喝一些烈性酒。那些可以被称作美食家的人拥有深厚的传统知识，并通过对这些仪式的观察将其保存在记忆之中，从而促进传统的口头或书面传承，特别是面向年轻一代的传承。法国美食大餐把家人和朋友更加紧密地联系在一起，从更普遍的意义上说，加强了社会联系。

2. 传统的墨西哥美食——地道、世代相传、充满活力的社区文化，米却肯州模式（墨西哥，2010年）

传统的墨西哥菜肴是一个囊括农业、礼仪习俗、古老的技艺、烹饪技术以及世代相传的风俗和礼节在内的综合性文化模式。这一饮食文化的基础是玉米、大豆、辣椒等食材；独特的耕作方法，如米尔帕斯（翻耕玉米田和其他农作物田）与奇那帕斯（在湖区开发耕地）；独特的烹饪过程，如玉米灰化过程（用石灰让玉米脱壳的过程，增加了其营养价值）；以及独特的餐具，如研磨石和石灰浆奇异餐具。基本的食品原料包括西红柿、南瓜、鳄梨、可可和香草等，为主食增加丰富的口感。墨西哥美食经过了精心准备且充满象征意义，如日常食用的玉米饼和类似粽子的玉米粉蒸肉，都是祭祀逝者的仪式中的组成部分。女性厨师和其他从业人员致力于提高米却肯州乃至墨西哥全国农作物和传统美食的地位。他们的知识和技术不仅表达了对社区的认同感，加强了社会联系，还构建了更为牢固的地方、区域和国家的身份认同。米却肯州还着重强调传统美食作为可持续发展手段的重要性。

3. 地中海饮食文化（克罗地亚等7国，2013年）

地中海饮食包括一系列技能、知识、操作和传统，涉及农作物种植、收获、打渔、保鲜、加工、制作以及分享和消费食物。地中海饮食的营养模式在历经时间和空间的变化后依然保持自己固有的特色，例如：使用橄榄油、谷物、新鲜或干水果和蔬菜、适量的鱼和奶制品以及肉类、大量的调味品和香料；以葡萄酒或茶佐餐；始终尊重每个社区的信仰。实际上，地中海饮食包含的不仅仅是食物，它对社会互动也起到了促进作用，因为社区饮食是社会风俗和节庆活动的基石。它为知识、歌曲、格言、故事和传说添砖加瓦。地中海饮食系统是对土地海洋和生物多样性的尊重，也是对地中海地区渔业和农业中的传统活动与技能的保护和促进。

4. 和食，日本人的传统饮食文化，以新年庆祝为最（日本，2013年）

和食是一套关于准备与享用食物及尊重自然资源的综合技巧、知识和传统。特别是在日本新年的庆祝活动中，它会以一种特殊晚宴的形式出现，新鲜的食材将以精美的摆盘方式呈现出来，并且有其各自的寓意。这些食物在家庭成员或者各个团体之间共同分享。关于和食的基本知识与技术会通过一家人共同进餐而传承下来。

5. 佩尔尼克地区的民间盛宴（保加利亚，2015年）

根据东正教历法，保加利亚的佩尔尼克地区在每年1月13日和14日都会举行苏罗瓦民俗宴会，庆祝新年。庆祝活动的核心是在该地区的村庄里举行的一种流行的化装仪式。第一天晚上，由男人、女人和孩子组成的化装舞会团体会戴上特制的面具和服装，前往村庄中心，在那里点火，与观看的观众嬉戏玩耍。一些参与者扮演特殊角色，如首领、新婚夫妇、牧师和熊。第二天一早，他们聚在一起，走遍全村，参观房屋。主人们带着仪式性的食物和礼物等待着他们的到来。在这一整年里，全家人都在收集面具和其他属性的材料，成年人教年轻人和儿童如何制作与众不同的面具和服装。

6. 新加坡的小贩文化，多元文化城市背景下的社区餐饮习俗（新加坡，2020 年）

小贩文化见于新加坡的各个角落。小贩们为小贩中心的食客准备各种食物。这些中心充当着"社区餐厅"，让不同背景的人们聚集在一起共享就餐体验。中心还开展棋牌、街头表演、自助绘画等活动。小贩中心从街头饮食摊贩演变而来，已成为新加坡多元文化城市国家的标志。小贩们一般售卖经过多年改良的特色食品，并将其食谱、知识和技能传授给年轻的家庭成员或学徒。

16.2.4 与食物相关的节庆

节日通常都伴随着相应的饮食，但在大多数情况下，饮食只是其中的配角。这里展示的是以食物为主角的节日，围绕特定食物展开的一系列相应的活动突显出人们对食物的感恩之情。

1. 赫拉尔德斯贝尔亨冬末火与面包节，克拉克林根面包圈与火桶节（比利时，2010 年）

赫拉尔德斯贝尔亨市在每年 3 月的第一个星期一举办年市，以庆祝冬季在 8 天前的星期天结束，克拉克林根面包圈与火桶节也在这时举行。节日仪式为参与者带来延续感以及历史感，并让人们再次重温那些代代相传的历史故事与传说。节前几天，商店开始装潢自己的橱窗，面包师开始烘烤特殊的克拉克林根面包圈，学校老师开始讲述节日与仪式的起源。到了节日当天，教堂主持及市议员会率领一支近千人的游行队伍，携带着面包、酒、鱼和火把，离开胡奈根姆教堂，前往乌登堡山，并攀至山顶的圣母礼拜堂。在礼拜堂中，教堂主持会为克拉克林根送上祝福并吟诵祈祷文。然后，他们把一万个克拉克林根面包圈投向人群，其中一个面包中夹着获奖券，奖品是一个特地为这一活动制造的黄金珠宝。晚上，人们重新聚集在山上，并点燃一个火桶，以庆祝春天的到来。

2. 赛夫劳樱桃节（摩洛哥，2012 年）

在摩洛哥赛夫劳地区，每年 6 月的三天里意义非凡，那是樱桃树硕果累累的日子，也是当地民众庆祝地域文化传承的日子。庆典期间，人们还会通过选美竞赛选出一位樱桃皇后，这份殊荣由来自赛夫劳当地和摩洛哥全国的佳丽竞争获得。在这三天里，她们各显风姿，争奇斗艳。而整个庆典的焦点集中在一场盛大的游行上，游行伴以地方音乐和传统服饰表演，精彩异常。游行队伍的正中就是樱桃皇后，她盛装上场，仪态华贵，向沿途的人群施赠樱桃。樱桃节是全民参与的盛事，手艺人为庆典服饰打造丝质纽扣，水果种植户提供樱桃，当地体育俱乐部操办体育比赛，再加上乐手和舞者的表演穿插其中，好不热闹。整个樱桃节为当地提供了一次全民参与、共聚共乐的好机会。年轻一代通常也积极参与，传承历史文化。樱桃节让当地人借此机会从历史中汲取养分，学会不忘本的道理，也明白尊重文化传承的意义。

3. Oshituthi shomagongo，马鲁拉水果节（纳米比亚，2015 年）

马鲁拉水果节在每年 3 月至 4 月举办。节日期间，纳米比亚北部 Awambo 社区的 8

个部落聚在一起，大家共同饮用一种由水果制成的饮料，以示各部团结。按照当地习俗，在节日的准备过程中，男女老幼各有分工。男人负责用木材制作酒杯和葫芦作为饮用器皿，并用羊角制成的尖锐工具来削切水果。女人负责制作篮子及陶罐来装水果。青少年帮助大人采摘水果并制成果汁。在制作过程中，不同部落、不同年龄和性别的人通力协作，彼此交流日常生活、手工艺技术以及理想抱负，加深认识和理解。他们也会吟诗歌唱，长者借此机会将农耕种植和手艺传授给年轻人。在这样的氛围中，文化、历史、习俗和人们的情感得以交融。

4. 阿尔贡古国际钓鱼文化节（尼日利亚，2016年）

阿尔贡古国际钓鱼文化节是尼日利亚西北部地区重要的年度节日，这一节日通常持续四天。在节日的最后一天将举行大型钓鱼比赛，来自该国和邻国成千上万的渔民在河边排成一列，渔民只允许使用传统的捕鱼工具，许多人更喜欢完全用手来抓鱼。听到枪声后，他们带着葫芦和网子冲入水中，急切地追赶。葫芦可以作为漂浮工具和鱼篓，也可以作为救生工具。最终，钓到最大鱼的获胜者可以带回家很大一笔奖金。除大型钓鱼比赛外，节日活动还包括野鸭捕捞、裸手钓鱼、独木舟比赛、跳水比赛等各种水上比赛。此外，还有多样化的农业表演、手工艺品展览、文化娱乐和音乐作品展示。

5. 传统石榴节庆典及文化（阿塞拜疆，2020年）

石榴节是每年10月至11月在阿塞拜疆盖奥克恰伊地区举办的年度节日庆典，意在庆祝石榴丰收及其数百年的食用历史和象征意义。石榴文化涵盖了有关石榴生产的程序、知识、传统和技能。它不仅用于各种美食的烹饪，还常见于手工艺品、装饰艺术品、神话故事等创意文化之中。该节日通过弘扬石榴的实用和象征意义彰显当地自然和文化。

16.2.5 酒水饮料

饮食似乎更强调"食"，但其实"饮"也扮演着一个不可或缺的角色。无论是含酒精的饮料还是不含酒精的饮料，都丰富了人们的物质生活和精神生活。

1. 古代格鲁吉亚人的传统克维乌里酒缸酒制作方法（格鲁吉亚，2013年）

克维乌里是一种卵形陶制容器，造型类似古希腊出土的双耳罐，使用时把内层涂抹蜂蜡的酒缸埋在地下，缸口外露，把葡萄装入缸内自然发酵，并在缸内完成陈酿。这种酒的历史可以追溯到公元前8000年左右。格鲁吉亚各个城镇、乡村的人们都用这种陶器来酿造和储存葡萄酒。这一传统在日常生活和佳节庆典中都扮演了重要角色，并且成为格鲁吉亚群体的文化认同感中不可分割的一部分，酒和葡萄藤成为格鲁吉亚的语言传统和歌曲中频繁出现的元素。这一文化遗产在家庭、邻里和朋友间相互传递，所有人都会加入共同收割和酿酒的活动。

2. 土耳其咖啡的传统文化（土耳其，2013年）

土耳其咖啡是一种采用原始煮法的咖啡，口感浓稠芳香。在历史上曾受奥斯曼帝国统治的土耳其、希腊及巴尔干半岛国家，仍在饮用土耳其咖啡。在土耳其，有一句谚语：

"喝你一杯土耳其咖啡，记你友谊四十年。"挂着招牌的咖啡店在土耳其的大街小巷比比皆是。许多土耳其人，尤其女性，还喜欢用喝完土耳其咖啡后残留的渣痕来占卜，这为土耳其咖啡增添了些许神秘色彩。

3. 阿拉伯咖啡，慷慨的象征（阿联酋、沙特阿拉伯、阿曼、卡塔尔，2015年）

在阿拉伯社会中，为客人提供阿拉伯咖啡是体现人们热情好客的一个重要方面，也是一种表现慷慨的仪式性行为。长久以来，咖啡都是在客人面前准备的。制作咖啡的第一步是选择咖啡豆，然后将其用浅口平底锅置于火上轻度烘焙，之后倒入研钵，用研杵捣碎。将捣好的咖啡粉放置在一个大的铜制咖啡壶内，加水后放在火上煮。一旦煮好，就倒入一个小一些的咖啡壶中，然后再用小壶将咖啡倒入小杯子中。第一杯咖啡首先倒给最尊贵或最年长的客人，一般只倒四分之一杯，可以续杯。按照惯例，客人至少要喝一杯，但是不要超过三杯。无论性别、阶层，全社会都可以制作并享用阿拉伯咖啡，尤其是在家中。该项目相关的知识和传统通过观察和练习在家族内得以承续。家庭中的年轻成员也会陪同年长者去市场学习如何挑选最上乘的咖啡豆。

4. 比利时啤酒文化（比利时，2016年）

制作和品尝啤酒是比利时各个社区的一项活态传统，在日常生活和节日习俗中扮演着重要角色。包括修道院在内的各个社区制作了近1500种啤酒，精酿啤酒尤其流行。啤酒还被用来烹饪、制作啤酒奶酪等产品，以及与其他食品搭配。这项传统在家族、社交圈、酒厂、大学和公众培训中心传承。

5. 沃韦酿酒师节（瑞士，2016年）

沃韦酿酒师节又称"葡萄种植者节"，该节日历史悠久，起源于17—18世纪当地酿酒师行会在沃韦街头举办的盛装游行。这项活动最初只是一个露天表演，但现在已是一个为期三周、包含十五项活动的节日庆典。庆典内容丰富多样，既有传统的最佳酿酒师颁奖仪式，也有音乐、食物和行进表演。

6. 用皮革袋酿制马奶酒的传统技艺及相关习俗（蒙古，2019年）

这一遗产包括马奶酒的酿造及相关器具的制作。马奶酒以母马乳汁发酵而成，典型容器为牛皮缝制的库克尔。在酿制过程中，盛装在库克尔中的新鲜马奶需要翻搅逾500次，发酵过程需要用到发酵剂。马奶酒是一种营养饮料，是蒙古饮食中的重要部分。传承者和从业者从父母那里继承相关知识，使数千年的传统得以延续。

7. 药草文化中的凉马黛茶习俗和传统知识，巴拉圭瓜拉尼传统饮料（巴拉圭，2020年）

凉马黛茶是一种传统饮品，其制作方法为于水壶或保温瓶中用冷水冲泡在研钵中碾碎的药草，饮用时倒入放有马黛茶叶的玻璃杯中，再用特制吸管啜饮。凉马黛茶制作是一种按照一系列预先设定的规则而进行的亲密仪式。每种药草都对健康有益，并包含着世代相传的智慧。这种实践不仅增强了社会凝聚力，且有助于提高人们对瓜拉尼丰富的文化和植物遗产的认识。

8. 中国传统制茶技艺及其相关习俗（中国，2022年）

中国传统制茶技艺及其相关习俗是有关茶园管理、茶叶采摘、茶的手工制作，以及茶的饮用和分享的知识、技艺和实践。

制茶师根据当地的风土，使用炒锅、竹匾、烘笼等工具，运用杀青、闷黄、渥堆、萎凋、做青、发酵、窖制等核心技艺，发展出绿茶、黄茶、黑茶、白茶、乌龙茶、红茶六大茶类及花茶等再加工茶，总数超过2000种，以不同的色、香、味、形满足着民众的多种需求。

饮茶和品茶贯穿于中国人的日常生活。人们采取泡、煮等方式，在家庭、工作场所、茶馆、餐厅、寺院等场所饮用茶与分享茶。在交友、婚礼、拜师、祭祀等活动中，饮茶都是重要的沟通媒介。以茶敬客、以茶敦亲、以茶睦邻、以茶结友为多民族共享，为相关社区、群体和个人提供认同感和持续感。

这一遗产项目世代传承，形成了系统完整的知识体系、广泛深入的社会实践、成熟发达的传统技艺、种类丰富的手工制品，体现了中国人所秉持的谦、和、礼、敬的价值观，对道德修养和人格塑造产生了深远影响，并通过丝绸之路促进了世界文明交流互鉴，在人类社会可持续发展中发挥着重要作用。

16.3 中国国家级非物质文化遗产

我国已初步建立起国家级和省、市、县四级非物质文化遗产代表作名录体系。在这个体系中，以饮食为主或与饮食相关的项目占有一定比例。饮食类项目主要出现在中国非物质文化遗产十大类别的"传统技艺"中，也有少量出现在"传统美术""传统医药""民俗"类别中，其他类别中也零星出现。

截至2021年年底，我国已公布五批国家级非物质文化遗产代表性项目名录，共计1557个项目，3610个子项。据不完全统计，其中涉及饮食的项目约有80多个，子项近200项（参见本书附录3）。

16.3.1 烹饪技艺

1. 中餐烹饪技艺与食俗（中国烹饪协会，第五批）

中国人对于食材与烹饪的知识，是通过一整套与食材遴选、配料加工、菜肴烹制和美食消费相关的实践与传统展现出来的。作为中国民众生活的重要组成部分，与中餐有关的知识和实践，在食材备制过程中，通过对"自然馈赠"的接纳、对"物候时节"的遵从和对"五味调和"的强调，持续展示着中国人在历史进程中逐渐形成的关于自然界和宇宙的知识，表述着与之相关的观念和思维范式，并形成了蕴含诸多支系的技能体系以及相关的工具和文化场所。随着人类文明的进步和技术的发展，这些知识与实践也在不断地演化和更新。它们既通过家庭或家族的代际传承，转化为个人在一日三餐中的饮食实践和在社会交往中的情感实践，又会借助职业群体，如厨师行会或协会内部的师徒教习，推动不同菜系技艺的发展与彼此之间的交流互鉴；同时，它们还会借助民众周性的实践积累，成为中国各地区不同仪式或习俗的组成部分，进而成为为相关社区、群体和个人提供认同感和归属感的文化标识。

2. 上海本帮菜肴传统烹饪技艺（上海市黄浦区，第四批）

本帮菜是上海的一张独特的文化名片——它是老上海人味觉上的一种集体记忆，它是上海这座城市味觉上的一种方言，它也是上海地域文化味道上的活化石。本帮菜中的诸多经典名菜在全国乃至海外华人圈中都有着广泛而深入的影响力。而这些经典名菜的背后，则是一整套鲜为人知的本帮菜肴传统烹饪技艺。本帮菜具有极其鲜明的上海地域特色，与鲁、苏、川、粤、浙、闽、徽、湘等八大菜系不同的是，本帮菜从初具雏形的时候开始，就一直坚持"做下饭小菜的文章"，最终将这一"文章"升华至"江南味道的最大公约数"的境界。这是一个长达百年左右的、由一代又一代新老上海人共同完成的无意识的集体创作。

3. 潮州菜烹饪技艺（广东省潮州市，第五批）

潮州菜起源于唐代潮州府城，至今传承不衰。它是中原文化、闽南文化和本地文化融合而成的独特菜系。其用料特点是新鲜，尤其重视海鲜，大多数食材取自本地。潮州菜的烹饪技艺精细，包括炒、炆、炖、炊（蒸）、油泡、炸、焗、白灼、烙、卤等20多种方法；特色鲜明，有打冷、卤水、一菜一味碟等独特风味。除技艺特征外，潮州菜还蕴含着丰富的地方文化元素，其中最具代表性的是工夫茶，还涉及中医学、养生学等多学科知识。同时，潮州菜还根据人们生活中所触及的婚丧喜庆等各种宴席设计不同的菜肴，使内容与形式相统一。如今，潮州菜已经在社区、乡村、大中小学广泛传播，并辐射至全国各地，乃至世界各地。

4. 土生葡人美食烹饪技艺（澳门特别行政区，第五批）

土生葡人美食烹饪技艺以葡萄牙式烹调为基础，融合了非洲、亚洲、欧洲的食材和烹调方式，是澳门独特的饮食文化通过这种技艺烹调而成的佳肴，被称为"土生菜"或"澳门菜"。土生菜的烹调技巧主要包括焖、烤、焗、炸、煨、炒、蒸等。常用食材有鸡肉、猪肉、牛肉、马铃薯、米粉，以及来自葡萄牙的马介休（鳕鱼）、红豆、西洋腊肠和黑橄榄等。部分菜色使用东南亚等地的香料调味，如番红花、咖喱、丁香、肉桂、黄姜粉等，也有使用中国的调味料如八角、姜、葱、酱油等。同时，受葡萄牙烹调方式的影响，烹饪过程中会注重红酒和白酒的运用，亦常以洋葱和西红柿来烩制各种食材。较具代表性的菜色有大杂烩、葡国鸡、非洲鸡、咸虾酸子猪肉等，还有马介休球、红酒提子蛋糕、虾多士等较受欢迎的咸甜食品。这项技艺在土生葡人家庭中世代相传，并逐渐融入大众饮食文化当中，成为澳门独特的美食烹调技艺。

16.3.2 名宴名食

1. 天福号酱肘子制作技艺（北京天福号食品有限公司，第二批）

天福号酱肉铺始创于清代乾隆三年（1738）。当时山东大旱，颗粒无收，山东掖县（今莱州市）人刘凤翔领着孙子刘抵明逃荒至京，在西单牌楼东北角开设了一家酱肉铺，取名为"天福号",寓意上天赐福。天福号制作的酱肘子香酥可口,品质上乘,吸引了上至达官贵人、下至平民百姓前来光顾。慈禧太后品尝后也大加赞赏,并赐"天福号腰牌",规定天福号每天凭腰牌定量送酱肘子进宫。自此,"天福号酱肘子"成为贡品,名声益振。天福号酱肘子的制作技艺是刘氏祖孙二人在经营中反复研究形成的,其酱制方法独特,与众不同。天福号酱肘子选料精细,制成后肥而不腻,瘦而不柴,皮不回性,浓香醇厚。

2. 牛羊肉烹制技艺(冠云平遥牛肉传统加工技艺)(山西省冠云平遥牛肉集团有限公司,第二批)

平遥牛肉是山西省平遥县独具地方风味的肉食产品,以色、香、味俱佳而享誉全国。这种牛肉颜色红润鲜亮,肉质细软绵嫩,味道清香醇厚,不仅营养丰富,而且有扶胃健脾的功效,是中华肉食的上佳产品。平遥牛肉的产地——平遥古城是世界文化遗产、国家历史文化名城,当地大量饲养和使用耕牛,这为牛肉传统加工技艺的发展提供了条件。在明清两代,晋商崛起,平遥商人四方经营,使得平遥成为各处货物的集散地,因而平遥牛肉也随着当地商业的发展而传遍大江南北。

3. 仿膳(清廷御膳)制作技艺(北京市西城区,第三批)

北京市仿膳饭庄是一家经营宫廷风味菜肴的中华老字号餐馆,位于北海公园漪澜堂、道宁斋等一组乾隆年间兴建的古建筑群中,1925年由原清宫御膳房的几名御厨共同创办。"仿膳"意为专门仿照宫廷御膳房的方法制作菜肴和点心等食物。仿膳饭庄是清廷御膳的研究整理、继承创新、经营保护单位,在几十年的经营中始终保持着宫廷风味的特色。为了挖掘和研制宫廷名菜,仿膳饭庄多次派人前往故宫博物院,在浩繁的御膳档案中整理出清代乾隆、光绪年间的数百种菜肴。其中,凤尾鱼翅、金蟾玉鲍、一品官燕、油攒大虾、宫门献鱼等菜肴最有特色;而名点则包括豌豆黄、芸豆卷、小窝头、肉末烧饼等。

4. 德都蒙古全席(青海省海西蒙古族藏族自治州德令哈市,第五批)

德都蒙古全席是蒙古族最古老、最隆重的一种宴席,一般只在盛大宴会、隆重集会、举行婚礼或接待贵宾时摆设。在盛宴开始之前,要举行隆重的仪式:拜天、拜地、拜祖先,颂"巴颜颂祝词",唱"朝廷歌""宗教歌""节庆歌"(盛宴三歌)等。德都蒙古全席是由三大宴席,即须弥尔席(白食盛宴)、全羊席(红食盛宴)、图德席(素食盛宴)共同构成的综合性宴席,其不仅是蒙古宫廷盛宴礼的延续,也是草原游牧文化的活化石,更是蒙古族传统文化的典型代表。德都蒙古全席所蕴含的基本构思和主题,既是蒙古族崇高的精神境界和美好心灵的自我彰显,也是蒙古族人民赖以生存、发展、鼓舞自己、教育后代的精神养料和动力。它反映了蒙古族民众对美好生活和美好未来的追求,倾诉了最纯真的理想和精神世界,对于增进社会凝聚力具有十分重要的现实意义。

16.3.3 面点小吃

1. 周村烧饼制作技艺(山东省淄博市,第二批)

周村烧饼是山东省淄博市周村的地方特产,清代末期曾作为贡品进奉朝廷。周村烧饼用料简单，只需用面粉、芝麻仁、食糖或食盐即可制成。它以薄、酥、香、脆而著称，"薄"是指烧饼薄如纸片，拿起折叠时会发出"唰唰"之声；"酥"是指烧饼入口一嚼便碎，一旦失手落地便会摔成碎片；"香"是指烧饼入口久嚼不腻，越嚼越香，回味无穷；"脆"则与"酥"相辅相成，给人以上佳的口感。独特的传统手工技艺、原料配方、延展成型和烘烤技术是周村烧饼成败的关键，其核心在于一个"烤"字。烤主要看火候工夫，所谓"三分案子七分火"，若非高手，掌握不好烤的技艺，烧饼的质量就难保上乘。

2. 都一处烧麦制作技艺（北京便宜坊烤鸭集团有限公司，第二批）

北京都一处老店创建于清代乾隆三年（1738），起初是山西人王瑞福开设的小酒店"王记酒铺"，乾隆十七年（1752）更名为"都一处"，主要经营烧麦。在数百年的发展过程中，都一处形成了一整套精湛的烧麦制作技艺，其中烧麦的擀皮工艺堪称一绝，每张烧麦皮都是24个褶。都一处烧麦品种之多，在全国仅此一家。老店最初以猪肉馅、牛肉馅、素馅和三鲜（猪肉、海参、虾仁）烧麦闻名，随后又根据季节时令的变化，增添了鱼肉、蟹肉、虾肉等海鲜馅的烧麦，以及以猪肉为主，分别与白菜、韭菜、茴香、南瓜、大葱、西葫芦等蔬菜搭配制成的四季烧麦。

3. 梨膏糖制作技艺（上海梨膏糖制作技艺）（上海市黄浦区，第五批）

老城隍庙梨膏糖是上海流传最久的传统土特产之一，其口感甜如蜜，松而酥，不黏不腻，有止咳化痰的功效。梨膏糖的制作技艺始于上海老城隍庙，旧时百姓无钱看病，便将中草药、糖和梨汁一起熬煮，制成梨膏糖来治疗，价廉物美，广受欢迎，渐渐成为当地生活的一部分。清代咸丰五年（1855），上海老城隍庙开设了首家梨膏糖店铺"朱品斋"，随后又分别开设了"永生堂"和"德甡堂"。这三家店铺互相竞争，又不断取长补短，于1956年公私合营时合并为上海梨膏糖食品厂。此后，创始人之一的曹德荣综合了三家店铺的私家秘方和制作技艺的精髓，这些技艺一直流传至今。梨膏糖的制作是一门精湛的手工技艺，由配料、熬糖、翻砂、浇糖、平糖、划糖、划边、刷糖、翻糖、掰糖、包装等十多道工序组成，工艺复杂，操作难，观赏性强。在很多古老技艺逐渐消亡的当下，上海梨膏糖食品厂通过以师带徒的形式，已将这一技艺传承至第四代。

4. 米粉制作技艺（沙河粉传统制作技艺）（广东省广州市，第五批）

沙河粉距今已有100多年的历史。据考证，沙河粉是由以打石为业的"东江客家人"传入广州的。民间流传着这样一个故事：清代小店"义和居"的店主樊阿香是沙河粉的首创者。沙河粉的传统做法是取白云山上的九龙泉水来浸泡大米，将大米磨成粉浆后蒸制，再切成条状即可。在沙河粉的传统制作过程中，最重要的是四道工序，即用水、选米、磨浆、蒸粉。"薄而透明、韧而爽滑"是沙河粉的独特之处。

16.3.4 茶酒饮品

1. 茅台酒酿制技艺（贵州省，第一批）

贵州茅台酒厂位于仁怀市西北6千米的茅台镇，地处赤水河东岸、寒婆岭下、马鞍山斜坡上，依山傍水，海拔约450米。茅台酒厂建于赤水河上游，此地水质好、硬度低、微量元素含量丰富，且无污染。峡谷地带微酸性的紫红色土壤，冬暖夏热、少雨少风、高温高湿的特殊气候，加上千年酿造环境，使得空气中充满了丰富而独特的微生物群落。茅台酒是大曲酱香型白酒，其生产工艺包括制曲、制酒、贮存、勾兑、检验、包装6个环节。整个生产周期为一年，端午踩曲，重阳投料，酿造过程中需要9次蒸煮，8次发酵，7次取酒，经过分型贮放和勾兑贮放，5年后包装出厂。茅台酒的酿制具有两次投料、固态发酵、高温制曲、高温堆积、高温摘酒等特点，由此形成了独特的酿造风格。

2. 绍兴黄酒酿制技艺（浙江省绍兴市，第一批）

绍兴酒是中国黄酒的杰出代表。绍兴酒一般在农历七月制酒药，九月制麦曲，十月制淋饭（酒娘）。大雪前后正式开始酿酒，到次年立春结束，发酵期长达80多天。绍兴酒以糯米为原料，经过筛米、浸米、蒸饭、摊冷、落作、主发酵、开耙、灌罐后酵、榨酒、澄清、勾兑、煎酒、灌罐陈酿等步骤造出成品酒。绍兴酒的主要品种包括元红酒、加饭酒、善酿酒、香雪酒四大类型。酿造绍兴酒的工具大部分为木、竹及陶瓷制品，少量为锡制品。这些工具种类繁多，主要包括瓦缸、酒坛、草缸盖、米筛、蒸桶、底桶、竹篓、木耙、大划脚、小划脚、木钩、木铲、挽斗、漏斗、木榨、煎壶、汰壶等。

3. 绿茶制作技艺（西湖龙井）（浙江省杭州市，第二批）

西湖龙井茶起源于唐代，成名于宋元明时期，至清代达到鼎盛。它主要产于浙江省杭州市西湖区，西湖的龙井村盛产色绿、香郁、味醇、形美的优质茶叶，因而名之为"龙井茶"。西湖龙井茶是中国名茶，以其为代表的绿茶与中国人的日常生活密切相关。通过长期的生产实践，西湖龙井茶区的茶叶栽植和制作技艺逐渐成熟，形成了选育良种、勤耕栽培、精细采摘、科学炒制等一系列茶叶生产经验，特别是在炒制过程中摸索出了一套具有鲜明技术特色的炒制工艺，其中包括抖、带、挤、甩、挺、拓、扣、抓、压、磨等龙井茶炒制的"十大手法"。整套茶叶制作工艺凝聚了当地茶农的智慧，显现出深厚的文化内涵。

4. 乌龙茶制作技艺（铁观音制作技艺）（福建省安溪县，第二批）

福建省安溪县产茶历史悠久，始于唐末，兴于明清，盛于现代。清代雍正、乾隆年间，安溪所产茶叶因品质特异、乌润结实、沉重似铁、香韵形美、犹如观音，故得名"铁观音"。安溪铁观音精湛的制作技艺在我国茶类制作技艺中别具一格。其传统制作技艺由采摘、初制、精制三个部分组成。制作安溪铁观音，先要以晒青、凉青、摇青等方法控制和调节茶青，使之发生一系列物理、生物变化，形成"绿叶红镶边"和独特的色、香、味，再以高温杀青，抑制酶的活性，最后进行揉捻和反复多次的包揉、烘焙，形成带有天然兰花香和特殊韵味的高雅茶品。安溪铁观音的传统制作技艺是安溪茶农长期生产经验和劳动智慧的结晶，具有较高的科学价值。

16.3.5 调味品

1. 清徐老陈醋酿制技艺（山西省清徐县，第一批）

山西老陈醋是"中国四大名醋"之一，主产地在清徐县的孟封、清源、徐沟、西谷等乡镇。山西老陈醋以当地种植的红高粱为主要原料，以各种皮糠为辅料，以红心大曲为发酵剂并以曲代料，经合理配料、蒸料，采用稀醪厌氧酒化，固态醋酸人工翻醅，按需人为变温发酵，经高温熏醅、高密度淋滤、高标准陈酿而成。这种具有明显地方特色的技艺在清徐世代相传，经不断改进、完善，形成一套独具北方风格的高级食醋酿制技艺流程。山西老陈醋色泽亮丽，入碗挂壁，集酿香、料香、醇香、酯香为一体，在民间素有"透瓶香"的美称。它的酸味纯正柔和、口感醇厚、微甜爽口、回味绵长，具有断腥、去臊、除膻、杀菌的功效，是烹煮各种美味佳肴的精制调味料，同时也有助于养身健体、治病美容。

2. 镇江恒顺香醋酿制技艺（江苏省镇江市，第一批）

镇江恒顺香醋创始于1840年，是"中国四大名醋"之一，具有独特的酿造技艺，使用固态分层发酵方法，由此酿造出"酸而不涩，香而微甜，色浓味鲜，愈存愈醇"的独特风味。在同类产品中，镇江恒顺香醋不仅在色、香、味等方面占有优势，而且各项理化指标（不挥发酸、氨基酸、酯等）也位居前列。镇江恒顺香醋的原料考究，必须是来自江浙鱼米之乡的优质糯米。其酿造技艺共经历40多道工序，即便不包括储存时间也要耗时60多天。

3. 豆瓣传统制作技艺（郫县豆瓣传统制作技艺）（四川省郫县，第二批）

郫县豆瓣是重要的川菜烹饪调味料，被誉为"川菜之魂"。郫县位于四川省成都平原中部，这里盛产蚕豆和辣椒。明末清初，一位陈姓人士流落至四川，在特殊情况下将发霉的胡豆瓣与辣椒拌食，竟发现其滋味奇佳。陈氏家族落户郫县后，开始经营酿造生意。清代嘉庆八年（1803），陈氏孙辈陈逸仙在县城西街开设"顺天号酱园"。清代咸丰三年（1853），陈逸仙之孙陈守信在南街将顺天号与他店合并，开设"益丰和酱园"。陈守信潜心钻研豆瓣制作技艺，总结出"晴天晒，雨天盖，白天翻，夜晚露"的十二字真诀，至此，郫县豆瓣传统制作技艺臻于完善。清代光绪三十一年（1905）后，陈守信之子陈竹安仔细研究辣椒、胡豆、盐三者之间的配合比例，经过反复实践，改良了原有的豆瓣制作技艺，并开发出黑豆瓣、金钩豆瓣、香油豆瓣等品种。1956年，随着公私合营的推进，以益丰和酱园为主体成立了郫县豆瓣厂。

4. 腐乳酿造技艺（王致和腐乳酿造技艺）（北京市海淀区，第二批）

清代康熙八年（1669），安徽举人王致和进京赶考，暂住在北京的安徽会馆。在备考期间，他依靠贩卖豆腐维持生计。王致和利用老家的腐乳酿造技艺保存剩余的豆腐，在不经意间发明了"臭豆腐"这一独特品种。随后，臭豆腐的生意日益红火，王致和便决定弃学从商，于清代康熙十七年（1678）在前门外延寿寺街创办了"王致和南酱园"，采用前店后厂的经营模式，专门生产臭豆腐。王致和腐乳酿造技艺传承了毛霉型发酵腐乳的制作工艺，主要生产红腐乳和青腐乳（臭豆腐），其产品具有"细、软、鲜、香"的特点。王致和腐乳以大豆为原料，以红曲、白酒、白糖、食盐为辅料，经微生物发酵而成。其制作工艺较为复杂，从原料投入到成品产出需经过几十道工序，耗时3个多月。

16.3.6 饮食习俗

1. 彝族跳菜（云南省南涧彝族自治县，第二批）

彝族跳菜又称"抬菜舞"，彝语称"吾切巴"，是云南省南涧彝族自治县境内流传的一种礼节性风俗舞蹈。它起源于古老的祭祀，长期以来一直在南涧彝族地区流传不息。彝族民间举办宴席时，为敬重宾客、增加喜庆气氛，人们往往要跳起这种舞蹈。在《奉圣乐》的伴奏下，舞者捧盘或托盘起舞，舞姿多以旋转为主，舞袖旋转，姿态繁多，时而刚劲，时而蹁跹。彝族跳菜反映了彝族人民对丰收的喜悦和对美好生活的憧憬，展现出他们善良淳朴、热情好客的特点，具有原始宗教及民俗文化等方面的研究价值。目前，彝族跳菜这一古老的民间文化活动后继乏人，已处于濒危状态，亟待保护传承。

2. 查干淖尔冬捕习俗（吉林省前郭尔罗斯蒙古族自治县，第二批）

查干淖尔冬捕习俗流传于吉林省前郭尔罗斯蒙古族自治县的查干湖、月亮泡周边地区。查干湖是"中国七大淡水湖"之一，蒙古语称"查干淖尔"，意为"白色的湖泊""圣洁的湖泊"。东北地区有着悠久的渔猎历史，查干湖向来都是天然的渔猎之地。蒙古族崇尚自然，素有祭天、祭山、祭水的传统。1211年，成吉思汗占领金国塔虎城后，特地前往查干湖祭祀，由此产生了祭湖仪式。随后，在查干湖地区，祭湖、醒网仪式逐渐固定化，当地渔民每年在冬捕前都要祭湖、醒网，久而久之便形成了独具特色的查干淖尔冬捕习俗。这一习俗是前郭尔罗斯地域民俗文化和渔猎文化的集中反映，具有民族学、民俗学等方面的研究价值。目前，气候、环境的变化和科技的发展对查干淖尔冬捕习俗产生了巨大影响，使这种带有远古色彩的渔猎文化日趋衰落，急需保护。

3. 径山茶宴（浙江省杭州市余杭区，第三批）

径山茶宴是浙江省杭州市余杭区径山万寿禅寺接待贵客上宾时的一种大堂茶会，是独特的以茶敬客的庄重传统茶宴礼仪习俗，是中国古代茶宴礼俗的存续。径山茶宴起源于唐代中期，据《余杭县志》记载，唐代径山寺开山祖师法钦有"佛供茶"的传统，这一习俗盛行于宋元时期，后流传至日本，成为日本茶道之源。按照寺里的传统，每当贵客光临，住持就要在明月堂举办茶宴招待客人。径山茶宴包括张茶榜、击茶鼓、恭请入堂、上香礼佛、煎汤点茶、行盏分茶、说偈吃茶、谢茶退堂等十多道仪式程序，宾主或师徒之间用"参话头"的形式问答交谈，机锋偈语，慧光灵现。以茶参禅问道，是径山茶宴的精髓和核心。径山茶宴具有悠久的历史价值和丰富的文化内涵，以茶论道，禅茶一味，体现了中国禅茶文化的精神品格，丰富并提升了中国茶文化的内涵。

4. 徐州伏羊食俗（江苏省徐州市，第五批）

徐州伏羊食俗是徐州及周边相邻地区特有的民俗文化，历史悠久，传承至今。徐州伏羊食俗历经数千年的发展和演变，"冬吃三九，夏吃三伏"，已经和徐州人民的日常生活融为一体。每年入伏之际，即初伏之日开始，老百姓都会制作各种各样有关羊肉的美食，宴请亲朋好友。徐州有关部门还会举办各种庆典活动，人们集聚在各个羊肉馆观看伏羊活动、吃伏羊宴等。在徐州羊肉馆中大都存在师承关系，师父通过口传心授的方式，把徐州伏羊食俗菜品传承下去。吃伏羊是徐州的传统饮食习俗，为国内仅有，经历代流传，已形成了一种地方风味浓郁的习俗。

同步练习

一、判断题

1. 平遥牛肉的产地——平遥古城是世界文化遗产，所以"平遥牛肉传统加工技艺"也属于世界文化遗产。（　　）
2. 人类非物质文化遗产"传统的墨西哥美食"涉及的区域是米却肯州，而不是墨西哥全国。（　　）

二、单项选择题

1. 克罗地亚北部的姜饼制作非常有名，（　　）形姜饼最常见。
   A. 人　　　　　B. 心　　　　　C. 屋　　　　　D. 雪花
2. 第五批国家级非物质文化遗产项目"潮州菜烹饪技艺"属于（　　）烹饪技艺的重要组成部分。
   A. 山东菜　　　B. 江苏菜　　　C. 广东菜　　　D. 四川菜
3. 第二批国家级非物质文化遗产项目"（　　）族跳菜"，是云南省南涧（　　）族自治县境内流传的一种礼节性风俗舞蹈。
   A. 彝　　　　　B. 傣　　　　　C. 白　　　　　D. 佤

三、多项选择题

1. 非物质文化遗产是人类的一种特殊遗产，其特点是具有（　　）。
   A. 传承性　　　B. 社会性　　　C. 无形性　　　D. 多元性　　　E. 活态性
2. 我国已初步建立起（　　）四级非物质文化遗产代表作名录体系。
   A. 国家级　　　B. 省级　　　C. 市级　　　D. 县级　　　E. 乡级

四、简答题

1. 请列举 5 个被列入人类非物质文化遗产代表作名录的饮食类项目。
2. 被列入中国国家级非物质文化遗产代表性项目名录的烹饪技艺有哪些？

五、体验题

你的家乡有哪些饮食类非物质文化遗产？请制作幻灯片与同学们分享。

第 16 讲　同步练习答案

附　录

附录1　中国饮食文化类博物馆

名称	地址	类型
北京烤鸭博物馆	北京市西城区前门西大街14号	特色食品
北京茶叶博物馆	北京市西城区广安门外马连道14号茶叶大世界4层	茶酒
六必居博物馆	北京市西城区前门外粮食店街3号	调味品
北京乾鼎老酒博物馆	北京市东城区鼓楼赵府街69号	茶酒
首都粮食博物馆	北京市东城区永定门外三元街17号大磨坊文化创意园3号楼	食材
北京自来水博物馆	北京市东城区东直门外香河园街3号	食材
中国农业博物馆	北京市朝阳区东三环北路16号	综合类
北京御仙都皇家菜博物馆	北京市海淀区西四环北路117号	特色食品
王致和腐乳科普馆	北京市海淀区阜石路41号	特色食品
北京龙徽葡萄酒博物馆	北京市海淀区玉泉路2号	茶酒
中华小吃博物馆	北京市丰台区万丰路306号	特色食品
北京便宜坊焖炉烤鸭技艺博物馆	北京市丰台区富丰路2号星火科技大厦2层	特色食品
核桃博物馆	北京市门头沟区清水镇北京国际核桃庄园	特色食品
首都牛奶科普馆	北京市大兴区瀛海镇瀛昌街8号	特色食品
中国西瓜博物馆	北京市大兴区庞各庄镇政府院内	特色食品
葡萄博物馆	北京市大兴区采育镇万亩葡萄观光园	特色食品
蘑菇博物馆	北京市顺义区北石槽镇西赵各庄村	食材
北京豆腐文化博物馆	北京市延庆区井庄镇柳沟村	特色食品
北京二锅头酒博物馆	北京市怀柔区怀柔镇王化村	茶酒
北京果脯博物馆	北京市怀柔区庙城镇郑重庄村631号	特色食品
华梦酒文化博物馆	天津市滨海新区茶淀镇孟圈村	茶酒
义聚永酒文化博物馆	天津市宁河区二经路37号	茶酒

（续表）

名称	地址	类型
腾源羊文化博物馆	天津市滨海新区大港中塘镇	食材
中国枣酒文化博物馆	石家庄市行唐县	茶酒
河北海盐博物馆	沧州市黄骅市渤海路中段	调味品
中国皇家酒文化博物馆	承德市平泉市东方街204号	茶酒
中国板栗博物馆	唐山市迁西县西环路24号	特色食品
保定宴饮食博物馆	保定市高新区朝阳北大街2239号	地方菜
临城核桃博物馆	邢台市临城县绿岭中国核桃小镇	特色食品
魏县梨文化博物馆	邯郸市魏县魏祠公园东门北侧	特色食品
中国黄瓜博物馆	邯郸市馆陶县翟庄村	食材
山西面食博物馆	太原市万柏林区和平南路139号	特色食品
东湖醋园	太原市杏花岭区马道坡街26号	调味品
中国醋文化博物馆	太原市清徐县文源路中段21号	调味品
晋商茶庄博物馆	大同市平城区云路街与府学门街交叉口南150米	茶酒
中华灶君文化博物馆	晋中市榆次区	民俗
河东盐业博物馆	运城市盐湖区解放南路386号西北方向170米	调味品
内蒙古北上荞麦民俗博物馆	呼和浩特市武川县青山路附近	食材
内蒙古酒文化博物馆	巴彦淖尔市杭锦后旗陕坝镇建设街39号	茶酒
中国薯都马铃薯博物馆	乌兰察布市察哈尔右翼前旗	食材
丰镇月饼博物馆	乌兰察布市丰镇市食品产业园区内	特色食品
通辽玉米博物馆	通辽市科尔沁区钱家店镇农业科学研究院	食材
宁城苹果博物馆	赤峰市宁城县小城子镇柳树营子村	特色食品
沈阳华夏饮食文化博物馆	沈阳市浑南区观棋路333号	综合类
老龙口酒博物馆	沈阳市大东区珠林路1号	茶酒
大连酒文化博物馆	大连市甘井子区大连湾后关村长兴酒庄内	茶酒
饺子博物馆	大连市中山区海之韵路49号东方水城B31栋	特色食品
中国箸文化陈列馆	大连市开发区中华路辽河西三路12号	食器具
河蟹博物馆	盘锦市盘山县胡家镇胡家河蟹批发市场附近	食材
吉林省酒文化博物馆	长春市南关区亚泰大街9699号	茶酒
葡萄酒文化博物馆	吉林市丰满区江南乡孟家村七队圣鑫葡萄酒庄	茶酒
大泉源酒业历史文化博物馆	通化市通化县大泉源村宝泉街	茶酒
文园酒文化博物馆	哈尔滨市南岗区花园街道闽江路111号	茶酒
富裕老窖白酒博物馆	齐齐哈尔市富裕县街基路1号	茶酒
中国古茶器博物馆	上海市黄浦区三牌楼路25之1–2号	食器具

(续表)

名称	地址	类型
陈博士茶文化美学博物馆	上海市黄浦区方浜路上海老街牌坊	茶酒
中国乳业博物馆	上海市静安区江场西路1550号	特色食品
中国鱼文化博物馆	上海市杨浦区军工路318号	食材
上海自来水科技馆	上海市杨浦区杨树浦路830号	食材
中国烟草博物馆	上海市杨浦区长阳路728号	特色食品
上海民间筷子博物馆	上海市虹口区多伦路191号	食器具
上海清美豆制品博物馆	上海市浦东新区宣桥镇三灶工业园	特色食品
可口可乐博物馆	上海市浦东新区桂桥路539号	特色食品
上海啤酒博物馆	上海市松江区松金公路10053号	茶酒
上海国际酒文化博物馆	上海市松江区辰花路3888号	茶酒
上海梨文化博物馆	上海市松江区富永路2000号	特色食品
四海壶具博物馆	上海市嘉定区曹安公路1978号	食器具
太太乐鲜味博物馆	上海市嘉定区星华公路969号太太乐食品公司厂区内	调味品
中国菇菌博物馆	上海市奉贤区金海公路7299号	食材
崇明灶文化博物馆	上海市崇明区向化镇	食器具
徐州食文化博物馆	徐州市云龙区食品城经七路彭祖楼南隔壁	地方菜
世界银杏博览馆	徐州市邳州市沙沟湖水杉公园隆欣阁	特色食品
洋河酒文化博物馆	宿迁市宿城区洋河镇中大街118号	茶酒
中国粮食博物馆	宿迁市宿城区五谷广场	食材
中国淮扬菜文化博物馆	淮安市清江浦区河畔路88号	地方菜
茅台酒艺术博物馆	淮安市淮安区龙窝巷15号	茶酒
盱眙龙虾博物馆	淮安市盱眙县山水大道1号	食材
中国淮扬菜博物馆	扬州市广陵区南通东路128号康山文化园	地方菜
两淮盐运博物馆	扬州市仪征市十二圩镇侉子街1号	调味品
中国鸭文化博物馆	扬州市高邮市捍海南路1号	食材
中国河蟹博物馆	泰州市兴化市泓膏生态园	食材
里下河渔业文化博物馆	泰州市兴化市沙沟镇中心街59号西南方向60米	食材
中国海盐博物馆	盐城市亭湖区开放大道2号	调味品
中国西瓜博物馆	盐城市东台市三仓镇现代农业产业示范园	特色食品
江海美食博物馆	南通市崇川区三鲜街7号楼	特色食品
镇江中国醋文化博物馆	镇江市丹徒区广园路66号	调味品
阳羡茶文化博物馆	无锡市宜兴市西渚镇横山村	茶酒
苏州市苏帮菜餐饮文化博物馆	苏州市姑苏区带城桥路99号	地方菜

（续表）

名称	地址	类型
江南茶文化博物馆	苏州市吴中区东山镇碧螺村西坞 158 号	茶酒
中国太湖农家菜文化展览馆	苏州市吴江区震泽镇驳岸路 67 号	地方菜
巴城蟹文化博物馆	苏州市昆山市巴城老街西端	食材
安佑猪文化博物馆	苏州市太仓市新港中路 239 号	食材
中国茶叶博物馆（双峰馆区）	杭州市西湖区龙井路 88 号	茶酒
中国茶叶博物馆（龙井馆区）	杭州市西湖区翁家山 268 号	茶酒
大麦本草博物馆	杭州市西湖区转塘镇河山路 176 号	食材
中国杭帮菜博物馆	杭州市上城区虎玉路 9 号	地方菜
中策烹饪艺术博物馆	杭州市拱墅区莫干山路 142 号中策职业学校内	技艺类
运河谷仓博物馆	杭州市临平区塘栖镇水北街乾隆御碑北侧	综合类
江楠糕版艺术馆	杭州市临平区塘栖镇超山路 88 号	食器具
运河美食展示馆	杭州市余杭区运河街道五杭集镇	特色食品
临安山核桃文化体验馆	杭州市临安区玲珑工业园区锦溪南路 998 号	特色食品
宁波菜博物馆	宁波市海曙区南郊路 293 号	地方菜
赵大有宁式糕点博物馆	宁波市海曙区联丰中路 499 号	特色食品
宁波茶文化博物院	宁波市海曙区花果园巷 1 号月园	茶酒
鱼文化博物馆	宁波市海曙区鄞江镇鲍家墈 293 号	食材
王大升博物馆	宁波市海曙区新庄路 185 号	茶酒
慈城年糕体验馆	宁波市江北区慈城中华路 106 号	特色食品
宁波黄酒文化博物馆	宁波市北仑区甬江路 15 号	茶酒
鄞州雪菜博物馆	宁波市鄞州区东吴镇平窑村	特色食品
余姚榨菜博物馆	余姚市临山镇滨海现代农业先导区	特色食品
中国淡水鱼博物馆	湖州市吴兴区长岛公园 6 号	食材
嘉兴粽子文化博物馆	嘉兴市南湖区月河历史街区中基路 35 号	特色食品
米开朗冰激凌博物馆	嘉兴市南湖区白云桥路 317 号	特色食品
酒文化博物馆	嘉兴市嘉善县西塘古镇	茶酒
粽子博物馆	嘉兴市海宁市长安互通附近	特色食品
海宁新仓谷堡稻米博物馆	嘉兴市海宁市新海公路与丁袁公路交汇处东北角	综合类
中国黄酒博物馆	绍兴市越城区下大路 557 号	茶酒
绍兴菜博物馆	绍兴市越城区袍江世纪街浙江农业商贸职业学院内	地方菜
浙江亦尧茶道博物馆	绍兴市越城区东浦镇浦阳路 1 号	茶酒
中国酱文化博物馆	绍兴市柯桥区平水镇新桥村	调味品
中国香榧博物馆	绍兴市诸暨市浣东街道十里牌	特色食品

（续表）

名称	地址	类型
中国盐业博物馆	舟山市岱山县岱西镇茶前山村	调味品
中国海洋渔业博物馆	舟山市岱山县东沙镇解放路 203 号	综合类
中国柑橘博物馆	台州市黄岩区澄江街道凤洋村	特色食品
金华酥饼博物馆	金华市婺城区始丰路 325 号	特色食品
中国火腿博物馆	金华市婺城区金帆街 1000 号	特色食品
衢州市非物质文化小吃博物馆	衢州市柯城区进士巷 26 号	特色食品
中国蜜蜂博物馆	衢州江山市虎山街道马车村荷花塘 63 号	特色食品
中国庆元香菇博物馆	丽水市庆元县咏归路 6 号	食材
缙云烧饼博物馆	丽水市缙云县轩辕文化街	特色食品
缙云爽面博物馆	丽水市缙云县舒洪镇姓王村	特色食品
安徽省徽厨博物馆	合肥市蜀山区湖光路与沁源路交口西北角刘园内	餐饮
草莓博物馆	合肥市长丰县水湖镇	特色食品
中国稻米博物馆	合肥市庐江县同大镇 X096 号广巢路	食材
古井酒文化博览园	亳州市谯城区古井镇三曹大道	茶酒
中国白酒博物馆	亳州市谯城区古井镇三曹大道南 50 米	茶酒
高炉酒文化博物馆	亳州市涡阳县高炉镇	茶酒
中国粮仓博物馆	阜阳市颍州区人民西路 1111 号	综合类
砀山梨文化博物馆	宿州市砀山县良梨镇梨树王景区	特色食品
中国石榴博物馆	淮北市烈山区榴园村	特色食品
八公山豆腐文化主题馆	淮南市八公山区	特色食品
迎驾酒文化博物馆	六安市霍山县佛子岭镇迎驾大桥	茶酒
傻子瓜子博物馆	芜湖市经济开发区年氏工业园内	特色食品
安徽缘酒文化博物馆	铜陵市枞阳县陈瑶湖镇黄酒园	茶酒
宣酒文化博物馆	宣城市宣州区拱极路 28 号	茶酒
中国徽菜博物馆	黄山市屯溪区迎宾大道 62 号	地方菜
徽州糕饼博物馆	黄山市屯溪区迎宾大道 38 号	特色食品
工艺造型茶博物馆	黄山市屯溪区老街 104 号	茶酒
黄山太平猴魁博物馆	黄山市屯溪区延安路 3 号	茶酒
老谢家茶博物馆	黄山市徽州区迎宾大道 118 号	茶酒
谢裕大茶文化博物馆	黄山市徽州区谢裕大东路 99 号	茶酒
祁红博物馆	黄山市祁门县祥源祁红产业园	茶酒
休宁龙湾五城茶干工艺博物馆	黄山市休宁县五城镇龙湾工业园区	特色食品
徽茶文化博物馆	黄山市休宁县龙跃路 6 号东南方向 130 米	茶酒

(续表)

名称	地址	类型
闽菜文化博物馆	福州市仓山区福湾路福州海峡奥林匹克体育中心	地方菜
福建天天筷子文化博物馆	福州市仓山区盖山镇齐安村	食器具
厦门博饼民俗园	厦门市湖里区东渡路海沧大桥旅游区内	特色食品
福建省鼓浪屿馅饼食品文化博物馆	厦门市思明区前埔中二路 838-840 号	特色食品
路达厨艺文化艺术博物馆	厦门市集美区杏滨路 1036 号	食器具
石狮市海峡渔文化博物馆	泉州市石狮市鸿山镇东埔三村老人活动中心 4 层	食材
天福茶博物院	漳州市漳浦县盘陀镇 324 国道旁	茶酒
武夷山茶博物馆	南平市武夷市中华武夷茶博园内	茶酒
自来水博物馆	台北市中正区思源街 1 号	食材
郭元益糕饼博物馆	台北市士林区文林路 546 号	特色食品
牛轧糖博物馆	新北市土城区自强里	特色食品
台湾糖业博物馆	高雄市桥头区桥南里糖厂路 24 号	调味品
台湾盐博物馆	台南市七股区盐埕里 69 号	调味品
台湾亚典蛋糕密码馆	宜兰县宜兰市梅洲里梅洲二路 122 号	特色食品
宜兰饼发明馆	宜兰县苏澳镇海山西路 369 号	特色食品
陈年美酒博物馆	南昌市东湖区翠林路 82 号附近	茶酒
酒博物馆	南昌市东湖区董家窑街道富大有路 9 号赣昌大厦	茶酒
中国鲁菜文化博物馆	济南市章丘区山东旅游职业学院内	地方菜
泉水豆腐博物馆	济南市历下区后宰门街 77 号附近	特色食品
青岛啤酒博物馆	青岛市市北区登州路 56 号	茶酒
青岛葡萄酒博物馆	青岛市市北区延安一路 68 号	茶酒
青岛海产博物馆	青岛市市南区莱阳路 4 号	食材
青岛崂山茶博物馆	青岛市崂山区王哥庄晓望社区	茶酒
胶东花饽饽文化博物馆	青岛市莱西市上海路 152 号	特色食品
张裕酒文化博物馆	烟台市芝罘区大马路 56 号	茶酒
中国龙口粉丝博物馆	烟台市招远市金岭镇	特色食品
昭泰面塑艺术博物馆	烟台市莱州市平里店镇	特色食品
德州扒鸡文博馆	德州市德城区商贸大道 1389 号	特色食品
中国金丝小枣文化博物馆	德州市乐陵市碧霞大街 6 号	特色食品
博山聚乐村饮食文化博物馆	淄博市博山区颜北路 162 号	地方菜
淄博市聚合斋周村烧饼博物馆	淄博市周村区米河路 127 号	特色食品
齐鲁酒文化博物馆	淄博市高青县中心路 45 号	茶酒
中国蔬菜博物馆	潍坊市寿光市圣城东街寿光国际会展中心	食材

(续表)

名称	地址	类型
景芝酒文化博物馆	潍坊市安丘市景芝镇	茶酒
中外酒瓶博物馆	枣庄市滕州市龙泉文化广场	茶酒
郯城银杏博物馆	临沂市郯城县新村乡	特色食品
中国粮食博物馆	郑州市高新区莲花街100号河南工业大学	综合类
百汇饮食文化博物馆	郑州市惠济区百汇文化创意产业基地	食器具
中国厨房文化博物馆	郑州市郑东新区大信工业园内	食器具
中国紫薯博物馆	郑州市中牟县弘亿国际庄园	食材
开封饮食文化博物馆	开封市鼓楼区大梁门景区内大梁门城楼	地方菜
洛阳老雒阳饮食博物馆	洛阳市涧西区青岛路与西苑路交会处	地方菜
洛阳真不同水席博物馆	洛阳市老城区中州东路359号	地方菜
中国岩盐博物馆	平顶山市叶县叶公大道与叶廉路交叉口东1千米处	调味品
小麦博物馆	焦作市温县县城西	食材
中国烹饪文化博物馆	新乡市长垣市食博园内	地方菜
华夏酒文化博物馆	商丘市睢阳区宋城路158号	茶酒
光山县茶具博物馆	信阳市光山县司马光中路66号	茶酒
中国鸡文化博物馆	信阳市固始县固始鸡生态养殖园内	食材
鄂菜博物馆	武汉市经济技术开发区东风大道816号武汉商学院内	地方菜
杨楼子湾老榨坊博物馆	武汉市黄陂区盘龙城叶店正街	特色食品
孝感麻糖米酒博物馆	孝感市孝南区航空路223号	特色食品
沔阳三蒸博物馆	仙桃市沔街杜柳社区	特色食品
潜江小龙虾博物馆	潜江市紫月路湖北龙展馆	特色食品
公安县小龙虾博物馆	荆州市公安县湖堤镇治安路4号	特色食品
中国沙洋油菜博物馆	荆门市沙洋县经济开发区启林大道	食材
中国三峡柑橘博物馆	宜昌市夷陵区官庄村柑橘广场	特色食品
中国硒茶博物馆	恩施土家族苗族自治州恩施市舞阳坝街道马鞍山土家女儿城25栋	茶酒
长沙玉和醋文化博物馆	长沙市长沙县榔梨镇龙华路47号	调味品
隆平水稻博物馆	长沙市芙蓉区人民东路	食材
辣椒博物馆	长沙市望城区柯柯农艺梦工厂	调味品
宁乡花猪博物馆	长沙市宁乡市	食材
益阳黑茶民俗博物馆	益阳市赫山区环保路20号	茶酒
中国黑茶博物馆	益阳市安化县东坪镇	茶酒
黄花菜博物馆	衡阳市祁东县黄土铺镇	食材

（续表）

名称	地址	类型
中国杨梅生态博物馆	怀化市靖州苗族侗族自治县坳上镇响水村	特色食品
珠江－英博国际啤酒博物馆	广州市海珠区阅江西路磨碟沙大街118号	茶酒
广东省凉茶博物馆	广州市黄埔区科学城金峰园路2号	特色食品
王老吉凉茶博物馆	广州市白云区沙太北路389号	特色食品
岭南酒文化博物馆	佛山市禅城区石湾镇江滨路太平街106号	茶酒
九江双蒸博物馆	佛山市南海区惠民路12号	茶酒
东莞饮食风俗博物馆	东莞市万江区金泰路1号	地方菜
中国圣心糕点博物馆	东莞市茶山镇	特色食品
新会陈皮文化博物馆	江门市新会区会城街道	调味品
南派月饼博物馆	湛江市吴川市海滨街道海港大道南10号	特色食品
华夏面点文化博物馆	清远市清城区彩云路	特色食品
潮州工夫茶文化博物馆	潮州市湘桥区义安路宰辅巷10号	茶酒
稻乡饮食文化博物馆	香港新界沙田火炭禾穗街15–29号	综合类
茶具文物馆	香港香港岛中西区红绵路10号	茶酒
葡萄酒博物馆	澳门新口岸填海区高美士街旅游活动中心	茶酒
桂菜文化博物馆	南宁市西乡塘区大学西路169号南宁职业技术学院内	地方菜
桂林三花酒文化博物馆	桂林市象山区民主路52号	茶酒
柳州市桂饼文化博物馆	柳州市鱼峰区蝴蝶山路38号之1	特色食品
柳州菜饮食文化博物馆	柳州市鱼峰区屏山大道339号	地方菜
柳州螺蛳粉文化博物馆	柳州市鱼峰区螺蛳粉产业园	特色食品
柳州市国酒文化博物馆	柳州市柳北区北站路11号	茶酒
渝菜博物馆	重庆市渝中区东水门老街	地方菜
重庆火锅天下宴博物馆	重庆市渝北区接圣街1号	特色食品
重庆三耳火锅博物馆	重庆市九龙坡区金凤镇海含路	特色食品
涪陵榨菜博物馆	重庆市涪陵区红光桥	特色食品
江津花椒博物馆	重庆市江津区德感工业园	调味品
友军辣椒博物馆	重庆市合川区龙市镇友军生态园	调味品
水井坊博物馆	成都市锦江区水井街19号	茶酒
成都饮食文化博物馆	成都市龙泉驿区红岭路459号四川旅游学院内	地方菜
成都川菜博物馆	成都市郫都区古城镇荣华北巷8号	地方菜
郫县豆瓣文化博物馆	成都市郫都区战旗村乡村十八坊	调味品
华蓥山中国酒文化博物馆	广安市华蓥市红岩乡华蓥山旅游区	茶酒
中国保宁醋文化博物馆	南充市阆中市公园路63号	调味品

(续表)

名称	地址	类型
蒙山茶史博物馆	雅安市名山区蒙顶山风景名胜区	茶酒
世界茶文化博物馆	雅安市名山区蒙顶山风景名胜区	茶酒
五粮液酒文化博览馆	宜宾市翠屏区岷江西路150号	茶酒
中国泡菜博物馆	眉山市东坡区顺江大道北段1号中国泡菜城内	特色食品
自贡市盐业历史博物馆	自贡市自流井区解放路173号	调味品
泸州老窖博物馆	泸州市江阳区三星街泸州老窖旅游区	茶酒
苍溪梨文化博览园	广元市苍溪县	特色食品
云南省茶文化博物馆	昆明市五华区钱王街86号	茶酒
昆明市自来水历史博物馆	昆明市五华区翠湖东路6号	食材
青方豆腐博物馆	昆明市呈贡区七步场村	特色食品
云南大友普洱茶博物馆	昆明市西山区滇池路滇池温家花园酒店内	茶酒
吉鑫园餐饮文化博物馆	昆明市盘龙区白龙路431号	地方菜
鸡文化博物馆	昆明市盘龙区云南农业大学内	食材
过桥米线博物馆	红河哈尼族彝族自治州蒙自市	特色食品
世界核桃博物馆	楚雄彝族自治州楚雄市紫溪山摩尔农庄核桃庄园	特色食品
中华普洱茶博览苑	普洱市思茅区营盘山万亩观光茶园内	茶酒
下关沱茶博物馆	大理白族自治州大理市下关镇	茶酒
贵州酒文化博物馆	遵义市汇川区中华南路178号	茶酒
牦牛博物馆	拉萨市堆龙德庆区柳梧新区察古大道16号	食材
中国烹饪博物馆	西安市碑林区长安北路149号	地方菜
陕西非物质文化遗产美食博物馆	西安市新城区中山门永兴坊	特色食品
龙窝酒文化博物馆	西安市鄠邑区涝店镇龙窝村	茶酒
宝鸡擀面皮博物馆	宝鸡市金台区西府老街	地方菜
中国陕菜博物馆	渭南市临渭区渭南老街	地方菜
蒲城椽头馍博物馆	渭南市蒲城县西城大道	特色食品
中国酥梨博览馆	渭南市蒲城县陈庄镇群丰村	食材
中国柿博物馆	渭南市富平县曹村镇	食材
潼关酱菜博物馆	渭南市潼关县首饰街54号	特色食品
兰州牛肉面博物馆	兰州市城关区北滨河中路1196号	特色食品
中国牦牛文化博物馆	西宁市湟源县丹葛尔新村233号	食材
宁夏枸杞博物馆	银川市贺兰县德胜工业园区德成东路1号	食材
中宁县枸杞博物馆	中卫市中宁县滨河南路	食材
馕文化博物馆	乌鲁木齐市水磨沟区食品产业园内	特色食品
西域酒文化博物馆	伊犁哈萨克自治州新源县肖尔布拉克镇	茶酒

附录2 人类非物质文化遗产饮食类项目名录

人类非物质文化遗产饮食类项目	国家	入选时间
桑科蒙：桑科的集体捕鱼仪式	马里	2009
法国美食大餐	法国	2010
克罗地亚北部的姜饼制作技艺	克罗地亚	2010
传统的墨西哥美食——地道、世代相传、充满活力的社区文化，米却肯州模式	墨西哥	2010
赫拉尔德斯贝尔亨冬末火与面包节，克拉克林根面包圈与火桶节	比利时	2010
仪式美食传统凯斯凯克	土耳其	2011
赛夫劳樱桃节	摩洛哥	2012
古代格鲁吉亚人的传统克维乌里酒缸酒制作方法	格鲁吉亚	2013
泡菜的腌制与分享	韩国	2013
地中海饮食文化	克罗地亚、摩洛哥、葡萄牙、塞浦路斯、西班牙、希腊、意大利	2013
东代恩凯尔克的马背捕虾传统	比利时	2013
土耳其咖啡的传统文化	土耳其	2013
和食，日本人的传统饮食文化，以新年庆祝为最	日本	2013
薄饼，作为亚美尼亚文化表达的传统面包制作、意义及展现	亚美尼亚	2014
阿拉伯咖啡，慷慨的象征	阿联酋、阿曼、卡塔尔、沙特阿拉伯	2015
Oshituthi shomagongo，马鲁拉水果节	纳米比亚	2015
佩尔尼克地区的民间盛宴	保加利亚	2015
朝鲜泡菜制作传统	朝鲜	2015
阿尔贡古国际钓鱼文化节	尼日利亚	2016
比利时啤酒文化	比利时	2016
济州岛海女（女性潜水员）文化	韩国	2016
烤馕制作和分享的文化：拉瓦什、卡提尔玛、居甫卡、尤甫卡	阿塞拜疆、哈萨克斯坦、吉尔吉斯斯坦、土耳其、伊朗	2016
L'Oshi Palav 传统菜及相关社会文化习俗	塔吉克斯坦	2016
帕洛夫文化传统	乌兹别克斯坦	2016
沃韦酿酒师节	瑞士	2016

（续表）

人类非物质文化遗产饮食类项目	国家	入选时间
那不勒斯披萨制作技艺	意大利	2017
风车和水车磨坊主技艺	荷兰	2017
多尔玛制作和分享传统——文化认同的标志	阿塞拜疆	2017
马拉维的传统烹饪——恩西玛	马拉维	2017
枣椰树相关知识、技能、传统和习俗	埃及、阿联酋、阿曼、巴林、巴勒斯坦、科威特、毛里塔尼亚、摩洛哥、沙特阿拉伯、苏丹、突尼斯、也门、伊拉克、约旦	2019
用皮革袋酿制马奶酒的传统技艺及相关习俗	蒙古	2019
新加坡的小贩文化，多元文化城市背景下的社区餐饮习俗	新加坡	2020
克肯纳群岛的夏尔非亚捕鱼法	突尼斯	2020
与古斯米的生产和消费有关的知识、技术和实践	阿尔及利亚、毛里塔尼亚、摩洛哥、突尼斯	2020
传统石榴节庆典及文化	阿塞拜疆	2020
伊阿弗提亚，马耳他扁平酵母面包的烹饪艺术和文化	马耳他	2020
药草文化中的凉马黛茶习俗和传统知识，巴拉圭瓜拉尼传统饮料	巴拉圭	2020
树林养蜂文化	白俄罗斯、波兰	2020
意大利松露采集的传统知识和实践	意大利	2021
肯尼亚推广传统饮食和保护传统饮食文化的成功案例	肯尼亚	2021
久慕汤	海地	2021
西布吉安，塞内加尔的烹饪艺术	塞内加尔	2021
中国传统制茶技艺及其相关习俗	中国	2022
法式长棍面包的手工技术和文化	法国	2022
橄榄种植传统知识、方法和实践	土耳其	2023
希多	吉布提	2023
哈里斯相关知识、技能和实践	阿曼、沙特阿拉伯、阿联酋	2023
阿尔曼努希，黎巴嫩的标志性烹饪实践	黎巴嫩	2023
开斋饭及其社会文化传统	阿塞拜疆、伊朗、土耳其、乌兹别克斯坦	2023
秘鲁传统美食酸橘汁腌鱼的制作和食用及其相关实践和意义	秘鲁	2023

附录3 中国国家级非物质文化遗产饮食类项目名录

编号	项目名称	申报地区或单位
2006年第一批国家级非物质文化遗产饮食类新增项目		
Ⅷ-47	拉萨甲米水磨坊制作技艺	西藏自治区
Ⅷ-57	茅台酒酿制技艺	贵州省
Ⅷ-58	泸州老窖酒酿制技艺	四川省泸州市
Ⅷ-59	杏花村汾酒酿制技艺	山西省汾阳市
Ⅷ-60	绍兴黄酒酿制技艺	浙江省绍兴市
Ⅷ-61	清徐老陈醋酿制技艺	山西省清徐县
Ⅷ-62	镇江恒顺香醋酿制技艺	江苏省镇江市
Ⅷ-63	武夷岩茶（大红袍）制作技艺	福建省武夷山市
Ⅷ-64	自贡井盐深钻汲制技艺	四川省自贡市、大英县
Ⅷ-85	赫哲族鱼皮制作技艺	黑龙江省
Ⅷ-89	凉茶	广东省文化厅，香港特别行政区民政事务局，澳门特别行政区文化局
2008年第二批国家级非物质文化遗产饮食类新增项目		
Ⅱ-113	彝族民歌（彝族酒歌）	云南省武定县
Ⅱ-118	回族宴席曲	青海省门源回族自治县
Ⅲ-71	彝族跳菜	云南省南涧彝族自治县
Ⅶ-52	面人（北京面人郎、上海面人赵、曹州面人、曹县江米人）	北京市海淀区，上海工艺美术研究所，山东省菏泽市牡丹区、曹县
Ⅶ-53	面花（阳城焙面面塑、闻喜花馍、定襄面塑、新绛面塑、郎庄面塑、黄陵面花）	山西省阳城县、闻喜县、定襄县、新绛县，山东省冠县，陕西省黄陵县
Ⅶ-88	糖塑（丰县糖人贡、天门糖塑、成都糖画）	江苏省徐州市丰县，湖北省天门市，四川省成都市
Ⅷ-144	蒸馏酒传统酿造技艺（北京二锅头酒传统酿造技艺、衡水老白干传统酿造技艺、山庄老酒传统酿造技艺、板城烧锅酒传统五甑酿造技艺、梨花春白酒传统酿造技艺、老龙口白酒传统酿造技艺、大泉源酒传统酿造技艺、宝丰酒传统酿造技艺、五粮液酒传统酿造技艺、水井坊酒传统酿造技艺、剑南春酒传统酿造技艺、古蔺郎酒传统酿造技艺、沱牌曲酒传统酿造技艺）	北京红星股份有限公司、北京顺鑫农业股份有限公司，河北省衡水市、平泉县、承德县，山西省朔州市，辽宁省沈阳市，吉林省通化县，河南省宝丰县，四川省宜宾市、成都市、绵竹市、古蔺县、射洪县
Ⅷ-145	酿造酒传统酿造技艺（封缸酒传统酿造技艺、金华酒传统酿造技艺）	江苏省金坛市、丹阳市，浙江省金华市
Ⅷ-146	配制酒传统酿造技艺（菊花白酒传统酿造技艺）	北京仁和酒业有限责任公司
Ⅷ-147	花茶制作技艺（张一元茉莉花茶制作技艺）	北京张一元茶叶有限公司

（续表）

编号	项目名称	申报地区或单位
Ⅷ-148	绿茶制作技艺（西湖龙井、婺州举岩、黄山毛峰、太平猴魁、六安瓜片）	浙江省杭州市、金华市，安徽省黄山市徽州区、黄山市黄山区、六安市裕安区
Ⅷ-149	红茶制作技艺（祁门红茶制作技艺）	安徽省祁门县
Ⅷ-150	乌龙茶制作技艺（铁观音制作技艺）	福建省安溪县
Ⅷ-151	普洱茶制作技艺（贡茶制作技艺、大益茶制作技艺）	云南省宁洱哈尼族彝族自治县、勐海县
Ⅷ-152	黑茶制作技艺（千两茶制作技艺、茯砖茶制作技艺、南路边茶制作技艺）	湖南省安化县、益阳市，四川省雅安市
Ⅷ-153	晒盐技艺（海盐晒制技艺、井盐晒制技艺）	浙江省象山县，海南省儋州市，西藏自治区芒康县
Ⅷ-154	酱油酿造技艺（钱万隆酱油酿造技艺）	上海市浦东新区
Ⅷ-155	豆瓣传统制作技艺（郫县豆瓣传统制作技艺）	四川省郫县
Ⅷ-156	豆豉酿制技艺（永川豆豉酿制技艺、潼川豆豉酿制技艺）	重庆市，四川省三台县
Ⅷ-157	腐乳酿造技艺（王致和腐乳酿造技艺）	北京市海淀区
Ⅷ-158	酱菜制作技艺（六必居酱菜制作技艺）	北京六必居食品有限公司
Ⅷ-159	榨菜传统制作技艺（涪陵榨菜传统制作技艺）	重庆市涪陵区
Ⅷ-160	传统面食制作技艺（龙须拉面和刀削面制作技艺、抿尖面和猫耳朵制作技艺）	山西省全晋会馆、晋韵楼
Ⅷ-161	茶点制作技艺（富春茶点制作技艺）	江苏省扬州市
Ⅷ-162	周村烧饼制作技艺	山东省淄博市
Ⅷ-163	月饼传统制作技艺（郭杜林晋式月饼制作技艺、安琪广式月饼制作技艺）	山西省太原市，广东省安琪食品有限公司
Ⅷ-164	素食制作技艺（功德林素食制作技艺）	上海功德林素食有限公司
Ⅷ-165	同盛祥牛羊肉泡馍制作技艺	陕西省西安市
Ⅷ-166	火腿制作技艺（金华火腿腌制技艺）	浙江省金华市
Ⅷ-167	烤鸭技艺（全聚德挂炉烤鸭技艺、便宜坊焖炉烤鸭技艺）	北京市全聚德（集团）股份有限公司、北京便宜坊烤鸭集团有限公司
Ⅷ-168	牛羊肉烹制技艺（东来顺涮羊肉制作技艺、鸿宾楼全羊席制作技艺、月盛斋酱烧牛羊肉制作技艺、北京烤肉制作技艺、冠云平遥牛肉传统加工技艺、烤全羊技艺）	北京市东来顺集团有限责任公司、北京市鸿宾楼餐饮有限责任公司、北京月盛斋清真食品有限公司、北京市聚德华天控股有限公司，山西省冠云平遥牛肉集团有限公司，内蒙古自治区阿拉善盟
Ⅷ-169	天福号酱肘子制作技艺	北京天福号食品有限公司

（续表）

编号	项目名称	申报地区或单位
Ⅷ-170	六味斋酱肉传统制作技艺	山西省太原六味斋实业有限公司
Ⅷ-171	都一处烧麦制作技艺	北京便宜坊烤鸭集团有限公司
Ⅷ-172	聚春园佛跳墙制作技艺	福建省福州市
Ⅷ-173	真不同洛阳水席制作技艺	河南省洛阳市
Ⅸ-10	中医养生（药膳八珍汤、灵源万应茶、永定万应茶）	山西省太原市，福建省晋江市、永定县
Ⅹ-94	查干淖尔冬捕习俗	吉林省前郭尔罗斯蒙古族自治县
Ⅹ-107	茶艺（潮州工夫茶艺）	广东省潮州市
2008年第二批国家级非物质文化遗产饮食类扩展项目		
Ⅷ-61	老陈醋酿制技艺（美和居老陈醋酿制技艺）	山西省太原市
2011年第三批国家级非物质文化遗产饮食类新增项目		
Ⅷ-203	白茶制作技艺（福鼎白茶制作技艺）	福建省福鼎市
Ⅷ-204	仿膳（清廷御膳）制作技艺	北京市西城区
Ⅷ-205	直隶官府菜烹饪技艺	河北省保定市
Ⅷ-206	孔府菜烹饪技艺	山东省曲阜市
Ⅷ-207	五芳斋粽子制作技艺	浙江省嘉兴市
Ⅹ-140	径山茶宴	浙江省杭州市余杭区
2011年第三批国家级非物质文化遗产饮食类扩展项目		
Ⅶ-52	面人（面人汤）	北京市通州区
Ⅷ-147	花茶制作技艺（吴裕泰茉莉花茶制作技艺）	北京市东城区
Ⅷ-148	绿茶制作技艺（碧螺春制作技艺、紫笋茶制作技艺、安吉白茶制作技艺）	江苏省苏州市吴中区，浙江省长兴县、安吉县
Ⅷ-152	黑茶制作技艺（下关沱茶制作技艺）	云南省大理白族自治州
Ⅷ-160	传统面食制作技艺（天津"狗不理"包子制作技艺、稷山传统面点制作技艺）	天津市和平区，山西省稷山县
Ⅷ-166	火腿制作技艺（宣威火腿制作技艺）	云南省宣威县
2014年第四批国家级非物质文化遗产饮食类新增项目		
Ⅷ-226	奶制品制作技艺（察干伊德）	内蒙古自治区正蓝旗
Ⅷ-227	辽菜传统烹饪技艺	辽宁省沈阳市
Ⅷ-228	泡菜制作技艺（朝鲜族泡菜制作技艺）	吉林省延吉市
Ⅷ-229	老汤精配制	黑龙江省哈尔滨市阿城区
Ⅷ-230	上海本帮菜肴传统烹饪技艺	上海市黄浦区
Ⅷ-231	传统制糖技艺（义乌红糖制作技艺）	浙江省义乌市
Ⅷ-232	豆腐传统制作技艺	安徽省淮南市、寿县

（续表）

编号	项目名称	申报地区或单位
Ⅷ-233	德州扒鸡制作技艺	山东省德州市
Ⅷ-234	龙口粉丝传统制作技艺	山东省招远市
Ⅷ-235	蒙自过桥米线制作技艺	云南省蒙自市
Ⅹ-149	稻作习俗	江西省万年县
2014年第四批国家级非物质文化遗产饮食类扩展项目		
Ⅶ-53	面花（岚县面塑）	山西省岚县
Ⅷ-147	花茶制作技艺（福州茉莉花茶窨制工艺）	福建省福州市仓山区
Ⅷ-148	绿茶制作技艺（赣南客家擂茶制作技艺、婺源绿茶制作技艺、信阳毛尖茶制作技艺、恩施玉露制作技艺、都匀毛尖茶制作技艺）	江西省全南县、婺源县，河南省信阳市，湖北省恩施市，贵州省都匀市
Ⅷ-149	红茶制作技艺（滇红茶制作技艺）	云南省凤庆县
Ⅷ-152	黑茶制作技艺（赵李桥砖茶制作技艺、六堡茶制作技艺）	湖北省赤壁市，广西壮族自治区苍梧县
Ⅷ-153	晒盐技艺（淮盐制作技艺、卤水制盐技艺）	江苏省连云港市，山东省寿光市
Ⅷ-154	酱油酿造技艺（先市酱油酿造技艺）	四川省合江县
Ⅷ-160	传统面食制作技艺（桂发祥十八街麻花制作技艺、南翔小笼馒头制作技艺）	天津市河西区，上海市嘉定区
Ⅷ-169	酱肉制作技艺（亓氏酱香源肉食酱制技艺）	山东省莱芜市莱城区
Ⅹ-107	茶俗（白族三道茶）	云南省大理市
2021年第五批国家级非物质文化遗产饮食类新增项目		
Ⅷ-266	严东关五加皮酿酒技艺	浙江省杭州市建德市
Ⅷ-267	黄茶制作技艺（君山银针茶制作技艺）	湖南省岳阳市君山区
Ⅷ-268	德昂族酸茶制作技艺	云南省德宏傣族景颇族自治州芒市
Ⅷ-269	中餐烹饪技艺与食俗	中国烹饪协会
Ⅷ-270	徽菜烹饪技艺	安徽省
Ⅷ-271	潮州菜烹饪技艺	广东省潮州市
Ⅷ-272	川菜烹饪技艺	四川省
Ⅷ-273	食用油传统制作技艺（大名小磨香油制作技艺）	河北省邯郸市大名县
Ⅷ-274	果脯蜜饯制作技艺（北京果脯传统制作技艺、雕花蜜饯制作技艺）	北京市怀柔区，湖南省怀化市靖州苗族侗族自治县
Ⅷ-275	梨膏糖制作技艺（上海梨膏糖制作技艺）	上海市黄浦区
Ⅷ-276	小吃制作技艺（沙县小吃制作技艺、逍遥胡辣汤制作技艺、火宫殿臭豆腐制作技艺）	福建省三明市，河南省周口市西华县，湖南省长沙市
Ⅷ-277	米粉制作技艺（沙河粉传统制作技艺、柳州螺蛳粉制作技艺、桂林米粉制作技艺）	广东省广州市，广西壮族自治区柳州市、桂林市

(续表)

编号	项目名称	申报地区或单位
Ⅷ-278	龟苓膏配制技艺	广西壮族自治区梧州市
Ⅷ-279	凯里酸汤鱼制作技艺	贵州黔东南苗族侗族自治州凯里市
Ⅷ-280	土生葡人美食烹饪技艺	澳门特别行政区
Ⅹ-179	徐州伏羊食俗	江苏省徐州市
Ⅹ-180	德都蒙古全席	青海省海西蒙古族藏族自治州德令哈市
Ⅹ-181	尖扎达顿宴	青海省黄南藏族自治州尖扎县
2021年第五批国家级非物质文化遗产饮食类扩展项目		
Ⅶ-52	面人（天津面塑）	天津市河西区
Ⅷ-61	酿醋技艺（独流老醋酿造技艺、保宁醋传统酿造工艺、赤水晒醋制作技艺、吴忠老醋酿制技艺）	天津市静海区，四川省南充市，贵州省遵义市赤水市，宁夏回族自治区吴忠市
Ⅷ-144	蒸馏酒传统酿造技艺（洋河酒酿造技艺、古井贡酒酿造技艺、景芝酒传统酿造技艺、董酒酿制技艺、西凤酒酿造技艺、青海青稞酒传统酿造技艺）	江苏省宿迁市，安徽省亳州市，山东省潍坊市安丘市，贵州省遵义市汇川区，陕西省宝鸡市凤翔区，青海省海东市互助土族自治县
Ⅷ-145	酿造酒传统酿造技艺（刘伶醉酒酿造技艺、红粬黄酒酿造技艺）	河北省保定市徐水区，福建省宁德市屏南县
Ⅷ-148	绿茶制作技艺（雨花茶制作技艺、蒙山茶传统制作技艺）	江苏省南京市，四川省雅安市
Ⅷ-149	红茶制作技艺（坦洋工夫茶制作技艺、宁红茶制作技艺）	福建省宁德市福安市，江西省九江市修水县
Ⅷ-150	乌龙茶制作技艺（漳平水仙茶制作技艺）	福建省龙岩市
Ⅷ-152	黑茶制作技艺（长盛川青砖茶制作技艺、咸阳茯茶制作技艺）	湖北省宜昌市伍家岗区，陕西省咸阳市
Ⅷ-153	晒盐技艺（运城河东制盐技艺）	山西省运城市
Ⅷ-160	传统面食制作技艺（太谷饼制作技艺、李连贵熏肉大饼制作技艺、邵永丰麻饼制作技艺、缙云烧饼制作技艺、老孙家羊肉泡馍制作技艺、西安贾三灌汤包子制作技艺、兰州牛肉面制作技艺、中宁蒿子面制作技艺、馕制作技艺、塔塔尔族传统糕点制作技艺）	山西省晋中市太谷区，吉林省四平市，浙江省衢州市柯城区、丽水市缙云县，陕西省，甘肃省兰州市，宁夏回族自治区中卫市中宁县，新疆维吾尔自治区，新疆维吾尔自治区塔城地区塔城市
Ⅷ-164	素食制作技艺（绿柳居素食烹制技艺）	江苏省南京市
Ⅷ-168	牛羊肉烹制技艺（宁夏手抓羊肉制作技艺）	宁夏回族自治区吴忠市
Ⅷ-232	豆腐传统制作技艺	山东省泰安市泰山区
Ⅹ-107	茶俗（瑶族油茶习俗）	广西壮族自治区桂林市恭城瑶族自治县

参考文献

[1] 蔡玳燕. 德国饮食文化[M]. 广州：暨南大学出版社，2011.
[2] 程安琪，田心莹. 美洲美食点菜秘笈[M]. 香港：饮食天地出版社，1999.
[3] 邓爱民，王子超. 世界遗产旅游概论[M]. 北京：北京大学出版社，2015.
[4] 杜莉. 西方饮食文化：第2版[M]. 北京：中国轻工业出版社，2021.
[5] 杜莉. 中国饮食文化[M]. 北京：中国轻工业出版社，2020.
[6] 冯玉珠，沈博. 饮食文化概论[M]. 北京：中国纺织出版社，2009.
[7] 何宏. 民国杭州饮食[M]. 杭州：杭州出版社，2012.
[8] 何宏. 中外饮食文化：第2版[M]. 北京：北京大学出版社，2016.
[9] 洪光住. 中国食品科技史[M]. 北京：中国轻工业出版社，2019.
[10] 《中国烹饪百科全书》编辑委员会，中国大百科全书出版社编辑部. 中国烹饪百科全书[M]. 北京：中国大百科全书出版社，1992.
[11] 黄政杰. 韩国菜品尝与烹制[M]. 上海：上海科学技术出版社，2004.
[12] 季鸿崑. 中国饮食科学技术史稿[M]. 杭州：浙江工商大学出版社，2015.
[13] 李春祥. 饮食器具考[M]. 北京：知识产权出版社，2006.
[14] 李德宽，田广. 饮食人类学[M]. 银川：宁夏人民出版社，2014.
[15] 李维冰. 国外饮食文化[M]. 沈阳：辽宁教育出版社，2008.
[16] 林乃燊. 中国饮食文化[M]. 上海：上海人民出版社，1989.
[17] 刘云. 中国箸文化史[M]. 北京：中华书局，2006.
[18] 马基良. 日本菜品尝与烹制[M]. 上海：上海科学技术出版社，2003.
[19] 彭兆荣. 饮食人类学[M]. 北京：北京大学出版社，2013.
[20] 邱庞同. 中国面点史[M]. 青岛：青岛出版社，2000.
[21] 邱庞同. 中国菜肴史[M]. 青岛：青岛出版社，2001.
[22] 瞿明安. 隐藏民族灵魂的符号：中国饮食象征文化论[M]. 昆明：云南大学出版社，2001.
[23] 邵万宽. 中国饮食文化[M]. 北京：中国旅游出版社，2016.
[24] 邵万宽. 中国面点文化[M]. 南京：东南大学出版社，2014.
[25] 孙秋云. 文化人类学教程[M]. 北京：民族出版社，2004.
[26] 唐家路，王拓. 饮食器用[M]. 北京：中国社会出版社，2010.
[27] 陶业荣. 德奥菜品尝与烹制[M]. 上海：上海科学技术出版社，2004.
[28] 吴茂钊. 贵州名菜[M]. 重庆：重庆大学出版社，2020.
[29] 牟延林，谭宏，刘壮. 非物质文化遗产概论[M]. 北京：北京师范大学出版社，2010.
[30] 王汉明. 法国菜品尝与烹制[M]. 上海：上海科学技术出版社，2004.
[31] 王汉明. 西班牙菜品尝与烹制[M]. 上海：上海科学技术出版社，2003.
[32] 王汉明. 意大利菜品尝与烹制[M]. 上海：上海科学技术出版社，2003.
[33] 王晴佳. 饮食与文化：筷子[M]. 北京：生活·读书·新知三联书店，2019.

［34］王仁湘. 饮食与中国文化［M］. 北京：人民出版社，1993.
［35］王仁兴. 中国年节食俗［M］. 北京：北京旅游出版社，1987.
［36］王学太. 中国人的饮食世界［M］. 上海：上海远东出版社，2012.
［37］王学泰. 华夏饮食文化［M］. 北京：中华书局，1997.
［38］谢定源. 中国饮食文化［M］. 杭州：浙江大学出版社，2008.
［39］徐海荣. 中国饮食史［M］. 北京：华夏出版社，1999.
［40］宣炳善. 民间饮食习俗［M］. 北京：中国社会出版社，2006.
［41］颜其香. 中国少数民族饮食文化荟萃［M］. 北京：商务印书馆国际有限公司，2001.
［42］杨铭铎，陈健. 中国食品产业文化简史［M］. 北京：高等教育出版社，2016.
［43］姚伟钧. 中国饮食文化探源［M］. 南宁：广西人民出版社，1989.
［44］姚伟钧，方爱平，谢定源. 饮食风俗［M］. 武汉：湖北教育出版社，2001.
［45］俞为洁. 中国食料史［M］. 上海：上海古籍出版社，2011.
［46］张景明，王雁卿. 中国饮食器具发展史［M］. 上海：上海古籍出版社，2011.
［47］赵建民，金洪霞. 中国饮食文化：第2版［M］. 北京：中国轻工业出版社，2019.
［48］赵建民. 中国菜肴文化史［M］. 北京：中国轻工业出版社，2017.
［49］赵荣光. 中国饮食史论［M］. 哈尔滨：黑龙江科学技术出版社，1990.
［50］赵荣光. 赵荣光食文化论集［M］. 哈尔滨：黑龙江人民出版社，1995.
［51］赵荣光. 中华饮食文化概论［M］. 北京：高等教育出版社，2018.
［52］周鸿承. 一个城市的味觉遗香：杭州饮食文化遗产研究［M］. 杭州：浙江古籍出版社，2018.
［53］辻原康夫. 阅读世界美食史趣谈［M］. 萧志强，译. 台北：世潮出版有限公司，2003.
［54］中山时子. 中国饮食文化［M］. 徐建新，译. 北京：中国社会科学出版社，1992.
［55］山内昶. 筷子刀叉匙：东西方的文化记号与饮食风景［M］. 丁怡，翔昕，译. 台北：蓝鲸，2002.
［56］山内昶. 食具［M］. 尹晓磊，高富，译. 上海：上海交通大学出版社，2015.
［57］占美. 泰国菜品尝与烹制［M］. 上海：上海科学技术出版社，2004.
［58］星文殊. 印度菜品尝与烹制［M］. 上海：上海科学技术出版社，2004.
［59］尤瓦尔·赫拉利. 人类简史：从动物到上帝［M］. 林俊宏，译. 北京：中信出版社，2014.
［60］克拉丽莎·迪克森·赖特. 英国食物史［M］. 曾早垒，李伦，徐乐媛，译. 重庆：重庆大学出版社，2021.
［61］李约瑟. 中国科学技术史：第6卷 生物学及相关技术［M］. 北京：科学出版社，2008.
［62］让-罗伯尔·皮特. 法兰西美食：激情的法国美食地图［M］. 李健，译. 北京：中国人民大学出版社，2007.
［63］贡特尔·希施费尔德. 欧洲饮食文化史［M］. 吴裕康，译. 桂林：广西师范大学出版社，2006.
［64］艾琳娜·库丝蒂奥科维奇. 意大利人为什么喜爱谈论食物：意大利饮食文化志［M］. 杭州：浙江大学出版社，2017.
［65］菲利普·费尔南德斯-阿莫斯图. 食物的历史［M］. 何舒平，译. 北京：中信出版社，2005.
［66］马文·哈里斯. 好吃：食物与文化之谜［M］. 叶舒宪，户晓辉，译. 济南：山东画报出版社，2001.
［67］理查德·扎克斯. 西方文明的另类历史：被我们忽略的真实故事［M］. 李斯，译. 海口：海南出版社，2002.
［68］亨利·佩卓斯基. 器具的进化［M］. 丁佩芝，陈月霞，译. 北京：中国社会科学出版社，1999.
［69］玛格丽特·维萨. 餐桌礼仪［M］. 刘晓媛，译. 北京：新星出版社，2007.
［70］伊恩·克罗夫顿. 我们曾吃过一切［M］. 徐漪，译. 北京：清华大学出版社，2017.

[71] 汤姆·斯丹迪奇. 历史大口吃：食物如何推动世界文明发展［M］. 杨雅婷，译. 台北：行人文化实验室，2010.

[72] TRUSWELL A S, WAHLQVIST M L. Food habits in Australia: proceedings of the first Deakin [M]. North Balwyn, Victoria: René Gordon, 1988.

[73] SMITH A F. Hamburger: a global history [M]. London: Reaktion Books, 2013.

[74] WILSON B. Consider the fork: a history of how we cook and eat [M]. London: Particular Books, 2012.

[75] HELSTOSKY C. Food culture in the Mediterranean [M]. Westport, Connecticut: Greenwood Press, 2009.

[76] SEN C T. Feasts and fasts: a history of food in India [M]. London: Reaktion Books, 2015.

[77] OSSEO-ASARE F. Food culture in sub-Saharan Africa [M]. Westport, Connecticut: Greenwood Press, 2005.

[78] MACK G R. Food culture in Russia and Central Asia [M]. Westport, Connecticut: Greenwood Press, 2005.

[79] CANDAS G. Gonul Candas's Turkish Table [M]. 4th ed. Ankara: Arkadas Yayinevl, 2011.

[80] NOTAKER H. Food culture in Scandinavia [M]. Westport, Connecticut: Greenwood Press, 2009.

[81] PILCHER J M. The Oxford handbook of food history [M]. New York: Oxford University Press, 2012.

[82] LOVERA J R. Food culture in South America [M]. Westport, Connecticut: Greenwood Press, 2005.

[83] KIPLE K F, ORNELAS K C. The Cambridge world history of food [M]. Cambridge: Cambridge University Press, 2000.

[84] HOUSTON L M. Food culture in the Caribbean [M]. Westport, Connecticut: Greenwood Press, 2005.

[85] SEVILLA M J. Delicioso: a history of food in Spain [M]. London: Reaktion Books, 2019.

[86] MONTANARI M. The culture of food [M]. Oxford: Blackwell Publishers, 1994.

[87] GLANTS M, TOOMRE J. Food in Russian history and culture [M]. Bloomington: Indiana University Press, 1997.

[88] AKEN N V, AKEN J V. New world kitchen: Latin American and Caribbean cuisine [M]. New York: Harper Collins Publishers, 2003.

[89] KITTLER P G. Food and culture [M]. 7th ed. Boston: Cengage Learning, 2017.

[90] KITTLER P G, SUCHER K. Food and culture in America [M]. New York: Van Nostrand Reinhold, 1989.

[91] HEINE P. Food culture in the Near East, Middle East, and North Africa [M]. Westport, Connecticut: Greenwood Press, 2004.

[92] TANNAHILL R. Food in history [M]. New York: Three Rivers Press, 1989.

[93] STERLING R. World food: Vietnam [M]. Melbourne: Lonely Planet Publications, 2000.

[94] GHAYOUR S. Persiana: recipes from the Middle East & Beyond [M]. London: Mitchell Beazley, 2014.